백신 접종 vs 백신 비접종

VAX-UNVAX: Let the Science Speak

Copyright © 2023 Robert F. Kennedy Jr. and Brian Hooker
Foreword copyright © 2023 by Del Bigtree

Korean edition copyright © Editor Publishing Co., 2025 All rights reserved.
This Korean edition published by arrangement with Skyhorse Publishing, Inc. through Shinwon Agency Co., Ltd.

이 책의 한국어판 저작권은 신원에이전시를 통해 저작권사와 독점계약한 에디터출판사에 있습니다.
저작권법에 의해 한국 내에서 보호를 받는 저작물이므로 무단전재와 복제를 금합니다.

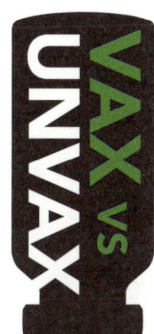

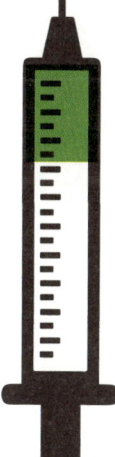

과학이 말하는
백신 접종 vs 백신 비접종

로버트 F. 케네디 주니어·브라이언 후커 지음 ——
오정석 옮김

에디터
editor

헌사

2002년부터 많은 부모들과 안전한 백신 옹호자들은 미국 정부에 백신 접종을 마친 아동과 그렇지 않은 아동의 건강 결과를 비교한 연구를 요구해왔다. 이 책은 의도하지는 않았지만 가장 중요한 백신 접종자 대 백신 비접종자 연구들로 가득 채워져 있어 그들과 진실을 소중히 여기는 모든 이들에게 드리는 선물이다.

    안전한 백신 옹호자들은 수년 동안 건강 관련 모임에 참석해서 과학 패널에 임명되고 권력자들과 특별 회의를 개최하면 백신 접종자 대 백신 비접종자 연구를 실현할 수 있다고 생각했다. 그러나 안전한 백신 옹호자들이 열심히 노력해서 의도한 목표를 달성한 후에도 공중보건 당국은 비교 연구를 결코 허용하지 않을 것이라는 사실을 깨달았다. 아동에 대한 잘못된 행위를 은폐하는 바로 그 기관이 포괄적인 연구를 수행하지 않을 것이며, 연구 결과는 공중보건 당국이 홍보하는 백신의 정통성을 훼손하고 그 과정에서 제약사의 수익에 타격을 줄 수 있기 때문이다.

수년간 선한 싸움을 벌인 전사들과 단체에 이 책을 헌정한다. 그들은 자비로 주 의회와 워싱턴 DC로 가서 미래 세대의 안전과 그들의 합당한 권리를 위해 싸웠다. 많은 사람들이 국립보건원회의 공개 발언대에 서서 이런 연구를 해달라고 간청했다. 많은 사람들이 상원과 하원 의원에게 청원을 하고 청문회에 참석도 했지만 공중보건 당국은 자신들의 주장을 되풀이하며 이런 연구를 수행하겠다는 약속을 지키지 않았다.

대부분 의도하지 않은 백신 접종자 대 백신 비접종자 연구들이 다른 연구들 속에 중첩되어 있는 것은 우리 정부가 이런 필수적인 공중보건 문제 조사를 거부하는 태만함을 보여준다. 백신 안전성과 관련하여 진짜 숨길 것이 아무것도 없다면 이 두 집단의 건강 결과 연구를 통해 보건 기관이 되풀이하는 "안전하고 효과적"이라는 주문에 신뢰를 줄 수 있다.

수십억 달러 규모의 백신 산업과 국가 백신 상해 보상 프로그램(NVICP)이 존재한다는 사실은 대중이 백신의 치명적인 부작용을 잘 알지 못한다는 현실을 보여준다. 우리는 제약 업계에 포섭된 미디어가 이 책을 검열하리라는 점을 알기 때문에 친구, 의사, 이웃, 예비 부모, 교사 등에게 이 책을 선물하는 것이 중요하다고 생각한다. 이 책을 읽고 나면 사람들은 진실을 알게 될 것이고 결코 그 진실을 외면할 수 없을 것이다.

공중보건 당국자들은 자신들의 권위를 가지고 제약 업계의 영향을 받은 연구에 근거한 지침과 결과를 그들의 입맛대로 홍보한다. 진실을 모르는 사람들은 계속 따를 것이다.

아이들 건강에 전례 없는 대재앙이 벌어지고 있다는 사실을 깨달은 사람들 중 일부가 여기에 나열되어 있다. 많은 사람들이 전염병과의 전쟁에서 끊임없이 피해를 입은 아동들의 부모들이다. 또 다른 이들은 부모들의 목소리에 귀를 기울이고 이 중요한 연구가 필요한 때임을 깨달은 용기 있는 의사, 입법자, 언론인, 연구자들이다. 이 용감한 사람들은 위험하고 부적절하게 검증된 의약품으로 인해 더 이상 고통받는 아이들이 나오지 않도록 하겠다고 다짐하며 목소리를 냈다.

이들을 비롯한 수많은 사람들이 영웅이다.

피터 아비, MD	제임스 애덤스, MD	매들린 올트먼, DC
로라 피셔 앤더슨	린 아널드	에드 아랑가
테리 아랑가	샤릴 앳키슨	데이비드 아윱, MD
케빈 배리	토니 바크	로버트 스콧 벨
줄리아 베를	샐리 버나드	톰 버나드
델 빅트리	리즈 버트	제니퍼 블랙
크리스티나 블레이키	마크 블락실	케네스 복, MD
샬린 볼링거	타이 볼링거	로라 보노

스콧 보노	홀리 보트펠드	클레어 보스트웰
주디 브래셔	사라 브리지스	로리 브로젝
카리 번디	샨다 버크	브라이언 버로즈
댄 버튼 하원의원	라시드 부타르, DO	낸시 케일
패티 캐럴	에이미 카슨	스테이시 케이시
로라 첼리니	앨리슨 채프먼	크리스틴 셰브리에
앨런 D. 클락, MD	루진 클락	베스 클레이
루시 콜	조슈아 콜먼	루 콘테
앤 다첼	제나 달페즈	비키 데볼드
게일 델롱, PhD	리처드 데스, PhD	로즈마리 두브로스키
실라 이얼리, EdD	에린 엘리자베스	노마 에릭슨
베키 에스테프	바버라 로 피셔	웬디 푸르니에
앨리슨 후지토	데이비드 가이어	마크 가이어, MD
패트릭 젠템포, DC	타미 자일스	존 길모어
에릭 글래든	다나 고먼	도린 그랜피셰, PhD
베키 그랜트	루이스 쿠오 하바쿠스	보이드 헤일리, PhD
JB 핸들리	리사 핸들리	쇼니 해리스
롤프 헤이즐허스트	켄트 헤켄라이블리	재키 하인즈
낸시 호카넨	로이 홀랜드, MD	메리 홀랜드
크리스틴 엄	마르시아 후커	셸리 홈
수잰 험프리스, MD	안주 이오나, MD	아일린 이오리오
질 제임스, PhD	브라이언 젭슨, MD	칼 칸탁

제리 카치넬, MD   재닛 컨, PhD   켈리 컨스
리치 컨스   하이디 키드   데이비드 커비
게리 콤포테크라스, DC   로버트 크라코
아서 크릭스먼, MD   섀넌 크로너, PhD
데니스 쿠치니치 하원의원   제니퍼 라슨
캐서린 레이턴   패트릭 레이턴   샤일로 레빈
캐리 루이스   커트 린더먼   킴 린더먼
앤절라 록하트   토니 라이언스
제임스 라이언스-웨일러   바비 매닝
레슬리 마누키안   샌디 마커스   앤서니 모슨
조 머콜라 박사   모린 맥도널드   캐런 맥도너
로리 맥일웨인   앤절라 메들린   주디 미코비츠, PhD
짐 무디   엘리자베스 멈퍼, MD   제임스 노이브랜더, MD
제임스 노이엔슈반더, MD   퍼트리샤 노이엔슈반더
신시아 네비슨, PhD   줄리 오브라도비치   댄 올름스테드
조이 오툴   베르나데트 파저   리타 팔마
캐서린 폴   레슬리 필립스   조 파이크
실비아 피멘텔   서니 폴리토   빌 포시 하원의원
린 레드우드 하원의원   토미 레드우드, MD   로버트 리브스
돈 리처드슨   버니 림랜드, PhD   테리 로크
웨인 로드   조너선 로즈   킴 맥 로젠버그
킴 로시   레니 셰퍼   재키 슐레겔

베스 세코스키　　　　배리 시걸　　　　　　돌리 시걸
셸리 시걸　　　　　　베라 샤라브　　　　　애니 슈레플러
리타 슈레플러　　　　웬디 실버스　　　　　에런 시리
대럴 스미스　　　　　스콧 스미스, PA　　　킴 스펜서
로빈 레브릭 스타볼라　톰 스타볼라 주니어　　제니퍼 스텔라
스테파니 스톡　　　　케네스 스톨러, MD　　리사 사이크스
낸시 탈로, DC　　　　에밀리 타셀　　　　　진저 테일러
지나 템베니스　　　　해리 템베니스　　　　셰리 텐페니, MD
폴 토머스, MD　　　　조너선 토미　　　　　폴리 토미
토비 토미　　　　　　이베트 네그론-토레스　제프리 트렐카
캐런 트렐카　　　　　브루스 바나섹　　　　켈리 바나섹
브랜디 본　　　　　　앤드루 웨이크필드, MBBS
수잰 월트먼　　　　　레슬리 위드　　　　　팀 웰시
케이티 와이즈먼　　　데이브 웰던 하원의원　리아 윌콕스
테레사 랭엄　　　　　케이티 라이트　　　　에이미 야스코, PhD

추천사

당신은 과학적인 시각으로 백신을 마주할 용기가 있는가?

대중의 일반적인 인식과 달리 백신은 일개 약물에 불과하다. 제약 회사가 세상에 내놓는 하나의 상품일 뿐이다. 상업적인 시각으로 바라보자면 그러하다. 과학적인 시각에서 적용하자면, 허가와 승인을 받기 전에 충분한 검토와 연구가 이루어졌기를 기대하는 것은 지극히 당연하다. 상업용 판매 상품이기 때문에 콘셉트만 좋아선 안 되고, 실제로 약속한 효과가 나타나야 하는 것은 당연하다. 그러나 효과보다 더 중요한 것은 안전성이다. 아이들이 접종받기 때문에 무엇보다도 안전성이 담보되어야 하고, 그에 대한 충분한 연구가 진행되었으리라 기대하는 것은 어찌 보면 너무나도 당연한 일이다. 만약 제품에 문제가 있다면 시장에서 바로 퇴출되는 것 또한 당연하다.

하지만 백신을 과학적으로나 상업적으로 바라보는 사람은 많지 않다. 대부분의 사람들이 백신을 바라보는 시선은 감정적이다. 감정이 먼저 작동하기 때문에 "다른 사람을 위해 백신을 맞으라"고 강요하게 된다. 백신 접종을 거부하면 이기적인 사람 취급을 받는다. 아이에게 백신을 접종시키지 않는 부모를 향해서는 '안아키(약 안 쓰고 아이 키우기)'라며 분통을 터뜨린다. 감정만 작동하기 때문에 아동 학대라며 손가락질하고 신고를 한다. 애당초 백신을 맞지 않으면 전염병에 감염되어 죽을 수도 있다는 공포에 기인한 전제부터가 지극히 감정적이다. 그 결과, 처음부터 끝까지 감정적인 대응뿐이다. 과학은 없다.

엄마들만 그런 것은 아니다. 어쩌면 의사들이 더 감정적이다. 감정적으로 반응할 시간에 안전성 연구를 찾아본 부모나 의사는 많지 않다. 만약 직접 찾아보았다면 더 큰 감정의 소용돌이에 휘말리게 될 것이다. 왜냐하면 안전성에 대한 연구가 없기 때문이다.

그렇다. 미국 아동이 (한국도 이와 비슷하다) 여덟 살이 될 때까지 17가지 질병에 대해 71회 접종받는 백신들의 장기적 안전성과 효과를 검증한 무작위 이중 맹검 대조 시험은 없다. 제약 회사가 백신을 승인받기 전, 보건 당국에 안전성과 효과를 검증하는 연구를 제출할 의무도 없다. 의무가 아닌데 굳이 시험을 진행하고 결과를 제출하는 제약 회사는 없기 때문에 장기적인 안전성과 효과를 검증한 연구는 단 한 건도 존재하지 않는다.

무작위 이중 맹검 시험은 없지만 다행히도 백신을 접종받은 아이들과 미접종 아동 간의 건강 상태를 비교한 연구들은 존재한다. 이 책은 그 연구들을 한곳에 모아놓은 결과물이다. 백신의 안전성이 궁금하다면 현재로서 얻을 수 있는 가장 포괄적인 정보를 담고 있다.

홍역, 볼거리, 소아마비와 같은 흔한 영유아 백신에서부터 코로나바이러스 백신까지, 그리고 뒤늦게 추가된 인유두종(자궁경부암) 백신처럼 희귀 질환 백신에 이르기까지 영유아 백신은 물론 임신부에게 권하는 백신 접종의 영향을 포함하여 접종자와 비접종자 간의 건강 상태를 비교하는 다양한 연구들을 집대성한 책이다. 필요한 것은 관심이다. 관심만 있다면 정보는 존재한다.

보건 당국과 제약 회사는 금전적으로 얽혀 있어 이해관계의 충돌이 발생하고, 제대로 된 이중 맹검 시험이 하나도 없는 총체적 난국에서, 최고 수준의 안전을 요하는 백신 제품에 대해 소비자로서 지극히 상식적인 요구를 하면 되돌아오는 것은 음모론자라는 조롱과 경멸이라는 기현상이 벌어지는 이유는 아무도 관심이 없기 때문이다. 무지하기 때문이다. 정작 정보를 찾아보는 노력조차 기울이지 않을 정도로 관심이 없으면서 감정적 대응만 하기 때문이다.

이 책의 저자 로버트 F. 케네디 주니어 역시 영유아 백신의 안전성과 효과를 검증하는 연구를 요구했다는 이유만으로도 백신 음모론자 딱지가 붙고, 인스타그램에서 삭제당했다. 얼마나 무지성적이고 감정적이며 전근대적인지 잘 보여주는 사례라 할 수 있다.

아이를 키우는 부모는 물론 임신을 준비 중인 예비 산모와 건강에 관심이 있는 모든 이들이 꼭 읽어봐야 할 책이다. 특히 의사들에게 권한다. '백신 접종'이라는 의료 행위보다 더 중요하다고 할 수 있는 '환자 사전 동의의 원칙'을 지키기 위해 반드시 일독을 권한다.

— 조한경(《환자 혁명》 저자)

델 빅트리의 서문

백신에 관한 엄청난 노력의 결과물

2017년 5월, 로버트 F. 케네디 주니어는 앤서니 파우치 박사, 프랜시스 콜린스 박사 그리고 미 국립보건원(NIH)의 여러 공중보건 관계자, 에런 시리, 린 레드우드 그리고 나를 회의에 초대했다. 바비(로버트 F. 케네디 주니어의 애칭)와 나는 수년 동안 미 보건복지부(HHS)가 백신 제조업체에 의약품 허가를 내리기 전에 장기간의 위약 대조 시험을 피하도록 허용함으로써 아동용 백신의 안전성을 보장해야 할 의무를 저버렸다고 강력하게 지적해왔다. 실제 백신 접종자와 비접종자를 대상으로 한 표준 임상시험은 아직 허가되지 않은 백신을 맞은 그룹과 불활성 식염수를 맞은 그룹을 비교하여 백신 접종 그룹에서 원치 않는 건강상의 결과가 발생하지 않는지 확인하기 위해 설계된다. 이런 비교 임상시험은 모든 의약품의 안전성을 판단하는 가장 중요한 표준 기준이다. 우리가 국립보건원에서 회의를 진행할 무렵에는 이런 적절한 안전성 시험 없이 이미 16개의 백신이 미국 질병통제예방센터(CDC)의 영유아 예방접종 일정에 추가되었다.

CDC는 백신의 효과를 높이기 위해 예방접종 일정에 있는 많은 백신을 여러 번 접종받을 것을 권장한다. NIH에서 회의를 진행할 당시, CDC의 예방접종 일정을 따르는 대부분의 미국 아동은 여덟 살이 될 때까지 71회 접종을 받았다. CDC가 예방접종 일정에 백신을 추가하면 미 전역의 각 주에서는 종종 자신들의 권한을 가지고 학교에 입학할 때 의무적으로 백신을 접종받도록 한다. 하지만 허가 전에 백신의 안전성을 제대로 검증하지 않았기 때문에 미국의 아동들은 대규모 임상시험에 참여하는 실험용 쥐 취급을 받고 있었다. 아무도 이 백신의 진정한 위험성을 느끼지 못했다. 그리고 아무도 이런 백신들의 실제 위험성을 알 수가 없고 백신이 일으킨 것보다 더 많은 문제나 사망이나 질병을 피할 수 있었는지 알 수 없었다.

허가 전 안전성 시험의 부재에 관한 최선의 대안은 백신을 접종받은 사람과 접종받지 않은 사람의 장기적인 건강 결과를 비교하는 연구를 실시하는 것이다. 바비와 나는 이런 연구의 필요성을 노골적으로 주장해왔기 때문에 앤서니나 프랜시스 콜린스 같은 사람들이 주류 언론에서 우리가 '잘못된 정보'를 퍼뜨려 대중을 기만하여 위험에 빠뜨리고 있다며 공개적으로 반발했다.

2017년 1월 도널드 트럼프 대통령 당선인이 바비에게 자신이 만들고자 하는 새로운 단체인 백신 안전 위원회 위원장을 맡아 달라고 요청하면서 NIH에서 파우치와 콜린스를 직접 만날 수 있는 기회가 주어졌다. 그런데 그 당시에 바비는 트럼프가 화이자 제약사로부터 취임식 비용으로 100만 달러를 받았다는 사실을 몰랐다. 이후 2017년 3월 트럼프는 스콧 고틀립을 식품의약국 국장으로 지명했다.[1] 그리고 2017년 5월에 지명이 인준되었다. 고틀립은 2019년에 화이자의 최고 경영진으로 합류했다. 또한 트럼프는 가장 최근에 일라이 릴리 제약사의 최대 사업부 사장을 역임한 알렉스 에이자를 보건복지부 장관으로 임명했다. 당연히 백신 안전 위원회는 시작하기도 전에 무산되었다.

그럼에도 불구하고 우리는 2017년 5월에 이미 우리를 거짓말쟁이로 몰아세운 전력이 있는 콜린스 박사와 파우치 박사와 함께 NIH의 대형 회의실에 있었다. 바비는 파우치에게 우리의 주장을 상기시키며 71가지 권장 백신 용량에 대한 비활성 위약 대조 연구를 보여달라고 요청했다. 파우치 소장은 카트에 실려온 것으로 보이는 일련의 파일 폴더를 살펴보는 장면을 연출했다. 그런 다음 격양된 표정으로 현재 연구 자료는 없지만 나중에 우리에게 보내주겠다고 말했다. 그러나 그는 나중에도 보내지 않았다.

에런 시리와 바비는 내가 속한 단체인 '정보에 입각한 동의 행동 네트워크(ICAN)'와 '아동 건강 보호(CHD)'의 변호사로서 각각의 아동 백신을 허가하는 데 근거가 되는 장기간 위약 대조 임상시험의 사본을 제출해달라는 공식 요구서를 미 보건복지부(HHS)에 보냈다. 우리는 동시에 HHS를 상대로 의회에 제출되어야 하는 아동용 백신의 안전성을 어떻게 개선했는지에 관한 격년 보고서 사본을 제출해달라고 소송을 제기했다. HHS는 1년 동안 시간을 끌다가 서한을 통해 이를 이행하지 않았다고 인정했다.

2018년 6월 27일, HHS는 공식적으로 서면을 통해 이를 인정했다.

해당 부서의 기록 검색 결과, 귀하의 요청에 해당되는 기록을 찾지 못했습니다. 보건복지부(HHS) 장관 직속부(IOS)는 문서 추적 시스템을 철저히 검색했습니다. 또한 연방 기록 센터에 보관되어 있는 HHS 장관 비서실 서신 기록의 모든 관련 색인을 종합적으로 검토하여 HHS가 보관하고 있는 기록물을 찾아보았습니다. 검색 결과, 귀하의 요청에 해당되는 기록이나 귀하의 요청에 해당하고 HHS가 보관 중인 기록이 연방 기록실에 있다는 사실을 찾지 못했습니다.

2018년 7월 6일 연방법원은 HHS 문서가 없다는 사실을 추가로 확인했다. 우리는 이런 현실이 얼마나 터무니없는 일인지 이해했지만 바비는 거기서 멈추지 않았다.

그는 브라이언 후커 박사와 함께 펍메드(PubMed, 미국국립의학도서관에서 구축한 의학 논문 데이터베이스)의 NIH 공식 보관소에

저장된 수많은 백신 연구 논문 중에서 백신 접종 집단과 비접종 집단의 건강 결과를 비교한 모든 연구를 검색하기 시작했다. 그리고 시간이 걸렸지만 그들은 의도했든 우연이든 이런 비교를 수행한 연구 결과들을 찾을 수 있었다. 그리고 1년에 걸쳐 바비와 브라이언은 연구 결과를 한 번에 하나씩 바비의 인스타그램과 CHD 웹사이트에 발표했다. 연구가 발표될 때마다 사람들은 백신을 접종받은 아동이 접종받지 않은 또래의 아동보다 건강하지 않다는 일관된 결과에 놀라지 않을 수 없었다.

그 후 2021년 2월에 인스타그램은 바비를 플랫폼에서 퇴출시켰고 이듬해 8월에는 CHD도 퇴출시켰다. 바비와 브라이언은 대중들이 연구 결과에 접근할 수 있어야 한다는 데 서로 동의했다. 이 책은 바로 그들의 엄청난 노력의 결과물이다.*

— 델 빅트리(정보에 입각한 동의 행동 네트워크[ICAN] CEO)

---

*   2017년 5월 NIH 관계자와의 면담의 여파에 대한 자세한 내용은 225페이지 이하의 부록을 참조하세요.

차례

헌사 … 005

추천사 • 당신은 과학적인 시각으로 백신을 마주할 용기가 있는가? … 011

델 빅트리의 서문 • 백신에 관한 엄청난 노력의 결과물 … 015

제1장   **백신 접종자 vs 비접종자-왜 제대로 된 연구가 진행되지 않았나?**
         …………………………………………………………………… 023
제2장   **예방접종 일정과 관련된 건강 결과** …………………… 039
제3장   **백신의 티메로살** ………………………………………… 067
제4장   **생백신: 홍역·볼거리·풍진(MMR), 소아마비, 로타바이러스** … 085
제5장   **인유두종 바이러스 백신** ………………………………… 097
제6장   **백신과 걸프전 질병** ……………………………………… 107
제7장   **인플루엔자(독감) 백신** …………………………………… 113
제8장   **디프테리아·파상풍·백일해(DTP) 백신** ……………………133

제9장	**B형 간염 백신** ·· 149
제10장	**코로나 백신** ··· 159
제11장	**임신 중 백신 접종** ·· 185

'아동 건강 보호' 직원들의 후기 ··· 211

부록 A • 놓친 기회: 2017년 5월 콜린스, 파우치 등과의 NIH 회의 여파 ··· 225

부록 B • 로버트 F. 케네디 주니어가 NIH 국장 프랜시스 콜린스 박사에게 보낸 이메일 ··· 227

부록 C • 로버트 F. 케네디 주니어가 NIH 국장 프랜시스 콜린스 박사에게 보낸 편지 ··· 240

부록 D • NIH 프랜시스 콜린스 박사가 로버트 F. 케네디 주니어에게 보낸 편지 ··· 250

주 ··· 253

감사의 말씀 ··· 311

역자 후기 • 의료인들과 일반인들이 꼭 읽어야 할 필독서! ··· 313

제1장

백신 접종자 vs 비접종자
— 왜 제대로 된 연구가 진행되지 않았나?

의사들은 1796년 에드워드 제너 박사가 천연두 백신을 개발한 이래 아동과 성인에게 일상적으로 백신을 접종해왔다. 1940년대에는 아동들이 디프테리아·백일해·파상풍(DPT)과 천연두 백신을 접종받았고 1950년대에는 소아마비 백신을 접종받고 1960년대 후반에는 홍역·볼거리·풍진 백신도 접종받았다.[1] 1986년에는 의사들이 18세 미만 아동에게 일곱 가지 질병에 대해 열한 가지 백신을 접종하는 것이 일반적이었다. 당시 영유아는 DPT 또는 디프테리아·파상풍·백일해(DTaP), 홍역·볼거리·풍진(MMR), 소아마비 백신을 맞았다.

1986년 전국 아동 백신 상해법이 제정된 이래로 백신 제조업체에 책임 면제가 주어지면서 예방접종 일정이 상당히 늘어났

1962	1986	2023			
경구용 소아마비 백신	디프테리아·파상풍·백일해 백신 (2개월)	B형 간염 백신 (태어나서 바로)	폐렴알균 백신 (6개월)	A형 간염 백신 (18개월)	독감 백신 (10세)
천연두 백신	경구용 소아마비 백신 (2개월)	B형 간염 백신 (2개월)	불활성 소아마비 백신 (6개월)	독감 백신 (24개월)	자궁경부암 백신 (10세)
디프테리아·파상풍·백일해 백신	디프테리아·파상풍·백일해 백신 (4개월)	로타바이러스 백신 (2개월)	코로나 백신* (6개월)	독감 백신 (3세)	독감 백신 (11세)
	경구용 소아마비 백신 (4개월)	디프테리아·파상풍·백일해 백신 (2개월)	독감 백신 (6개월)	디프테리아·파상풍·백일해 백신 (4세)	자궁경부암 백신 (11세)
	디프테리아·파상풍·백일해 백신 (6개월)	헤모필루스 인플루엔자 백신 (2개월)	로타바이러스 백신 (6개월)	불활성 소아마비 백신 (4세)	디프테리아·파상풍·백일해 백신 (12세)
	홍역, 볼거리, 풍진 백신 (15개월)	폐렴알균 백신 (2개월)	코로나 백신 (7개월)	독감 백신 (4세)	독감 백신 (12세)
	디프테리아·파상풍·백일해 백신 (18개월)	불활성 소아마비 백신 (2개월)	독감 백신 (7개월)	홍역·볼거리·풍진 백신 (4세)	뇌수막염 백신 (12세)
	경구용 소아마비 백신 (18개월)	로타바이러스 백신 (4개월)	헤모필루스 인플루엔자 백신 (12개월)	수두 백신 (4세)	독감 백신 (13세)
	헤모필루스 인플루엔자 백신 (2세)	디프테리아·파상풍·백일해 백신 (4개월)	독감 백신 (12개월)	독감 백신 (5세)	독감 백신 (14세)
	디프테리아·파상풍·백일해 백신 (4세)	헤모필루스 인플루엔자 백신 (4개월)	폐렴알균 백신 (12개월)	독감 백신 (6세)	독감 백신 (15세)
	경구용 소아마비 백신 (4세)	폐렴알균 백신 (4개월)	홍역·볼거리·풍진 백신 (12개월)	독감 백신 (7세)	독감 백신 (16세)
	파상풍, 디프테리아 백신 (15세)	불활성 소아마비 백신 (4개월)	수두 백신 (12개월)	독감 백신 (8세)	뇌수막염 백신 (17세)
		디프테리아·파상풍·백일해 백신 (6개월)	A형 간염 백신 (12개월)	독감 백신 (9세)	독감 백신 (17세)
		헤모필루스 인플루엔자 백신 (6개월)	디프테리아·파상풍·백일해 백신 (18개월)	자궁경부암 백신 (9세)	독감 백신 (18세)
		B형 간염 백신 (6개월)			
5 도스	25 도스	73 도스			

여기서 도스는 디프테리아·파상풍·백일해 백신과 홍역, 볼거리, 풍진 백신은 세 가지 혼합 백신이기 때문에 3도스로 계산된다. 나머지는 1도스다. 2023년 접종표를 계산해보면 다음과 같다. 6번의 디프테리아·파상풍·백일해 백신은 18도스가 된다. 2번의 홍역·볼거리·풍진 백신은 6도스가 된다. 나머지 49개는 1도스가 되어 전체적으로 49＋18＋6＝73도스다.

* 코로나 백신은 1차 접종만 포함된다.

그림 1-1. 1962년, 1986년, 2023년 아동기 예방접종 일정 비교

다. 오늘날 CDC가 권장하는 예방접종 일정을 따르는 아동은 열일곱 가지 질병에 대해 최소 73번의 백신을 맞으며 생후 한 살까지 무려 28번의 백신을 맞는다.[2] 영아가 생후 2개월 때 '웰 베이비 내원(Well baby visit)' 명분으로 병원을 방문하면 여덟 가지 질병에 대해 최대 여섯 가지 백신을 맞을 수 있다.

장기적인 백신 안전성 연구 부족

연구자들은 이처럼 백신 접종이 크게 증가했음에도 불구하고 단기적 혹은 장기적인 접종 아동의 건강을 연구하는 데 거의 노력을 기울이지 않았다. 의료 당국은 보편적 아동 백신 접종 프로그램이 여러 치명적인 전염병을 퇴치하는 데 기여했다고 인정하지만 백신 접종의 급만성(急慢性) 부작용 연구에는 거의 관심을 보이지 않으며 여러 가지 백신이 포함된 예방접종 일정이 건강에 미치는 영향에 초점을 맞춘 안전성 연구도 하지 않는다. FDA의 백신 승인을 위한 임상시험은 CDC에서 정한 예방접종 일정을 따르는 영아가 동시에 최대 여섯 가지의 백신을 접종받지만 단일 백신만을 평가한다. FDA 승인 후에도 CDC는 개별 백신에 대해서만 시판 후 감시를 완료한다.

많은 백신이 장기적으로 건강에 미치는 영향은 수년 동안 뚜렷하게 나타나지 않는다. 국립 알레르기·전염병 연구소(NIAID)의 전 소장이었던 앤서니 파우치는 1999년 인터뷰에서 온갖 심각한 백신 부작용 손상이 수년 동안 숨겨져 있을 것이며 만약 보건 당국이 백신 승인을 서두른다면 "모든 지옥문이 열리는 데 12년이 걸린다는 사실을 알게 될 텐데 그때 가서 도대체 지금까지 무슨 짓을 해온 겁니까?"³라는 질문을 던졌다.

파우치 박사의 경고에도 불구하고 FDA 임상 안전성 연구는 일반적으로 비교적 짧은 기간 동안 진행되기 때문에 장기적으로 건강에 미치는 영향을 알 수 없다. 예를 들어 연구진은 B형 간염 백신(Engerix-B) 임상시험에서 백신 접종 후 4일 동안만 부작용을 관찰했다.⁴ 마찬가지로 DTaP 백신(Infanrix) 임상시험에서는 백신 접종 후 4일 동안만 부작용을 관찰했다.⁵ 헤모필루스 인플루엔자 B 백신(ActHIB)의 경우 과학자들은 접종 후 단 48시간 동안만 접종자를 관찰했다.⁶ 그게 전부다!

예방접종 일정이나 백신 성분이 건강에 미치는 전반적인 영향을 평가하는 과학적 연구는 사실상 없다. 2011년 현재 국립 의학 아카데미 의학연구소(전 의학연구소[IOM])는 여덟 가지 백신과 관련된 158건의 백신 부작용을 알아보기 위해 위원회에 평가를 의뢰했다.⁷ IOM 위원회는 18건의 부작용에는 백신 접종과의 인과관계를 "설득력 있게 뒷받침하는" 또는 "수용하기에 충분한" 증거가 있다고 판단했다.⁸ 또한 위원회는 5건의 이상반응과 백신 접종 사이의 관계는 "거부하는 편이 낫다"고 판단했다.⁹ 그러나 IOM 위원회가 평가한 158건 중 무려 135건은 인과관계를 인정하거나 거부하기에는 증거가 "부적절하다"고 판단했으며¹⁰ 여기에는 DTaP 백신과 자폐증의 연관성도 포함되었다. IOM의 결론은 "백신이 자폐증을 유발하지 않는다"는 CDC의 단호한 주장과 모순된다.[11] 안전성의 증거가 불충분한 다른 사례로는 인플루엔자 백신과 뇌변증, MMR 백신과 열성 발작, HPV 백신과 급성 파종성 뇌척수염 등이 있다. CDC가 백신 부작용의 거의 90%에 해당하는 사례에 대해 인과관계를 확인하거나 배제할 수 있는 충분한 연구를 실시하지 못했다는 사실은 너무나 놀랍다. 즉 백신이 실제로 해를 끼치는지 여부를 알 수 없으며, 해가 없다고 자신 있게 주장할 수도 없다.

2013년 미국 보건복지부(HHS) 산하 국가백신프로그램 사무소는 전체 CDC 영유아 예방접종의 안전성 주장을 뒷받침할 증거가 부족하다는 이전 연구 결과를 업데이트하기 위해 다른 IOM 위원회에 평가를 의뢰했다.[12] 위원회는 "전체 예방접종 일정이나 일정의 변화와 건강 결과 사이의 연관성을 종합적으로 평가한 연구는 거의 없으며 위원회가 책임지고 밝히겠다고 했던 건강 결과와 시민들의 우려를 직접 조사한 연구도 없다"라는 사실을 발견했다.[13] 위원회는 계속해서 "누적 백신 접종 횟수의 장기적인 영향이나 예방접종 일정의 다른 측면을 조사하기 위해 고안된 연구는 수행되지 않았다"[14]라고 발표했다. 그리고 예방접종 일정의 전반적인 안전성에 관한 정보가 너무 부족하여 "보건복지부가 전체 아동 예방접종 일정의 안전성에 관한 연구를 우선순위에 놓고 시민들의 우려를 직시하고 역학적 증거, 생물학적 타당성, 실현 가능성에 근거해 우선권을 확립할 것"을 권했다.[15] 또한 IOM은 CDC가 후향적 분석을 통해 예방접종 일정의 전반적인 건강 영향을 연구하기 위해 민간 데이터베이스인 VSD를 사용할 것을 권장했다.[16]

그러나 10년이 지난 지금까지 CDC는 예방접종 일정이 건강에 미치는 영향에 관한 어떤 의미 있는 연구 결과도 내놓지 않고 있다.

CDC가 이런 연구를 수행하지 않는 동안 다른 기관들은 무엇을 했을까? 안타깝게도 백신의 안전성을 연구하는 데에는 대가가 따를 수 있다. 백신을 옹호하는 주류 학계에서 벗어난 의사와 과학자는 이단자나 이교도인으로 취급당한다. 가장 유명한 사례는 1998년 앤드루 웨이크필드 박사가 자폐증 환자 12명 중 8명에서 소화기 증상이 나타나기 전에 MMR 백신을 접종받았다고 보고하면서 추가 연구를 권고한 사건이다.[17] 후폭풍은 엄청났다. 웨이크필드 박사는 지금은 철회된 1998년 의학 저널 《랜싯》에 실린 이 짧은 논문으로 인해 의사 면허와 명성, 국적을 잃었다. 웨이크필드 박사에게 핍박이 얼마나 극심했는지 지금은 '웨이크필드화(Wakefielded)'[18]라는 용어가 현재 정부, 언론, 제약 기업이 세운 백신의 정통성에 도전하는 의사와 과학자를 조직적으로 공격하고 비방하는 표현으로 사용되고 있다. 1998년 이후 숱한 다른 의료진이 백신의 위험성을 연구하고 환자에게 CDC 예방접종 일정에서 벗어난 다른 선택을 제공하기 위해 많은 대가를 치렀다. 정직하게 백신 안전성 연구를 추구하는 과학자들의 연구 논문들이 동료 검토를 거쳤는데도 모호한 상황에서 철회되고 출간에서 제외되었다. 과학계와 의료계, 정부 기관, 언론이 이들을 소외시키고 비난하면서 많은 사람들이 경력과 수입과 평판을 잃었다.

그러나 최근 미국 FDA의 긴급 사용 승인(EUA)에 따라 사용된 실험적인 유전자 기반 코로나19 백신은 대중에게 백신 안전성에 관한 수많은 의문을 불러일으켰다. 백신 테스트에 대한 면밀한 공개 조사로 더 많은 사람들이 어려운 질문을 하게 되었다. 수십억 달러가 드는 광고, 체계적인 미디어 선전, 인센티브, 강압적 조치, 명령, 접종 의무화, 정부 고위 인사들과 유명 연예인들이 백신을 접종받는 수많은 장면의 연출 등에도 불구하고[19] 이 글을 쓰는 현재 미국 인구의 69.4%만 코로나19 백신 접종을 마쳤다(부스터 접종은 고려하지 않음).

보건 당국은 미국에서 약 30개월 동안 코로나19 백신을 대량 배포했고 부작용 발생률이 매우 높은 것으로 나타났다. 의료진과 환자들은 미국에서만 화이자, 모더나, 존슨앤드존슨, 노바백스 백신과 관련하여 95만 1,000건이 넘는 부작용을 보고했다.[20] 실제로 1986년에 시작된 백신 부작용 보고 시스템(VAERS)에 보고된 전체 부작용 사례의 97%가 최근 3년 동안 발생한 코로나 백신 접종 부작용과 관련된 것이었다. 이제 언론은 백신 부작용이 얼마나 '드물게' 발생하는지 마지못해 보도하고 있지만 특정 부작용을 인정하기 시작했다.

필요한 연구가 수행되지 않는 이유는 무엇인가?

규제 당국이 예방접종 일정이 장기적으로 건강에 미치는 영향을 연구할 때 더 엄격하게 접근해야 하는 방식을 무시하는 이유 중 하나는 백신 부작용이 '100만 명당 1명'이므로 백신 부작용의 공포를 조장하는 것을 중단해야 한다는 것이다. 정부는 국가 백신 보상 프로그램(NVICP)에 의해 보상받은 백신 부작용 피해자 수를 미국에서 접종된 총 백신 수와 비교하여 100만 명당 1명이라는 수치를 도출한다.[21] 안타깝게도 대부분의 백신 부작용 피해자들은 NVICP의 존재 자체를 모르고, 보상을 받는 사람은 더 적다.[22] CDC가 자금을 지원했다가 결과가 마음에 들지 않아 포기한 라자루스(Lazarus) 연구는 100만 명당 1명이라는 수치와 완전히 대조적인 결과를 보여준다. 더 정확히 보자면 라자루스 연구에 참여한 연구진은 140만 건의 정기 백신을 접종받은 약 37만 5,000명의 인구 집단에서 부작용 발생률이 38명당 1명이라는[23] 사실을 발견했다. 3년의 연구 기간을 고려하면 이는 개인 10명당 1명의 비율로 백신의 이상반응이 나타난다는 뜻이다. 이는 제약 업계와 정부 보건 기관에서 선전하는 '100만명 당 1명'이라는 신화적인 표현과는 거리가 먼 수치다. 라자루스 연구는 보건 당국과 제약 업계가 이 놀랄 만한 부작용 비율에 긴급히 주의를 기울여야 함을 시사한다. 그럼에도 불구하고 CDC와 FDA는 확고하게 접종 집단과 비접종 집단의 건강 결과 연구를 거부한다.

백신 접종자와 백신 비접종자 연구를 위한 실행 가능한 선택이 있다

무작위 대조 시험(RCT)은 전향적(미래에 나타나는 건강 영향) 연구다. 연구자는 지원자 그룹에서 무작위로 개인을 선택하여 실험군 또는 대조군을 구성한다. 그런 다음 실험 참가자의 편견을 피하기 위해 두 그룹 모두 어떤 치료 또는 위약을 받았는지 알 수 없도록 한다.

FDA 임상시험에서 실험 그룹은 백신을 접종받고, 대조 그룹은 위약을 접종받는다. CDC 지침에 따르면, 위약은 생리식염수와 같이 생리적으로 불활성 상태여야 한다. 그러나 대부분의 백신 임상시험에는 실제 식염수 위약을 사용하지 않기 때문에 백신 안전성의 적절한 평가가 불가능하다. 예를 들어 FDA는 2007년 가다실 인유두종 바이러스 백신을 승인하기 전에는 불활성 위약을 요구하지 않았다. 연구진은 실제로 식염수 위약을 사용하는 대신 대조군에 독성이 강한 보조제인[24] 무정형 알루미늄 수산화인산 황산염(AAHS)을 주사했는데 이 성분은 사전 안전성 테스트가 없었다.[25] 그 후 연구진은 2014년에 승인된 머크(Merck)의 가다실-9 백신의 후속 시험에서 위약 대조군에 처음 나왔던 가다실 백신을 사용했다.[26] 또 다른 예로 연구진은 임신부 독감 백신 연구에서 대조군에 FDA가 임신 중 안전성 테스트를 한 적이 없는 수막구균 백신을 접종했다.[27]

공중보건 전문가들은 연구자가 맹검 위약 대조군에 생명을

구하는 백신을 접종하지 않는 RCT를 시행하는 것은 비윤리적이기 때문에 백신 접종 집단과 비접종 집단을 연구할 수 없다고 주장한다.[28] 그러나 그들의 주장은 거짓말이다. 제약 회사는 일반적으로 FDA 승인 과정에서 비교 가능한 치료법이 없는 경우 신약이나 생물학적 제제를 검사하기 위해 이 방법을 사용한다. 예를 들어 FDA는 특정 암 치료제,[29,30] 심장 치료제,[31] 호흡기 치료제에[32] RCT 임상 연구를 요구하고 있으며 아무도 맹검 위약 대조군에서 생명을 구할 수 있는 치료법을 보류하는 윤리에 의문을 제기하지 않는다. 사실 이는 표준 관행이다.

그러나 2015년 3월 23일 프론트라인(Frontline)과의 인터뷰를 진행하던 의학 저널리스트가 필라델피아 아동 병원의 예방접종 교육센터장이자 백신 산업을 옹호하는 폴 오핏 박사에게 백신이 자폐증을 유발하는지 확인하고자 백신 접종 아동과 비접종 아동을 대상으로 한 RCT 연구에 대해 질문하자 그는 "그런 연구를 하는 것은 매우 비윤리적인 일"이라고 말했다.[33] 그는 그런 연구는 "백신을 접종하지 않은 그룹에 속한 사람들 일부가 병에 걸려 영구적으로 해를 입거나 사망에 이를 수 있기 때문에 사실은 백신 비접종자들을 비난하는 결과가 된다고 설명했다."[34] 또한 필라델피아 아동 병원의 '윤리적 문제와 백신' 웹사이트에서는 백신 안전성 테스트와 관련하여 "백신이 잠재적으로 심각하고 치료가 불가능하거나 치명적인 감염을 예방할 수 있는데도 (대조군에) 적절한 예방 옵션을 제공하지 않는 것은 어려운 결정이 될 수 있다."[35]

고 명시하고 있다.

백신 지지자들이 이런 결함이 있는 근거를 다른 의약품이 아닌 백신에만 적용한다는 사실은 과학이나 논리에 근거하지 않은 주장임을 드러낸다. 또한 코크런 단체(Cochrane Collaboration)에 따르면,[36] 연구진은 기존의 백신 접종자와 비접종자 아이들과 성인을 대상으로 한 RCT 외에도 다양한 유형의 분석을 마칠 수 있다.[37] 여기에는 전향적(미래의 건강 영향) 또는 후향적(과거의 의료 데이터와 병력) 분석이 포함된다. 실제로 CDC 과학자들은 일상적으로 맹검이 아닌 후향적 백신 안전성 연구(즉 RCT가 아닌)를 수행한다. 또한 CDC는 백신이 자폐증을 유발하지 않는다는 증거로 MMR 백신[38]과 티메로살 함유 백신에[39,40] 관한 이런 유형의 연구를 종종 선전한다. 이런 연구는 모두 CDC의 자체 백신 안전성 데이터링크(VSD)를 포함하여 후향적으로 수집된 데이터를 기반으로 한다.[41] VSD는 200만 명 이상의 아동을 포함한 9개 건강 관리 기관(HMO)의 데이터를 취합한 자료다. CDC의 VSD에는 백신 비접종 아동에 관한 기록도 포함되어 있어 백신 안정성을 평가하는 데 이상적인 데이터 소스다. 하지만 CDC 과학자들은 백신 접종자와 비접종자를 비교하는 후향적 연구를 수행한 적이 없다.

백신 접종자와 비접종자 비교 연구가 수행되지 않는 또 다른 이유는 의료 기관에서 백신 접종을 받지 않은 아동 그룹이 너무 독특해서 연구진이 과학적인 연구에서 백신 접종을 받은 아동과 합법적으로 비교할 수 없다고 주장하기 때문이다. 예를 들어

(백신을 접종받지 않은) 아미시(Amish, 미국 펜실베이니아주 중부에 거주하는 재침례파 계통의 종교적·문화적 생활 공동체에 속한 사람들-옮긴이) 아동에게 자폐증이 없다는 UPI 기자 댄 올름스테드의 보도에 대해 오핏 박사는 "백신을 완전히 접종한 아동과 완전히 접종하지 않은 아동을 선택하면 매우 다른 두 집단의 사람들을 선택하는 셈이고 두 집단의 차이를 통제하기 어려울 것이다"[42]라고 말했다. 주류 의학계는 그 어떤 증거도 없이 아미시는 독특하고 구별되는 집단이기 때문에 다른 집단과 비교할 수 없다고 주장했다.[43] 그러나 아미시는 유전적으로 다를 수도 있고 아닐 수도 있지만 미국에서 백신 비접종 그룹의 극히 일부에 불과하기 때문에 이 주장에는 결함이 있다. 예를 들어 2015년에 CDC가 실시한 조사에 따르면, 생후 24개월 된 전체 아동 중 1.3%가 아직 CDC의 영유아 예방접종 일정에 따른 백신을 한 번도 접종받지 않았다.[44] 그러나 아미시는 미국 인구의 약 0.08%에 불과하다.[45] 따라서 연구자들이 아미시를 연구에서 제외하더라도 이런 유형의 연구에는 "유전적으로 구별될" 가능성이 있는 소수 외에 많은 아동과 성인들이 백신 비접종자에 포함된다.

이 책의 목적

연구자들은 팬데믹이 시작되기 전부터 백신을 접종받은 집단과 접종받지 않은 집단의 건강 결과를 연구한 논문을 검색하기 시작했다. 우리는 지금까지 발표된 동료 심사를 거친 의과학 문헌

중에서 100개 이상의 동료 심사 논문을 확인했다. 그 외에도 많은 다른 연구 논문이 이 연구의 결론을 뒷받침하고 있다. 이 책은 이런 연구들을 요약한 것이다.[46] 또한 다른 공신력 있는 출처에서 발표한 관련 연구도 포함시켰다.

이 책은 부모와 호기심 많은 일반인과 CHD 단체에 관심이 있는 모든 분들을 위해 집필했다. 앞으로 다음과 같은 내용을 다룰 것이다.

우리는 각 백신의 접종자과 비접종자 비교 연구를 요약했고, 가장 관련성이 높은 결과를 보여주는 막대그래프를 삽입했고, 다양한 백신과 백신 성분을 중심으로 각 장을 구성했다. 각 장을 대충 훑어보는 것만으로도 예방접종 일정과 그 안에 포함된 개별 백신과 관련된 다양한 결과를 이해할 수 있다. 우리는 독자들이 보건 당국과 언론이 통상적으로 그리는 매우 간단한 그림의 차원을 넘어 복잡한 백신 안전성 과학에 대한 이해를 넓혀가길 바란다.

통계 용어 설명

이 책에서 검토하는 대부분의 연구가 역학 연구이므로 이해를 돕기 위해 역학에 관한 간략한 내용을 소개한다. '승산비', '상대적 위험도', '위험비' 등의 용어는 이런 연구를 이해하는 핵심적인 개념이다. 이 용어들은 모두 백신 접종 그룹에서 부작용이 발생할 가능성과 비접종 그룹에서 동일한 부작용이 발생할 가능성을 표현하는 다른 방식이다.

- **승산비(Odds ratio)**는 각 그룹에서 해당 부작용이 있는 개인과 없는 개인의 비율을 기준으로 가능성 또는 '확률'을 표현하는 방법이다. 예를 들어 백신 접종 그룹과 비접종 그룹의 발달 지연 승산비가 2.0이라면 백신 접종 그룹에서 발달 지연이 있는 개인의 비율이 비접종 그룹에 비해 2배 더 높다는 것을 의미한다.

- **상대적 위험도(Relative risk)**는 백신을 접종한 그룹과 비접종 그룹의 해당 부작용 위험 정도를 나타낸다. 예를 들어 발달 지연의 상대적 위험도가 2.0이라면 백신 접종 그룹에서 전체 표본(발달 지연이 있는 사람과 없는 사람 모두)에 비해 발달 지연이 있는 사람의 비율이 2배 더 높다는 것을 의미한다.

- **위험비(Hazard ratio)**는 역학에서 덜 자주 사용되며 '순간적 위험'을 나타내는 척도에 가깝지만 연구자가 승산비와 상대적 위험도를 계산할 때는 전체 연구 기간 동안 '확률' 또는 '위험'을 누적해서 계산한다. 예를 들어 백신 접종 후 정확히 5년이 지난 시점에서 특정 이상반응이 발생할 위험비는 백신 비접종자와 비교하여 2.0일 수 있다. 그러나 전체 기간(즉 백신 접종부터 백신 접종 후 5년까지) 누적 위험의 평균은 3.0으로 달라질 수 있다. 전자의 값은 위험비이고, 후자의 값은 상대적 위험도다.

- **P-값** 또는 확률 값은 특정 관계가 실제 상관관계가 아닌 무작위적인 우연에 의해 발생할 가능성을 0에서 1까지의 척도로 측정한다. P-값이 1.0이면 '귀무가설(歸無假說)'을 뒷받침하는 완전히 무작위적인 결과라는 뜻이다. 귀무가설은 'x'와 'y' 사이에 연관성이 존재하지 않는다는 것을 의미한다. 0에 가까워지는 p-값은 'x'와 'y' 사이에 깊은 연관성이 있음을 나타낸다(예: '백신 접종'과 '부작용'). 통계적 유의성을 확보하기 위한 표준은 p-값이 0.05 미만인 경우, 즉 상관관계가 무작위일 가능성이 5% 미만인 경우다. 물론 0.05보다 훨씬 낮은 p-값은 <0.0001만큼 P-값이 낮게 계산되는 경우처럼 깊은 상관관계에 추가적인 신뢰를 제공한다.

- **95% 신뢰구간**(Confidence interval) 또는 95% CI는 p-값의 대안이다. 이는 실제 승산비, 상대 위험 또는 위험 비율을 괄호로 묶는 두 개의 숫자로 구성된다. 예를 들어 백신을 접종한 그룹과 비접종 그룹의 천식 상대 위험도가 1.5이고 95% CI가 1.1에서 1.9라고 가정해보자. 이는 분석의 실제 상대적 위험도가 1.1과 1.9 사이의 경계 안에 있다고 95% 확신한다는 것을 의미한다. 또한 하한값이 1.1이고 1.0 미만으로 떨어지지 않으니 이 결과는 통계적으로 유의한 것으로 간주한다(예: p-값이 0.05 미만). 즉 상대적 위험도가 최소 1.1이라고 95% 확신한다는 의미다. 하한값이 1.0 미만으로 떨어지

면 통계적 유의성을 얻지 못하는데 1.0은 백신을 접종받은 그룹과 비접종 그룹의 결과 사이에 차이가 없음을 의미하기 때문이다. 낮은 p-값(즉 0.05보다 훨씬 낮음)과 마찬가지로 95% CI는 계산된 승산비 또는 상대적 위험값을 단단히 묶는 값이며 1.0을 초과하면 관계가 유의하며 무작위적인 우연에 의해 달성되지 않았다는 추가적인 확신을 제공한다.

제2장

백신 접종 일정과 관련된 건강 결과

연구자들은 2013년 IOM 위원회에서 아동 예방접종 일정의 건강 영향을 조사할 것을 요청했음에도 불구하고[1] 전체 예방접종 일정과 관련된 건강 결과 연구를 거의 수행하지 않았다. 실제로 FDA와 CDC 과학자들은 단 한 건의 연구 결과 분석도 마치지 못했다. 대신 민간 단체와 재단이 이 연구에 자금을 지원했다. 이 장에서는 주로 예방접종 일정과 관련된 건강 결과를 조사한, 동료 검토된 과학 논문 연구들을 중점적으로 소개한다. 또한 이런 연구를 뒷받침하는 다른 곳에서 발표된 연구도 소개한다. 밴더빌트 대학교, 잭슨 주립대학교, 시카고 대학교의 교수, 의료진, 독립 과학자, 분석가들이 이 연구 논문들을 저술했다.

그림 2-1은 2017년 《중개과학 저널(Journal of Translational Sciences)》[2]에 실린 〈미국 내 백신 접종자와 비접종자 6~12세 아동 건강의 파일럿 비교 연구〉(1차 모슨 연구) 논문 결과를 보여준다. 논문의 주 저자인 앤서니 모슨 박사는 미시시피주 잭슨에 위치한 잭슨 주립대학교 공중보건대학의 역학 및 생물통계학과 교수다. 모슨 연구는 동료 검토를 거쳐 발표된 최초의 연구로, 전체 예방접종 일정이 아동에게 미치는 건강 영향을 조사했다. 연구진은 예방접종을 전혀 받지 않은 261명을 포함하여 홈스쿨링을 하는 아동 666명의 부모를 대상으로 설문 조사를 실시했다. 연구에 참여한 아동 88%는 백인이었고, 52%는 여아였으며, 평균 연령은 9세였다.

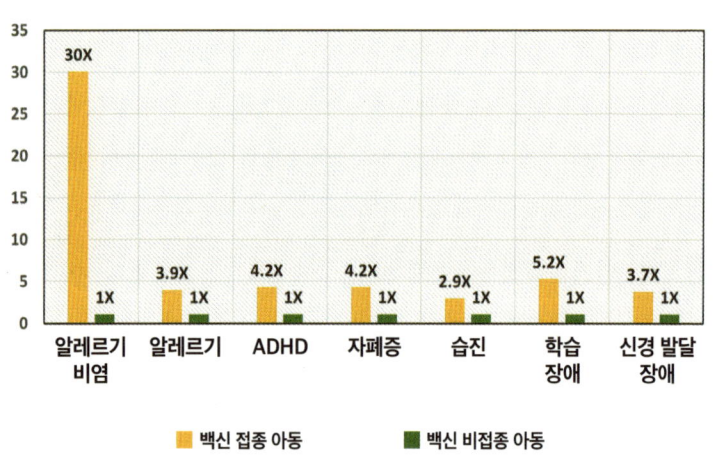

그림 2-1. 백신 접종 아동과 비접종 아동의 만성 질환 승산비
출처: Mawson 외, 2017a
※도표의 X는 배(倍)를 말한다.

연구진은 완전 또는 부분 접종 그룹을 포함하여 백신을 접종받은 아동에서 수두와 백일해 발병률이 현저히 낮다는 사실을 발견했다.[3] 그러나 그림 2-1에서 볼 수 있듯이 백신을 접종받은 아동의 진단 확률이 알레르기 비염은 30배(p-값<0.001, 95% CI 4.1~219.3), 알레르기는 3.9배(p-값<0.001, 95% CI 2.3~6.6), 주의력 결핍 과잉 행동 장애(ADHD)는 4.2배(p-값=0.013, 95% CI 1.2~14.5), 자폐증은 4.2배(p-값=0.013, 95% CI 1.2~14.5), 습진은 2.9배(p-값=0.035, 95% CI 1.4~6.1), 신경 발달 장애는 3.7배(p-값<0.001, 95% CI 1.7~7.9), 학습 장애는 5.2배(p-값=0.003, 95% CI 1.6~17.4)[4]가 높았다. 이런 확률은 모두 통계적으로 유의하다. 완전 접종 그룹 197명과 비접종 그룹 261명에 비해 부분 접종 그룹 208명은 알레르기 비염, ADHD, 습진, 학습 장애 진단과 관련하여 '중간 정도'에 해당했다.[5]

그림 2-2는 1차 모선 연구에서 백신을 접종받은 그룹과 비접종 그룹에서 폐렴과 귀 감염을 진단받은 아동의 비율을 보여준다. 백신 접종 아동의 6.4%가 폐렴 진단을 받은 반면 비접종 아동의 1.2%가 폐렴 진단을 받은 것으로 나타났다(p-값<0.001, 95% CI 1.8~19.7).[6] 마찬가지로 접종 아동의 19.8%가 귀 감염 진단을 받은 반면 비접종 아동은 5.8%에 불과했다(p-값<0.001, 95% CI 2.1~6.6).[7] 두 그룹 간의 차이는 p-값이 0.005 미만이므로 통계적으로 유의했다.

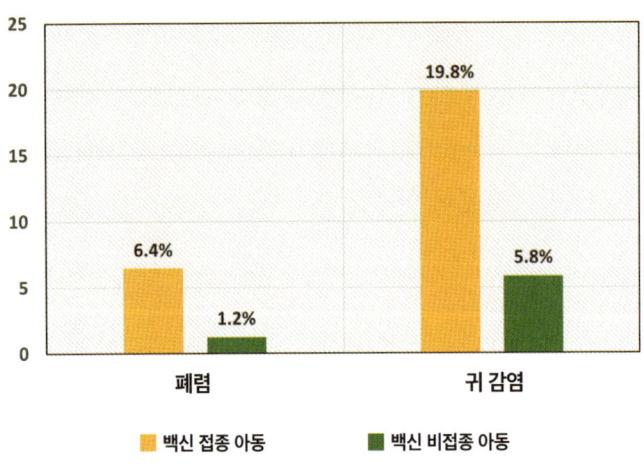

그림 2-2. 백신 접종 아동과 비접종 아동에서 보고된 폐렴과 귀 감염률
출처: Mawson 외, 2017a

그림 2-3은 2017년 《중개과학 저널》에 실린 〈조산, 백신 접종과 신경 발달 장애: 6~12세 백신 접종 아동과 비접종 아동의 횡단면 연구〉 논문 결과(2차 모슨 연구)를 보여준다.[8] 앤서니 모슨 박사는 이 연구의 수석 저자이기도 하다. 연구진은 1차 모슨 연구 데이터 자료를 바탕으로 임신 중 성별, 불리한 환경, 약물, 백신 등 중요한 요인을 조정하기 위해 다른 통계 모델을 사용하여 후속 연구를 수행했다. 2차 모슨 연구 결과, 백신을 접종받은 아동에서 신경 발달 장애(NDD)가 발생할 확률이 2.7배 더 높았다.[9] 또한 백신을 접종받은 미숙아는 임신 만삭에 태어난 대조군에 비해 NDD 진단 받을 확률이 14.5배 높았다.[10]

두 개의 모슨 연구는 아동 예방접종 일정의 추가 연구를

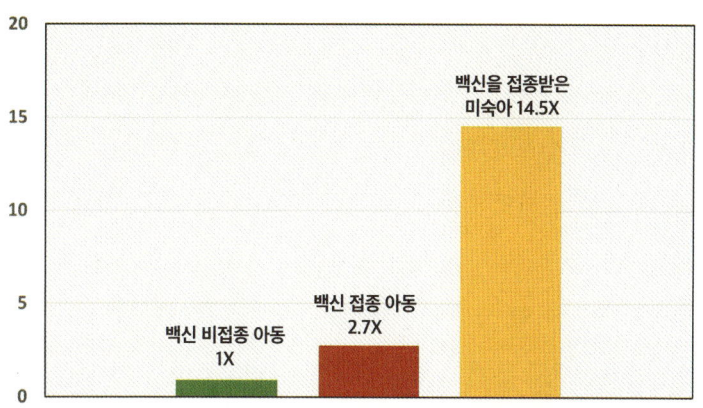

그림 2-3. 백신 비접종 아동과 백신 접종 아동과 백신을 접종받은 미숙아의 신경 발달 장애 승산비
출처: Mawson 외, 2017a

요청한 지 4년 만에 발표된 최초의 연구다.[11] 《공중보건 개척자 (*Frontiers in Public Health*)》 저널은 2017년 초에 첫 번째 모슨 연구를 수락했다. 《공중보건 개척자》는 3400만 건 이상의 생의학 문헌 인용이 가능한 검색 엔진인 PubMed에 색인된 평판이 좋은 저널이다.[12] PubMed는 1996년에 개발되었으며 국립보건원의 지원을 받아 국립생명공학정보센터와 미국 국립의학도서관에서 관리한다.[13] 현재 의학 문헌의 표준으로 통용되고 있다.

저널은 웹사이트에 첫 번째 모슨 연구 초록을 게시했고, 소셜 미디어에서 즉각적인 관심을 받았다. 게시 후 첫 주말에 8만 회 이상 조회되었다. 그러나 저널은 논문 주제에 대한 반발이 제기되자 불과 3일 만에 초록을 삭제하고 논문 채택을 취소하여 모슨 박사와 공저자들에게 큰 타격을 입혔다. 하지만 편집자들이 처음에는 논문을 잠정적으로 받아들였다고 밝혔기 때문에 저널의 조치는 완전한 철회에 해당하지 않았다. 반대로 논문이 철회되면 이미 출판된 논문이 저널에서 삭제된다. 논문 철회는 연구의 오류, 재현성 문제, 표절, 데이터 또는 결과 위조, 데이터 또는 결과 조작, 저작권 침해, 이해 상충 미공개 등의 이유로 발생할 수 있다.[14] 그러나 안타깝게도 강제 철회는 단순히 불리하거나 인기 없는 결과가 포함되어 있다는 이유로 위에서 언급한 철회 사유가 없는 연구에 흠집을 내는 도구가 되어왔다.

모슨 박사는 저널의 편집장인 조브 메릭 박사로부터 설문 조사 기반 연구에 내재된 몇 가지 문제를 이유로 《공중보건 개척자》에 논문을 게재할 수 없다는 내용의 이메일을 받았다. 첫째, 메릭 박사는 설문 조사 응답률을 검증할 수 없다고 주장했다. 이는 설문 조사가 3개월 동안 전국적으로 온라인으로 진행되어 응답률을 확인할 방법이 없었기 때문에 사실이다. 그러나 저널은 엄격한 동료 심사 과정에서 이 문제를 제기하지 않았고, 출판윤리위원회 지침 기준에 따라 논문을 철회하거나 취소하지 않았다.[15] 또한 편집장은 저자들이 의학적 진단을 검증할 수 없다고 불평했지만 이는 기존에 발표된 동료 심사를 거친 설문 조사 기반 연구에 내재되어 있는 문제다. 저널이 실제로 이런 사실을 받아들일 수 없다고 판단했다면 초기에 실시된 동료 심사 과정에서 이 문제가 제기되었을 것이다.

그 후 평판이 높은 동료 심사를 거친 과학 학술지(PubMed에는 색인되지 않음)인 《중개과학 저널》에서 두 개의 모슨 연구를 출판했다.[16,17] 모슨 연구진은 동료 심사를 거친 과학 기반 저널 중에서 결과를 인쇄할 수 있는 유일한 옵션이었기 때문에 이 방법을 택했다. 안타깝게도 특히 PubMed에서 검색되는 저널에 이런 연구 논문들은 상당히 부족하며 이 분야에 관한 더 많은 연구가 절실하다.

그림 2-4는 2020년 《세이지 개방의학(SAGE Open Medicine)》 저널에 실린[18] 〈백신 접종 아동과 비접종 아동의 건강 결과 분석: 발달 지연, 천식, 귀 감염, 위장 장애〉 연구 논문 결과다. 주 저자인 브라이언 후커 박사는 캘리포니아 레딩에 있는 심슨 대학교의 생물학 명예교수다. 후커와 논문의 공저자인 닐 밀러는 미국 여

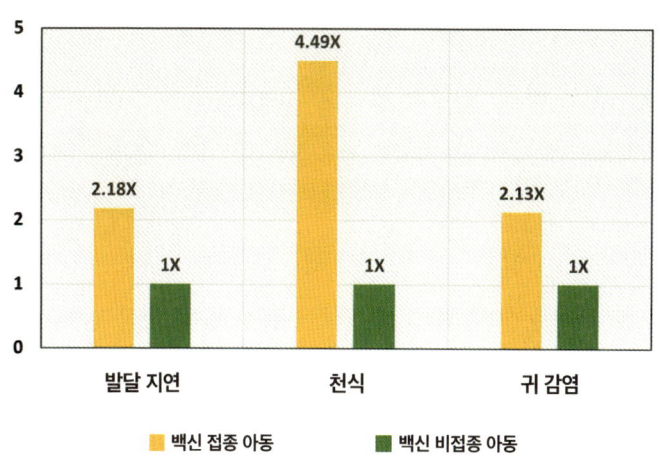

그림 2-4. 백신 접종 아동과 비접종 아동의 발달 지연, 천식, 귀 감염 승산비
출처: Hooker and Miler, 2020

러 지역에 있는 세 곳의 소아과 병원 진료 기록을 조사했다. 연구진은 2,047명의 환자를 출생부터 최소 3세, 최대 12.5세까지 추적 관찰했다. 연구진은 아이들을 첫돌 이전에 백신을 접종받은 그룹(69.1%)과 비접종 그룹(30.9%)으로 나누었다. 연구진은 백신 접종이 질병이나 장애의 첫 진단에 선행한다는 것을 확인하기 위해 아동이 첫 생일 이후에 받은 진단만을 고려했다.

그림 2-4에서 볼 수 있듯이 백신을 접종받은 아동은 비접종 아동보다 발달 지연 진단을 받을 확률이 2.18배(p-값<0.0001, 95% CI 1.47~3.24), 천식은 4.49배(p-값=0.0002, 95% CI 2.04~9.88), 귀 감염은 2.13배(p-값<0.0001, 95% CI 1.63~2.78)가 높았다.[19] 이 승산비는 통계적으로 유의했다.

또한 저자는 두 그룹 간 진단의 차이가 백신 접종 가정과 비접종 가정 간의 의료 서비스를 추구하는 행동의 차이 때문인지 확인하기 위해 뇌 손상 대조 진단을 평가했다.[20] 다른 말로 하면 이 코호트(cohort, 공통적인 특성을 가진 사람들의 집단-옮긴이)에서 백신을 접종받은 아동이 접종받지 않은 아동보다 의사를 더 많이 방문하는 경향을 보일까? 백신을 접종받은 그룹과 접종받지 않은 그룹에 속한 아동은 백신 접종 여부와 무관하게 뇌 손상 발생률이 달라서는 안 된다. 만약 다르다면 저자는 통계 모델에서 이를 통제해야 한다. 그러나 백신을 접종받은 그룹과 접종받지 않은 그룹의 뇌 손상 발생률이 통계적으로 차이가 없어 다른 결과의 유효성을 확인했다.

후커와 밀러는 별도의 분석에서 코호트에 포함된 아동의 연령 범위를 5세에서 12세 사이로 변경했다. 연구진은 3세에서 5세로 최소 연령을 높임으로써 일반적으로 더 어린 나이에 진단되지 않는 경우를 발견할 수 있었다.

그림 2-5에서 볼 수 있듯이 이 연령대에서는 백신 접종 아동이 비접종 아동에 비해 소화기 장애가 발생할 확률이 2.48배(p-값=0.045, 95% CI 1.02~6.02) 높았다.[21] 이 결과는 통계적으로 유의했다. 또한 백신 접종 아동은 비접종 아동보다 천식, 귀 감염, 발달 지연에 걸릴 확률이 유의하게 높았다.[22]

연구 저자는 《세이지 개방의학》 저널에서 논문을 검토하기 전에 5개의 의학 저널에서 동료 심사 없이 논문을 완전히 거부했

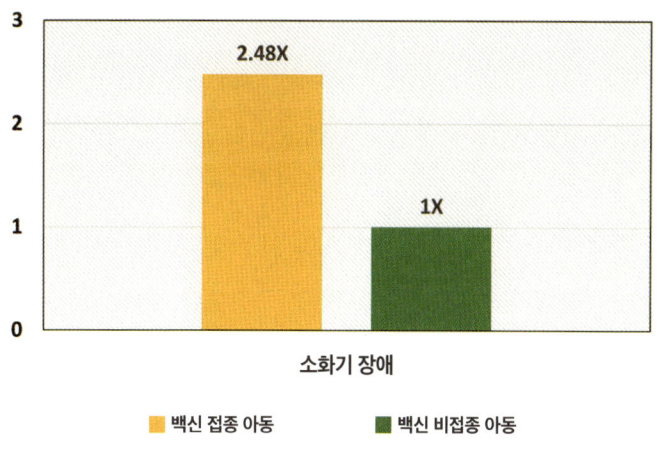

그림 2-5. 백신 접종 아동과 비접종 아동의 소화기 장애 승산비
출처: Hooker and Miler, 2020

다고 한다. 저널 편집자가 원고를 평가해줄 과학계 동료를 찾아야 했기 때문에 《세이지 개방의학》은 동료 심사를 완료하는 데 11개월이나 걸렸다. 안타깝게도 많은 사람들이 동료 심사를 거절했다. 저널에서 검토자를 확인한 후 과학계 동료들은 세 차례에 걸쳐 수정된 논문을 검토하고 원고를 수락했다. 대부분의 학술지에서는 한 차례의 동료 심사만 요구하기 때문에 이런 과정은 일반적이지 않다. 그럼에도 불구하고 PubMed에 색인된 평판이 좋은 《세이지 개방의학》에서 백신을 접종받은 아동과 비접종 아동의 건강 결과에 관한 확고한 근거를 지닌 연구 결과를 확인할 수 있다.

이 논문은 20만 회 이상 조회되거나 다운로드되었으며 저널은 논문을 철회하지 않았다. 연구 결과에 문제를 제기할 수 있는 백신 열광주의자들은 대부분 이 연구에 대한 공격을 자제하고 있다. 그러나 이 논문은 '팩트 체크'의 희생양이 되었다. 페이스북과 협력하는 헬스 피드백(Health Feedback)이라는 단체는 이 연구 결과가 "근거 없음"이라 주장했고 이런 주장은 소셜 미디어 플랫폼에 논문 링크를 게시할 때마다 등장했다.[23] '팩트 체커'들은 편리한 표본 연구 방식 특성을 문제 삼으며 연구에 포함된 세 가지 의료 행위가 미국 인구의 표본이 아니라고 주장했다. 그러나 팩트 체커는 편리한 표본을 기반으로 한, 다른 평판이 좋은 여러 연구를 제시한 저자들의 반박에 침묵했고 결국 연구 저자들이 제시한 합당한 논리를 무시하기로 결정했다. CHD는 팩트 체커의 검열 수준이 너무 노골적이어서 직접 대응하는 대신 페이스북을 상대로 민사 소송을 제기했으며 이 외에도 저자의 게시물이 변덕스럽게 편집되거나 삭제된 사례가 더 있을 것으로 예상했다.

그림 2-6은 2021년 《중개과학 저널》에 실린 〈모유 수유 여부와 출생 유형에 관한 공변량과 백신 비접종 아동의 건강 효과〉 연구 논문 결과를 보여준다.[24] 이 후속 논문(2021년 연구)에서 후커와 밀러는 아동의 백신 접종 상태, 인구학적 요인과 의학적 진단에 관한 부모 설문 조사를 실시한 세 곳의 소아과 의원을 추가로

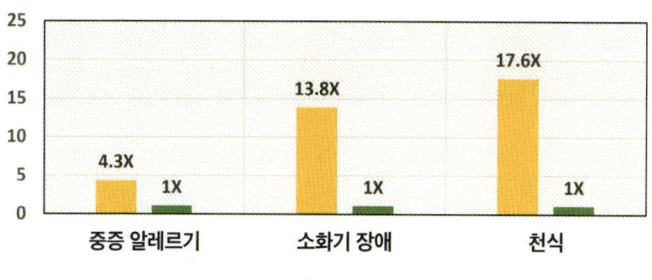

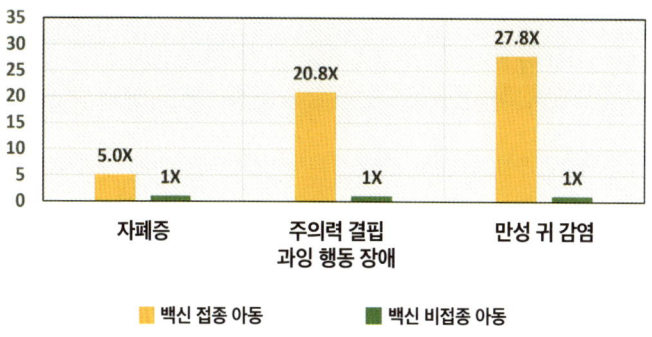

그림 2-6. 백신 접종 아동과 비접종 아동의 중증 알레르기, 소화기 장애, 천식, 자폐증, 주의력 결핍 과잉 행동 장애, 만성 귀 감염 승산비
출처: Hooker and Miler, 2021

조사했다. 연구 저자는 연구에 참여한 개별 환자의 의료 기록을 검토하여 아동의 설문 조사 결과를 확인했다. 전체 표본에 포함된 1,565명의 아동 중 60.4%는 백신 접종을 받지 않았고 30.9%는 부분적으로 백신 접종을 받았으며 8.7%는 모든 접종을 마쳤다.[25]

또한 연구진은 참가자들이 최소한 6개월 동안 모유 수유를 했는지, 자연분만 또는 제왕절개로 태어났는지, 홈스쿨링을 받았는지 공립 또는 사립 학교에 다녔는지 등 다른 요인도 연구 분석에 고려했다. 후커와 밀러는 백신을 완전히 접종받은 아동이 그렇지 않은 또래에 비해 중증 알레르기, 자폐증, 천식, 소화기 장애, 주의력 결핍증/주의력 결핍 과잉 행동 장애(ADD/ADHD), 만성 귀 감염이 훨씬 높다는 결과를 발견했다.[26] 2020년 연구와 비교했을 때[27] 2021년 연구에서는 모든 백신 접종을 받은 아동이 천식에 걸릴 확률은 17.6 대 4.49, 소화기 장애는 13.8 대 2.48, 귀 감염은 27.8 대 2.13[28] 높은 것으로 나타났다. 2021년 연구에서 저자는 백신 접종 아동과 비접종 아동을 비교했다. 2020년 연구에서는 완전 또는 부분 접종 아동과 비접종 아동을 비교했다.[29,30] 마지막으로 2021년 연구에서는 백신 접종 아동이 비접종 아동보다 수두 진단 빈도가 훨씬 낮았다.[31] 이 예상 결과는 2021년 연구 분석의 정당성을 확인하는 데 도움이 되었다.

그림 2-7은 후커와 밀러의 2021년 연구 결과를 보여준다. 후커와 밀러는 백신 접종과 모유 수유를 종합한 효과를 살펴본 결과, 백신 비접종 아동이 최소 6개월 동안 모유 수유를 한 경우에

모유 수유를 하지 않고 백신을 접종받은 아동에 비해 중증 알레르기, 자폐증, 천식, 소화기 장애, 주의력 결핍증/주의력 결핍 과잉 행동 장애, 만성 귀 감염 진단을 받는 빈도가 훨씬 적다는 사실을 발견했다.[32]

그림 2-7은 조사한 각 질환에서 관찰된 증가 승산비의 예(천식의 경우)를 보여준다. 백신 비접종/모유 수유 아기를 기준 그룹으로 삼았을 때 백신 비접종/비모유 수유 아기는 천식 진단 확률이 5.4배, 백신 접종/모유 수유 아기는 10.7배, 백신 접종/비모유 수유 아기는 23.8배가 높았다.[33] 또한 자연분만으로 태어난 백신 비접종 아동은 제왕절개로 태어난 백신 접종 아동보다 중증 알

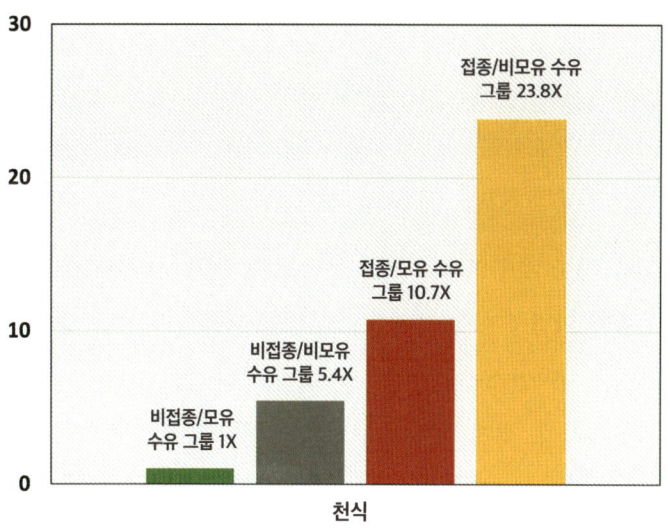

그림 2-7. 모유 수유와 백신 접종 여부에 따른 아동 천식 승산비
출처: Hooker and Miler, 2021

레르기, 자폐증, 천식, 소화기 장애, 주의력 결핍증/주의력 결핍 과잉 행동 장애, 만성 귀 감염 진단을 덜 받았다(결과는 표시되지 않음).[34] 홈스쿨링 아동은 공립 또는 사립 학교에 다니는 아동에 비해 측정 결과에서 차이가 없었다.[35]

그림 2-8은 2021년 《국제 환경 연구와 공중보건 저널(International Journal of Environmental Research and Public Health)》에 실린 〈백신 접종 여부에 따른 진료실 방문의 상대적 발생률과 청구된 진단의 누적 비율〉 연구 논문 결과를 보여준다.[36] 주 저자인 제임스 라이언스-웨일러 박사는 펜실베이니아주 피츠버그의 순수응용지식연구소 소장으로 재직 중이다. 라이언스-웨일러와 공저자인 폴 토머스 박사는 자신의 오리건주 포틀랜드 의료원 기록을 토대로 백신 접종 아동과 비접종 아동 간의 건강 차이를 조사하기 위해 독특한 접근 방식을 취했다. 연구진은 아동들이 백신을 접종받은 적이 있는지 여부를 조사하는 대신 백신 접종 아동과 비접종 아동의 특정 진단과 관련된 진료실 방문 횟수를 비교했다. '상대적 진료 방문 횟수(RIOV)'라고 부르는 이 비교는 의사가 백신 접종 아동과 비접종 아동을 대상으로 해당 질환을 진단한 횟수를 반영했다.[37] 라이언스-웨일러는 "우리의 측정치인 RIOV는 질병과 장애의 심각성, 특히 질병이 삶에 미치는 영향에 민감하다"고 밝혔다.[38] 또한 RIOV는 발열, 귀 감염, 호흡기 감염과 같이 재발률이 높은 질병의 빈도도 반영한다.

그림 2-8에서 보는 바와 같이 완전 또는 부분 접종 아동

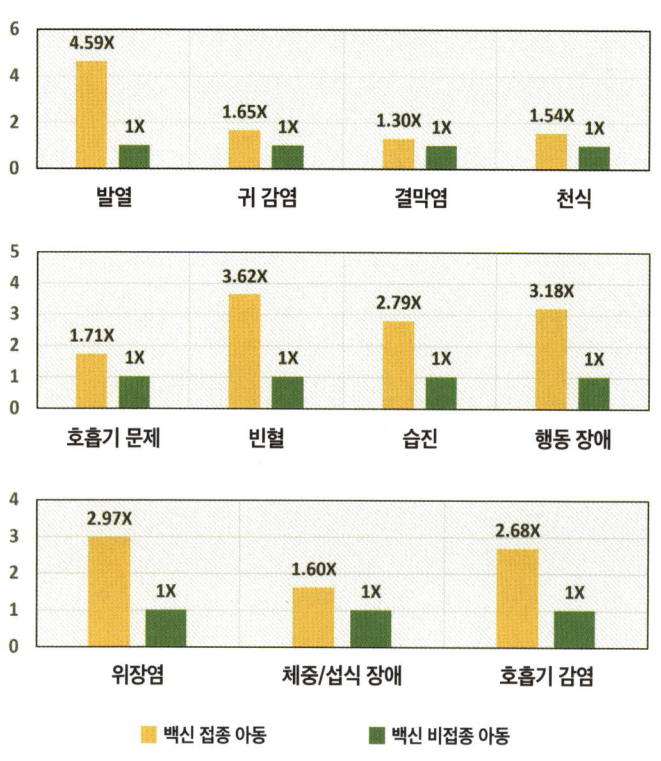

그림 2-8. 백신 접종 아동과 비접종 아동의 여러 가지 장애로 인한 소아과 방문 비율
출처: Lyons-Weiler and Thomas, 2021

2,763명과 비접종 아동 561명을 대상으로 한 평가에서 백신 접종 아동은 비접종 아동에 비해 귀 감염, 결막염, 호흡기 문제, 빈혈, 습진, 행동 장애, 위장염, 체중/섭식 장애, 호흡기 감염과 관련된 병원 방문이 훨씬 많았다.[39] 반면 백신 비접종 아동은 수두와 백일해에 더 많이 걸렸다.[40] 토머스 박사의 환자 중 발달 장애와 같은 특정 질환 아동의 비율이 적었기 때문에 연구진은 두 그룹 간에

통계적으로 유의한 질환의 차이를 확인할 수 없었다. 그러나 연구진은 백신 비접종 아동 중 주의력 결핍 과잉 행동 장애를 보인 아동은 0명인 데 비해 백신을 접종받은 그룹은 5.3%였다는 점을 언급했다.[41]

토머스 박사는 2008년 오리건주 포틀랜드에 소아과를 열고 정보에 입각한 사전 동의를 바탕으로 개별화된 총체적 의료 서비스를 제공함으로써 아동들의 건강을 개선했다.[42] 그는 미국의 대부분 소아과 의사와 달리 부모에게 자녀의 예방접종 일정을 연기하거나 수정할 수 있는 옵션을 제공했다. 이런 대체 일정은 백신의 독성 성분에 대한 아동의 노출을 줄이고 자가면역 병력, 백신으로 인한 부작용 또는 기타 개인적 선택과 같은 요인에 따라 한 개 이상의 백신 접종을 건너뛸 수 있도록 했다. 토머스 박사의 병원은 1만 5,000명 이상의 환자를 진료했고 30명 이상의 직원이 근무하는 큰 규모로 빠르게 성장했다. 2016년에 토머스 박사는 공동 저자인 제니퍼 마굴리스 박사와 함께 백신 접종의 임상적 접근법을 다룬 《백신 친화적 계획: 임신부터 자녀의 청소년기까지 면역과 건강에 관한 폴 박사의 안전하고 효과적인 접근법》을 출간했고 베스트셀러가 되었다.[43] 그러나 오리건주 의료위원회는 토머스 박사에게 CDC 예방접종 일정을 엄격하게 따르지 않는 것과 관련하여 수차례 불만과 위협을 가하고 의료보험 계약 해지 서한을 보냈지만 그는 히포크라테스 선서와 아동 건강에 관한 과학적 정보와 경험에 기반한 이해에 따라 환자를 존중하고 의료 서비스를 제공

했다.[44]

 2019년 2월에 토머스 박사는 오리건주 의료위원회로부터 CDC가 자체 예방접종 일정의 안전성에 관한 유효한 과학적 증거를 제시하지 못했음에도 불구하고 그의 책에 제시된 대체 예방접종 일정인 백신 친화적 접종 계획이 CDC가 권고하는 아동 예방접종 일정만큼 안전하다는 것을 과학적으로 입증하라는 요청 편지를 받았다.[45] 그는 자신의 진료실에서 보관하는 전체 접종, 부분 접종, 비접종 아동의 자료가 백신 접종에 따른 건강 결과를 조사하고 비교할 수 있는 임상 데이터 자료가 된다는 것을 알았다.[46] 그래서 그는 자신의 진료 수준을 보증할 분석을 수행하기 위해 독립 분석가를 고용하고 연구 과학자인 제임스 라이언스-웨일러 박사와 데이터를 분석하고 보고서를 작성했다.[47] 토머스 박사는 백신 접종자 대 비접종자 비교 연구를 수행하기로 결정한 것에 대해 "이 지역 내 다른 의료원에서는 이 작업을 수행하지 않기 때문에 나는 유일하게 두 집단을 비교할 만한 위치에서 차이를 확인할 수 있어서 전 세계가 알 수 있도록 이 데이터를 공개하는 것이 내 윤리적 의무라고 생각했다"[48]라고 밝혔다. 그러나 오리건주 의료위원회는 토머스 박사의 철저한 대응을 인정하기는커녕 이 연구가 발표된 지 일주일 만에 토머스 박사의 의사 면허를 정지하는 '긴급 명령'을 내렸다.[49] 이 명령에는 토머스 박사의 "지속적인 진료가 대중에게 즉각적인 위험을 초래"하며, "표준 치료법을 위반하여 환자의 건강과 안전을 심각한 위험에 처하게 했다"고 명시하고 있다.⁵⁰ 위원회는 서한에서 토머스가 자신의 대체 백신 접종 계획이 "다른 어떤 옵션보다 우수한 결과, 즉 여러 측면에서 건강이 개선되는 결과를 제공"하며 "자신의 예방접종 일정을 따르면 자폐증과 기타 발달 장애의 발병을 예방하거나 감소시킬 수 있다며 사기를 치고 있다"고 명시했다.⁵¹ 또한 의료위원회는 "이런 주장에 근거하여 자녀에게 필요한 모든 백신 접종에 대한 부모의 '거부'를 불러일으켜 아이들을 파상풍, 간염, 로타바이러스, 홍역, 볼거리, 풍진 등 잠재적으로 생명을 위협할 수 있는 여러 질병에 노출시켰다"고 비난했다.⁵² 의료위원회의 명령문은 토머스 박사가 비전문적이고 불명예스러운 진료 행위로 아동기 예방접종률을 떨어뜨리는 무지를 저질렀으며 CDC 예방접종 정책을 잘 따르는 부모들에게 잘못된 정보를 제공했다는 등 그를 비난하기 위한 거짓된 내용을 담고 있다.⁵³ 저널리스트 제러미 해먼드는 《사전 동의 전쟁: 오리건주 의료위원회의 폴 토머스 박사에 대한 핍박》⁵⁴에서 토머스 박사의 이야기를 자세히 다뤘다.

오리건주 의료위원회는 2021년 6월에 토머스 박사가 즉각적인 치료가 필요한 환자만 진료하고 부모나 환자와는 상담하지 않으며 "백신 접종 프로토콜, 질문, 문제 또는 권장 사항과 관련하여" 병원 직원에게 지시하거나 설명하는 것을 삼가고 환자 치료와 관련된 추가 연구를 수행하지 않는다는 조건을 붙이며 의료 면허를 복원시켰다.⁵⁵ 이런 제한 조치로 인해 의료위원회는 사실상 토머스 박사가 제공하는 높은 수준의 치료와, 가족에게 치료 선택에 대해 교육하는 것을 막았다. 토머스 박사는 이런 조건을 받아들이기를 꺼려 했지만 이미 위원회가 취한 재정적 제재 상황에서 병원을 유지하고자 그 조건에 동의했다.[56] 그 후 토머스 박사는 위원회의 결정을 뒤집기 위해 지난한 시간과 막대한 비용이 드는 법적 투쟁을 벌이는 대신 2022년 12월 6일에 의사 면허를 포기하고 은퇴했다.[57]

《국제 환경 연구와 공중보건 저널》 편집진은 의심스러운 상황에서 2021년 7월에 라이언스-웨일러와 토머스 논문을 철회했다.[58] 철회 성명서에는 간략하고 모호한 설명이 실려 있다. "논문이 출간된 후 편집부는 발표된 연구 결과가 타당한지 우려를 기울였다. 우리는 불만 제기 절차에 따라 조사를 실시한 결과, 몇 가지 방법론적 문제가 제기되었고 연구 결론이 분명한 과학적 데이터에 의해 뒷받침되지 않았음을 확인했다."[59] 수석 저자인 라이언스-웨일러에 따르면, 저널의 논문 철회 결정은 한 익명의 사람이 통계 결과의 대체 설명에 불만을 제기한 데 따른 것이었다고 한다. 해당 저널은 지적받은 방법론적 문제에 관한 세부 정보를 공개하지 않았으며, 해당 논문은 여전히 게재되지 않은 상태다. 라이언스-웨일러에 따르면, 이 불만은 백신 접종 아동과 비접종 아동 사이의 차이는 의료 서비스를 찾는 행동의 차이, 즉 백신을 접종받은 아동이 의사를 더 자주 방문하기 때문이라고 한다. 그러나 이 주장은 2022년 《국제 백신 이론, 실무와 연구 저널(*International Journal of Vaccine Theory, Practice, and Research*)》에 실린 라이언스-웨일러와 러셀 블레이록 박사의 후속 연구 논문 〈부모가 예방접종을 허락한 아동의 질병과 상태 초과 진단 재검토〉에서 토머스 박사의 진료 사례를 통해 구체적으로 철저히 반박되었다.[60]

그림 2-9는 자체적으로 수행한 연구 결과를 보여준다.

저자는 2004년 네덜란드 드리베르겐에 있는 네덜란드 양심적 예방접종협회(Dutch Association for Conscientious Vaccination in Driebergen, the Netherlands)에서 실시한 연구에서[61] 백신을 접종받은 312명의 아동과 접종받지 않은 231명의 아동을 대상으로 각각의 건강 결과를 조사했다. 모든 아동은 정부가 권장하는 네덜란드 예

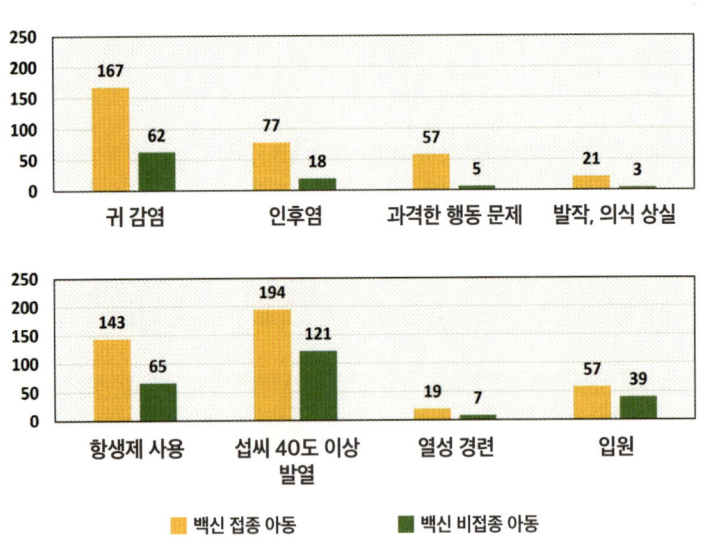

그림 2-9. 백신 접종 아동과 비접종 아동의 생후 첫 5년 동안 발병한 여러 가지 질환의 100명당 진단 건수(두 번 이상 진단받은 경우 포함)
출처: 질병과 백신: NVKP 설문 조사 결과

방접종 프로그램 일정을 따랐으며 연구 저자는 부분적으로 백신 접종을 받은 아동은 연구 대상에서 제외했다. 네덜란드 영유아 예방접종 일정에는 생후 1세가 되기 전에 맞는 여섯 가지 백신만 포함된다.[62]

그러나 세 가지 백신은 6가 백신으로 한 번의 주사에 여섯 가지 질환에 대한 항원이 포함되어 있다. 그림 2-9는 아동 100명당 급성 질환 발생률을 비교한 것이고 그림 2-10은 아동 100명당 만성 질환 발생률을 비교한 것이다.

백신은 백일해나 홍역과 같은, 백신으로 예방 가능한 전염병으로부터 보호하지만 백신을 접종받은 아동은 행동 문제, 발작, 의식 상실, 항생제 사용, 입원[63] 등이 훨씬 높았다. 귀 감염과 발열은 이 장에서 앞서 설명한 결과와 일치한다.[64, 65, 66, 67, 68] 백신을 접종받은 참가자 중 8명이 자폐증 진단을 받았고 비접종 아이들 중에는 한 명도 없었다.[69] 이 결과는 후커와 밀러의 모슨 연구[70, 71] 결과와 라이언스-웨일러와 토머스[72] 연구 결과인 백신 비접종 아동의 자폐증 발병률이 낮게 관찰된 것과도 일치한다.

그림 2-10은 천식,[73,74,75] 알레르기,[76,77] 습진에 대해 앞서 알아본 네덜란드의 이전 연구 결과와 일치함을 보여준다.[78,79]

조이 가너는 대조군(The Control Group)이란 단체를 설립하고 2021년 2월 9일에 발표된 〈백신 비접종 미국인의 대조군 시범조사〉 보고서를 작성했다.[80] 조이 가너는 비디오게임 하드웨어 기술 발명가이자 미국 특허 보유자다. 이 설문 조사에는 미국 48개

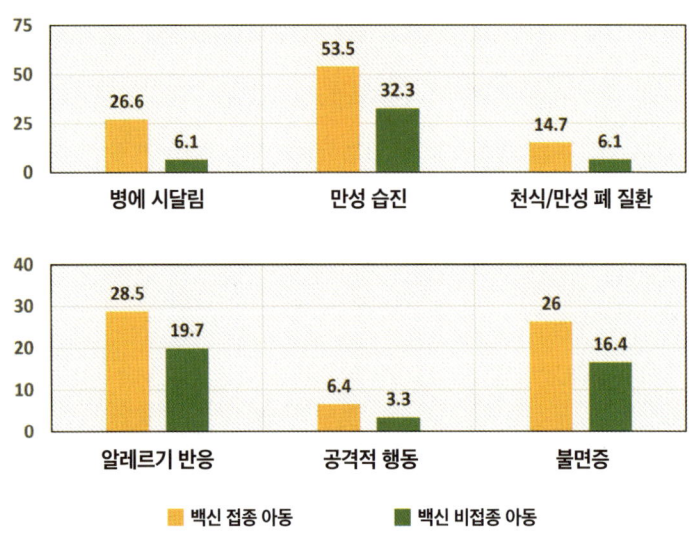

그림 2-10. 백신 접종 아동과 비접종 아동의 여러 가지 질환의 100명당 진단 발생률
출처: 질병과 백신: NVKP 설문 조사 결과

주에서 1,482명(아동 1,272명)이 참여했다. 부모가 자녀의 설문 조사 데이터를 제공했다. 대조군 단체의 통계학자들은 백신을 전혀 접종받지 않은 설문 조사 참가자의 질병 발생률 데이터를 수집하고 이 정보를 미국 전체 인구의 질병 발생률(CDC와 NIH를 포함한 연방 기관을 통해 입수한 자료)과 비교했다. 대조군 그룹은 미국인의 99.74%가 백신을 접종받았기 때문에 미국 질병 발생률 데이터에 백신을 접종받은 미국 인구가 반영되어 있다고 가정했다.[81]

그림 2-11은 백신 접종을 받은 미국 아동이 비접종 아동에 비해 단일 또는 다발성 만성 질환 수준이 상당히 높다는 사실을

보여준다. 백신 접종을 받은 아동의 데이터는 CDC 보고서 〈만성 질환 예방〉을 기반으로 하며, 비만 진단은 포함되지 않았다.[82]

그림 2-12는 대조군 연구 결과로, 백신을 접종받은 아동이 비접종 아동보다 특정 만성 질환의 발병률이 훨씬 높다는 것을 보여준다.[83] 특히 백신을 접종받은 아동은 비접종 아동보다 주의력 결핍 과잉 행동 장애(ADHD) 발병률이 20배(9.4% 대 0.47%), 자폐증 발병률이 10배 이상(2.5% 대 0.21%) 높았다.[84] 이는 백신을 접종받은 아동과 비접종 아동의 주의력 결핍증/주의력 결핍 과잉 행동 장애와 자폐증 승산비가 각각 20.8과 5.0으로 나타난 후커와 밀러 박사의 연구 결과와 일치한다.[85] 또한 홈스쿨링 학생을 대상으로 한 첫 번째 모슨 연구에서는 자폐증과 ADHD 모두 백신 접종 아

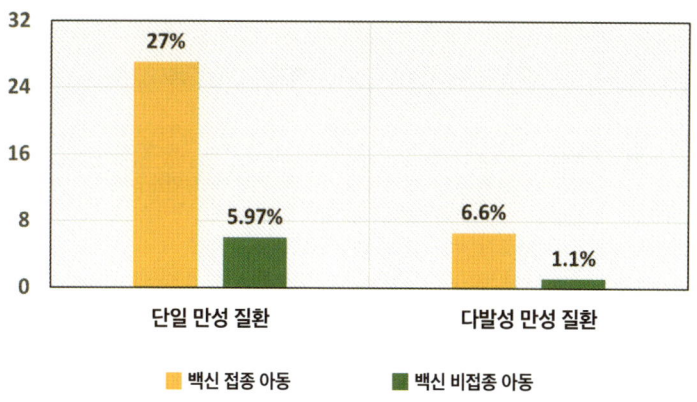

그림 2-11. 미국 내 백신 접종 아동과 비접종 아동에서 단일 만성 질환 또는 다수 만성 질환을 가진 아동 비율 비교
출처: 비접종자의 건강 결과 통계적 측정,
Joy Garner, The Control Group, February 9, 2021

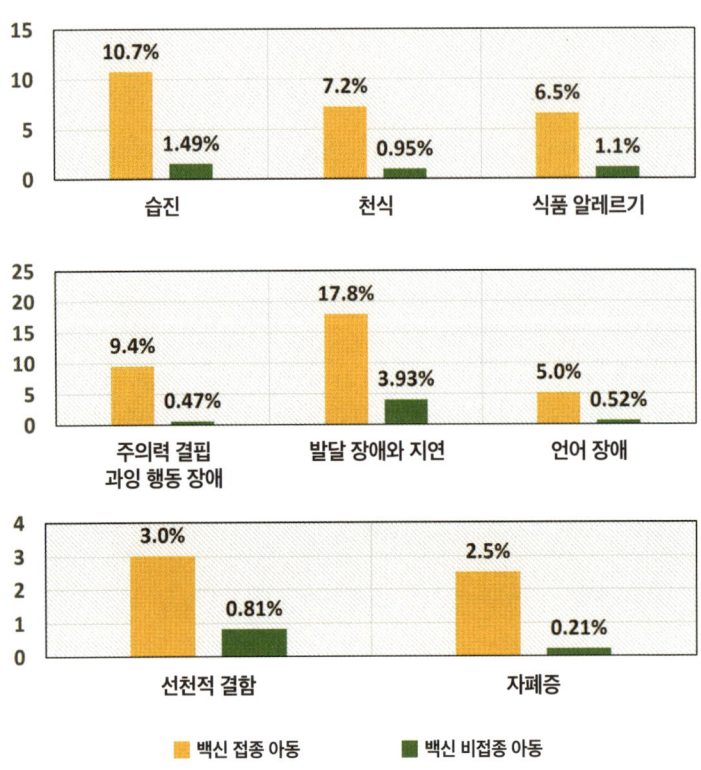

그림 2-12. 백신 접종 아동과 비접종 아동의 습진,[86] 천식,[87] 식품 알레르기,[88] 주의력 결핍 과잉 행동 장애,[89] 발달 장애와 지연,[90] 언어 장애,[91] 선천적 결함,[92] 자폐증[93] 비율 비교
출처: 비접종자의 건강 결과 통계적 측정,
Joy Garner, The Control Group, February 9, 2021

동과 비접종 아동 간의 승산비가 4.2로 보고되었다.[94]

그림 2-13은 2005년 《알레르기와 임상 면역학 저널(Journal of Allergy and Clinical Immunology)》에 실린 〈백신 접종 거부와 소아 아토피 질환의 자가 보고 간 연관성 연구〉 논문 결과다.[95] 주 저자인

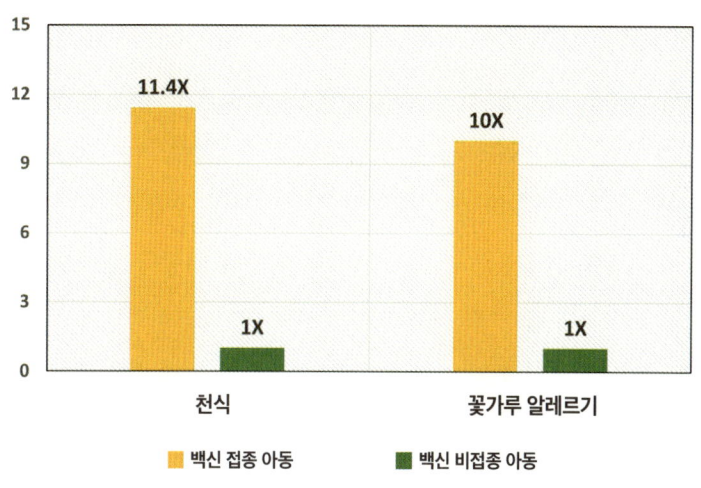

그림 2-13. 미국 내 백신 접종 아동과 비접종 아동에서 보고된
천식과 꽃가루 알레르기의 상대적 위험도
출처: Enriquez 외, 2005

레이철 엔리케즈 박사는 테네시주 내슈빌에 있는 밴더빌트 대학교 알레르기, 폐와 중환자 치료 분과 소속이다. 저자는 미국에서 백신을 접종받은 아동과 비접종 아동 중 아토피 또는 일반적인 알레르기에 대한 부모의 보고를 조사했을 때 천식과 건초열의 상대 위험도가 각각 11.4와 10으로 나타났다고 밝혔다.[96] 연구 코호트에는 비접종 아동 515명, 부분 접종 아동 423명, 완전 접종 아동 239명이 포함되었다. 앞서 논의한 모슨의 연구,[97] 후커와 밀러의 연구,[98] 그리고 아직 발표되지 않은 네덜란드 연구는[99] 이 연구 결과를 뒷받침한다.[100]

그림 2-14는 2022년 《소아과학회지(*Academic Pediatrics*)》에

실린 〈생후 24개월 이전 백신의 알루미늄 노출과 24~59개월 사이에 발생한 지속성 천식 간의 연관성〉 연구 논문 결과를 보여준다.[101] 주 저자인 매슈 데일리 박사는 오로라에 있는 카이저 퍼머넌트 콜로라도 건강연구소의 연구원으로 VSD의 32만 6,991명의 아동 코호트를 연구했는데 생후 24개월 이전에 접종한 백신으로 인한 알루미늄 노출을 각 아동별로 집계했다. 3mg 이상의 알루미늄에 노출되고 습진 진단을 받지 않은 아동은 24~59개월 사이에 지속성 천식 진단을 받을 확률이 36% 높았다.[102] 마찬가지로 3mg 이상의 알루미늄에 노출되고 습진 진단을 받은 아동은 지속성 천식 진단을 받을 가능성이 61% 높았다.[103]

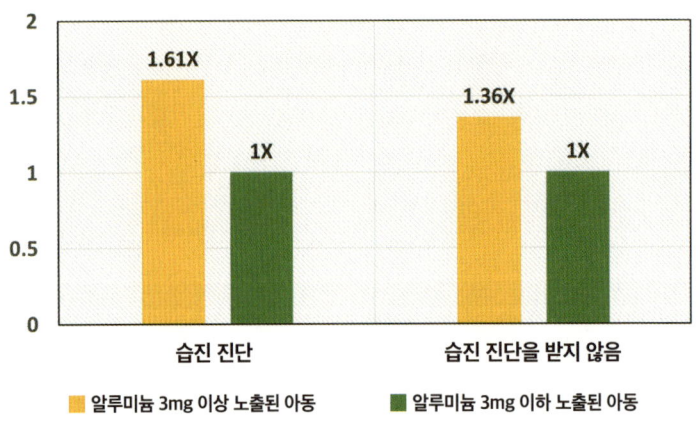

그림 2-14. 생후 24개월 이전에 백신 접종으로 알루미늄에 노출된 생후 24~59개월 소아의 지속성 천식 발생률. 천식 아동 중에서 습진 진단을 받은 아동과 습진 진단을 받지 않은 아동을 구분함
출처: Daley 외, 2022

요약

	Mawson 외, 2017	Hooker and Miller, 2020	Hooker and Miller, 2021	Lyons-Weiler and Thomas, 2021	Dutch Survey 2004	Control Group 2021	Enriquez 외, 2005	Delay 외, 2022
주의력 결핍증/주의력 결핍 과잉 행동 장애	✓		✓		✓			
알레르기	✓		✓	✓				
천식		✓	✓	✓	✓	✓	✓	✓
자폐증	✓		✓		✓			
발달 장애, 발달 지연	✓	✓			✓			
습진	✓			✓	✓			
귀 감염	✓	✓		✓	✓			
소화기 장애		✓		✓				
호흡기 감염				✓				
발작					✓			

표 2-1. 백신 접종 아동과 비접종 아동의 건강 결과 비교 요약. 유의하게 높은 승산비, 상대적 위험 또는 발생률은 √로 표시된다.

천식은 백신 접종 일정과 관련된 가장 흔한 부작용으로, 이 장에서 다루는 7개의 개별 연구에서 백신을 접종받은 아동이 비접종 아동보다 발병률이 높았다.[104,105,106,107,108,109,110] 호흡기 감염[111] 및 발작[112]과 예방접종 일정의 연관성은 1건의 연구에서 확인했다. 그러나 이 장에 포함된 다른 연구에서는 특별히 이런 부작용을 보여주지 않았다. 예를 들어 그림이나 표 2-1에는 포함되지 않았지만 라이언스-웨일러와 토머스 박사는 백신 접종 아동에서 5.3%가 ADHD 진단을 받은 반면, 백신을 접종받지 않은 아동은 아무도 진단을 받지 않았다고 언급했다.[113] 또한 네덜란드 연구의 저자는 백신 접종 대상자 중 8명이 자폐증 진단을 받은 반면, 비접종 아동은 아무도 자폐증 진단을 받지 않았다고 언급했다.[114]

제3장

백신의 티메로살

티메로살은 백신 성분 중 가장 의심스러운 성분(유기 수은 화합물)이다. 안타깝게도 미국에서 유통되는 일부 백신에는 여전히 티메로살이 포함되어 있다. 티메로살은 질량 기준으로 거의 50%의 수은을 함유한 화합물로, 미생물 오염을 방지하기 위해 주로 다회용 바이알로 제조된 백신의 보존제로 사용된다. 많은 저자와 연구자들이 티메로살과 이를 둘러싼 논란에 대해 글을 썼다. 데이비드 커비가 2006년에 《유해성의 증거(*Evidence of Harm*)》를 펴냈고,[1] 최근에는 로버트 F. 케네디 주니어가 2015년에 《티메로살: 과학이 말하게 하라(*Thimerosal: Let the Science Speak*)》[2]를 출간했다. 에릭 글래든은 2014년에 다큐멘터리 영화 〈미량(Trace Amounts)〉에서 이 주제를 다루었다.[3]

지구상에서 가장 독성이 강한 원소 중 하나인 수은을 몸에 주입하는 것은 비상식적이다. 그럼에도 불구하고 1920년대부터 이 물질을 인체에 직접 주사해왔다.[4] 안타깝게도 이 유기 수은 화합물이 안전하다고 밝혀진 바는 없으며, 오히려 전 세계 많은 국가에서 사용을 금지하고 있다.[5]

미국 정부 관리들은 존스홉킨스 대학교의 백신 학자인 닐 할시 박사가 간단한 계산법을 마치자 1999년에 티메로살 문제를 인식했다.[6] 그는 당시 CDC가 권고한 영유아 예방접종 일정을 기준으로 수은 누적량을 조사했는데, 총 투여량이 FDA와 EPA에서 정한 안전량의 한도를 훨씬 초과한다는 사실을 발견했다.[7]

이 지침에 따를 경우, 수은이 함유된 주사를 한 번만 맞더라도 해를 입지 않으려면 유아의 몸무게가 200kg 이상이어야 한다.[8] 할시의 계산에 따라 보건복지부(HHS) 관리들은 CDC에 영유아 예방접종 일정에 포함되어 계속 늘어가는 수은이 자폐증과 기타 신경 발달 장애의 증가를 유발할 수 있는지를 확인하기 위한 연구를 의뢰하는 이메일을 계속 보냈다.

그림 3-1은 1999년 CDC의 전염병 정보 서비스 회의에서 발표된 〈생후 첫 달에 티메로살 함유 백신에 과다 노출된 후 발달 신경 장애 위험 증가〉(버스트라텐 연구) 연구 논문 초록의 결과를 보여준다.[9] 세이프마인즈(SafeMinds)의 안전한 백신 옹호자들은 정보 공개 자유법(FOIA)을 통해 CDC 연구 논문 초록을 입수했다. 주 저자는 토머스 버스트라텐 박사로, 전염병 정보 서비스 펠로십 프로그램을 통해 CDC 예방접종안전국에서 영입한 네덜란드 역학

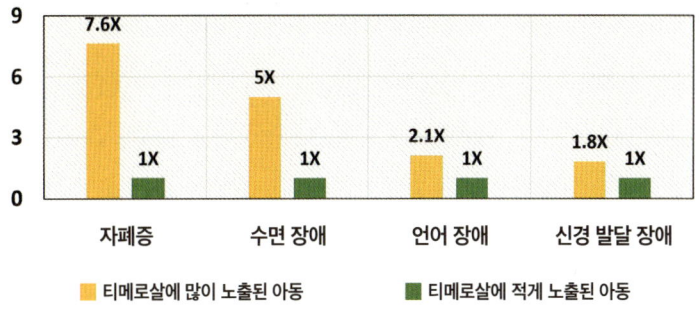

그림 3-1. 생후 1개월 이내에 티메로살에 노출되지 않은 아동과 B형 간염 백신과 면역 글로불린에 함유된 티메로살의 최고 농도에 노출된 아동의 자폐증, 수면 장애, 언어 장애와 신경 발달 장애 상대적 위험성(생후 1개월 이내 티메로살에 노출되지 않은 아동 대비)
출처: CDC 비공개 자료

자다.[10] 그는 생후 2주 후 티메로살 함유 B형 간염 백신을 맞은 아기들의 건강 결과와 B형 간염 바이러스 보유자 산모의 아기에게 티메로살 함유 B형 간염 면역 글로불린을 접종한 결과를 조사했다.[11] 그는 매우 놀랍고도 심각한 결과를 발견했다. 예를 들어 생후 첫 달에 가능한 한 가장 많은 양의 티메로살(25mcg 이상의 수은)에 노출된 영아들은 노출되지 않은 또래에 비해 자폐증 진단 위험이 7.6배 높았다.[12] 추가적 결과를 보면 티메로살에 노출된 유아들은 노출되지 않은 유아에 비해 신경 발달 장애 위험이 1.8배, 비기질성 수면 장애 위험은 5.0배, 언어 장애 위험은 2.1배 높은 것으로 나타났다.[13]

이 발견은 FDA와 CDC를 포함해 보건복지부에 엄청난 충격을 주었다. 2000년에 정부 관리들은 조지아주 노크로스에 있는 심슨우드 리트리트 센터에서 비밀회의를 소집했다(회의 기록을 대중에게 알리지 않기 위해 애틀랜타의 CDC 본부에서 떨어진 장소에서 열림).[14] 정부 관리들, 대학 연구소 전문가들, 업계 대표들이 회의에 참석하여 이 정보를 대중에게 숨기는 방법을 논의했다.[15] 이들은 티메로살과 자폐증 등 다른 장애 사이의 관계를 통계적으로 희석하는 전략을 결정했고, 버스트라텐 박사와 CDC의 핵심 연구자들은 신속하게 이 전략을 실행에 옮겼다.[16]

CDC는 5개의 연구를 반복해서 티메로살 노출과 신경 발달 질환 사이의 깊은 연관성이 사라질 정도로 버스트라텐의 데이터를 조작했다.[17] 버스트라텐은 보고서 조작이 대부분 마무리되기 전에 CDC에서 백신 대기업인 글락소스미스클라인의 해외 부서직으로 자리를 옮겼다. 그는 자신의 이름이 언급된 2003년 연구 논문에 거의 관여하지 않았다.[18] CDC는 《소아과학(Pediatrics)》 저널에 이 논문이 발표되었을 때 버스트라텐의 항의에도 불구하고 티메로살은 자폐증을 유발하지 않는다고 큰 소리로 주장했다. 2004년에 버스트라텐은 《소아과학》에 편지를 보내 이 연구는 '중립적'이며, 그 연관성을 배제할 수 없다는 입장을 밝혔다.[19]

그러나 보건복지부는 이 모든 것을 티메로살 노출로 인해 자폐증 진단을 받은 청원자들에게 국가 백신 상해 보상 프로그램(NVICP)에서 상해 보상금 지급을 회피할 수 있는 면책 방도로 삼았다. CDC 연구원들과 다른 정부 관리들은 권위 있는 IOM의 예방접종 안전성 검토위원회가 5개의 날조된 역학 연구에 근거하여

티메로살은 자폐증과 인과관계가 없다고 선언한 2004년 5월에 이 계획을 능숙하게 실행했다.[20]

한편 티메로살 함유 백신으로 인한 피해 사례들은 계속해서 동료 검토를 거친 평판이 좋은 과학 논문들을 통해 알려졌다. 후커와 그의 공동 연구진은 2014년 《국제 생의학 연구(BioMed Research International)》 저널에 발표한 논문 〈백신의 티메로살은 안전하다는 연구의 방법론적 문제와 잘못된 증거〉에서 티메로살의 독성을 숨겨온 CDC의 모호한 방법을 폭로했다.[21] 이 논문의 연구진은 FOIA와 독립적인 데이터 분석을 통해 IOM이 자폐증 유행에서 티메로살에 면죄부를 주기 위해 사용한 5개의 역학 연구 각각에 치명적인 결함이 있음을 밝혀냈다. 결함이 있는 5개의 연구 연구진은 백신에서 티메로살을 제거한 것과 관련된 자폐증 발병률의 하락 추세를 없애기 위해 대중에게 데이터를 숨겼다.[22] 어떤 경우에는 백신을 맞았지만 너무 어려 자폐증 진단을 받지 못하는 출생 직후 아동까지 연구 대상에 포함시키는 등 연구 기준을 다르게 설정하여 데이터를 반복적으로 분석하기도 했다.[23]

연구진은 이런 분석과 기타 결함이 있는 분석을 수행함으로써 유의한 관계를 모호하게 만들었다.[24] 그리고 '백신 접종' 그룹과 '대조군' 그룹의 아동을 서로 너무 가깝게 일치시켜 정확한 비교를 하지 못하는 '오버매칭(Overmatching)' 오류를 범했다.[25] 저자는 티메로살을 접종하지 않은 아동과 접종한 아동 그룹을 비교하는 대신 티메로살을 조금 접종받은 아동과 조금 더 받은 아동을

병치하여 티메로살 증가량과 관련된 위험을 계산했다.[26]

그림 3-2는 2008년 《신경과학 저널(Journal of Neurological Science)》에 실린 〈유아와 신경 발달 장애에서의 티메로살 노출〉 연구 논문 결과를 보여준다.[27] 주 저자인 헤더 영 박사는 조지워싱턴 대학교 공중보건과 보건 서비스 교수이자 역학자다.[28] 논문 공저자인 마크 가이어 박사와 그의 아들 데이비드 가이어는 티메로살 함유 백신을 둘러싼 논쟁에서 중요한 역할을 해낸 인물이다. 마크 가이어 박사는 전 NIH 과학자이자 의사로, 아들과 함께 2000년대 초부터 백신에 포함된 티메로살의 유해성을 밝히는 일련의 연구를 수행했다.[29,30,31,32,33] 이들의 끈기와 데이브 웰던 의원(플로리다주 공화당 소속)과 댄 버튼 의원(인디애나주 공화당 소속)의 도움 덕

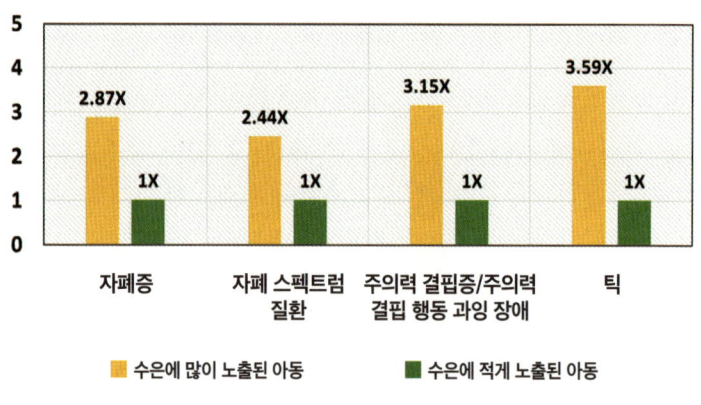

그림 3-2. 생후 7개월까지 수은 노출량이 높은 그룹과 낮은 그룹 간에
수은 100mcg 증가 시 자폐증, 자폐 스펙트럼 질환,
주의력 결핍증/주의력 결핍 행동 과잉 장애, 틱의 위험성 증가
출처: Young 외, 2008

분에 이 연구가 완성될 수 있었다. CDC는 댄 버튼 의원의 도움으로 연구진에 치명적인 결함이 있는 버스트라텐 연구에 사용된 것과 동일한 데이터베이스인 VSD에 접근 권한을 부여했다.[34] 영 박사와 가이어 부자(父子)는 첫 VSD 논문에서 생후 첫 7개월 이내에 맞는 유아 백신에서 티메로살의 수은 100mcg의 차이가 자폐증은 2.87배, 자폐 스펙트럼 장애는 2.44배, 주의력 결핍증/주의력 결핍 행동 장애는 3.15배, 틱은 3.59배나 높인다는 것을 발견했다.[35] 영 박사와 논문의 공동 저자는 승산비와 유사한 '발생률비(rate ratio)'라는 통계 지표를 사용했다.[36] 즉 각 그룹의 진단 확률을 비교하는 대신 발생 비율과 고노출 그룹의 발병 또는 진단 비율, 저노출 그룹의 진단 비율과 비교했다.

그림 3-3은 2013년에 《중개 신경 퇴행(*Translational Neurodegeneration*)》 저널에 실린 〈미국 내 티메로살 함유 백신 접종과 자폐 스펙트럼 장애 진단 위험 사이의 관계를 평가하는 2단계 연구〉 논문 결과를 보여준다.[37] 이들 연구진은 이 VSD 연구 후속 조사에서 자폐증과 B형 간염 백신을 통한 티메로살 노출에 따른 유사한 결과를 발견했다.[38] 생후 첫 달에 한 번 백신을 접종받은 아동은 자폐증 발병률이 2.18배 높았다.[39] 생후 첫 2개월 이내에 두 번 접종받은 아동은 2.11배,[40] 마지막으로 연속해서 전체 3회 접종을 받은 아동은 생후 6개월 이내에 자폐증에 걸릴 확률이 3.39배 높은 것으로 나타났다.[41]

그림 3-4는 2014년에 《북미 의학 저널(*North American Journal*

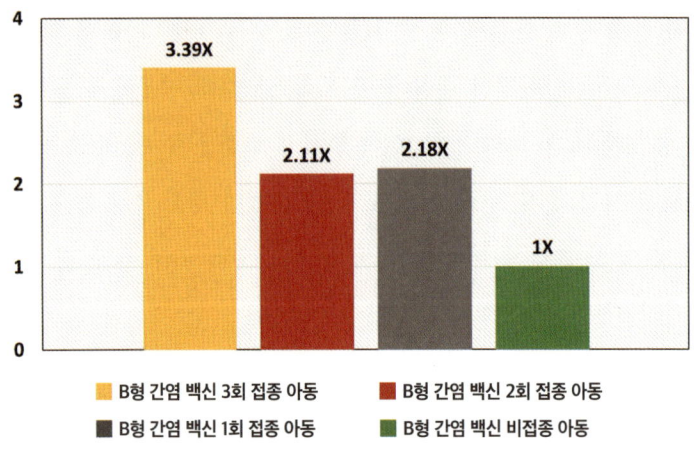

그림 3-3. 티메로살 함유 B형 간염 백신 접종과
티메로살 무함유 B형 간염 백신 접종으로 인한 자폐증 승산비
출처: Geier 외, 2013

of Medical Science)》에 실린 〈티메로살 함유 B형 간염 백신 접종과 미국 내 특정 발달 지연 진단 위험: VSD의 사례-대조군 연구〉[42] 논문 결과와 2015년 《학제 간 독성학(Interdisciplinary Toxicology)》 저널에 게재되었던 〈미국 내 티메로살 노출과 틱 장애 진단 위험 증가: 사례 대조 연구〉[43] 논문 결과를 보여준다. 가이어 부자가 이끄는 과학자 팀이 연구를 완료했다.[44,45] 의사들은 특정 발달 지연이 생후 첫 달에 한 번의 백신에 노출된 경우 1.99배, 생후 첫 2개월에 두 번의 백신에 노출된 그룹은 1.98배, 생후 6개월 이내에 세 가지 백신에 모두 노출된 그룹은 3.07배[46]나 많이 진단했다. 어떤 의사는 생후 1개월까지 1차 접종, 2개월까지 2차 접종받은 경우 1.59배, 6개월까지 세 가지 백신을 모두 접종받은 그룹에서 2.97배[47]나

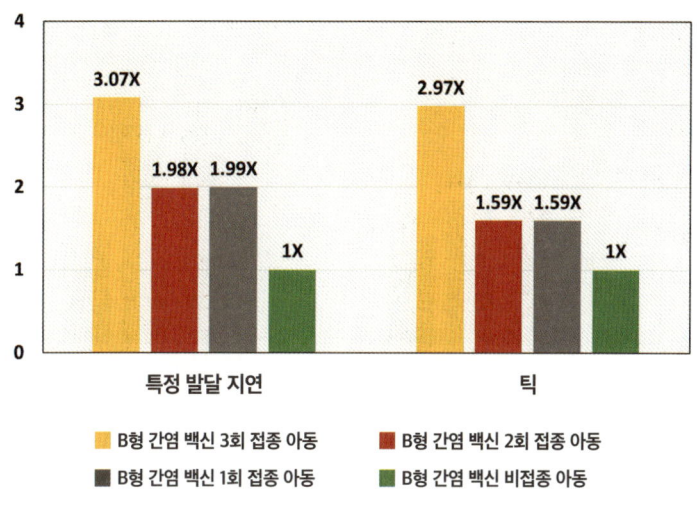

그림 3-4. 티메로살 함유 B형 간염 백신 접종과
티메로살 무함유 B형 간염 백신 접종으로 인한 특정 발달 지연과 틱 승산비
출처: Geier 외, 2014; Geier 외, 2015

많이 진단했다. 이 연구에서 대조군은 티메로살이 없는 B형 간염 백신을 맞았다.[48,49]

그림 3-5는 2017년에 《뇌 손상(Brain Injury)》 저널에 실린 〈티메로살 노출과 아동기 및 청소년기에 특정한 정서 장애: VSD의 사례 대조 연구〉 논문 결과[50]와 2018년에 《독성(Toxics)》 저널에 게재된 〈성조숙증과 티메로살 함유 B형 간염 백신 접종: VSD의 사례 대조 연구〉[51] 논문 결과를 보여준다. 의사들은 티메로살 함유 B형 간염 백신에 노출된 아동이 정서 장애[52]와 성조숙증[53]에 걸릴 확률이 더 높다고 진단했다.[54] 흥미롭게도 가이어 부자가 VSD를 사용할 때 고려한 모든 진단에 대해 생후 첫 달에 티메로살 함유

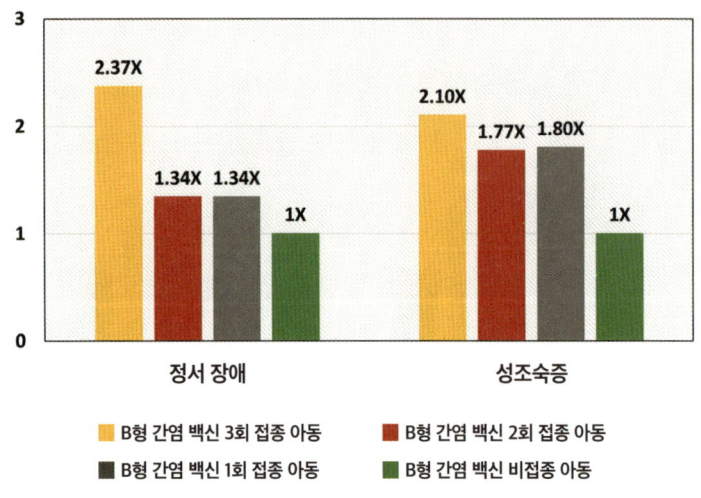

그림 3-5. 티메로살 함유 B형 간염 백신 접종과
티메로살 무함유 B형 간염 백신 접종으로 인한 정서 장애와 성조숙증 승산비
출처: Geier 외, 2017; Geier 외, 2018

백신을 1회 접종한 경우와 생후 2개월에 2회 접종한 경우의 확률비는 매우 유사했으며 노출이 증가함에 따라 크게 증가하지 않았다.[55,56]

이는 건강한 아이는 백신을 계속 접종받지만 건강에 문제가 있는 아이는 추가 접종을 제한하거나 줄이는 '건강한 사용자 편향' 때문일 수 있다.[57] 그러나 가장 높은 노출 수준인 생후 6개월까지 티메로살 함유 B형 간염 백신을 3회 접종한 경우 승산비는 일관되게 증가했다.[58]

그림 3-6은 2010년 《독성학과 환경 보건 저널(Journal of Toxicology and Environmental Health Part A)》에 실린 〈남성 신생아의 B

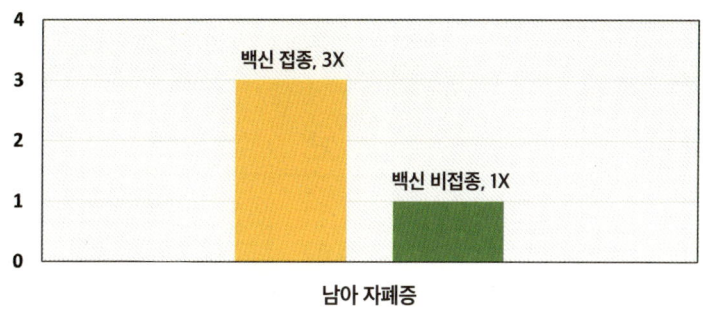

그림 3-6. 생후 첫 달에 티메로살 함유 B형 간염 백신을 접종받은 남아와 비접종 대조군 남아 사이의 자폐증 상대적 위험성
출처: Gallagher and Goodman, 2010

형 간염 백신 접종과 자폐증 진단, NHIS 1997~2002〉 연구 논문 결과를 보여준다.[59] 수석 저자인 캐럴린 갤러거는 스토니브룩 뉴욕 주립대학교 산하 공중보건정책연구소에서 인구 건강과 임상 결과 연구 박사 과정 중에 이 연구를 완료했다.[60] 갤러거와 공동 저자인 멜로디 굿맨 박사는 신생아 티메로살 함유 B형 간염 백신을 연구했다. 그들은 생후 첫 달 안에 이 백신을 접종받은 남아가 생후 첫 달 이후까지 백신 접종을 미룬 아이들에 비해 자폐증 진단을 받을 가능성이 3배 높다는 사실을 발견했다.[61] 비백인계 아이들이 더 큰 위험을 안고 있었다.[62]

그림 3-7은 2008년에 《독성학과 환경 화학지(*Toxicology & Environmental Chemistry*)》에 실린 〈3차 B형 간염 백신 접종과 발달장애: 1~9세 미국 아동〉[63] 연구 논문 결과를 보여준다.

이 연구에서 갤러거와 굿맨은 티메로살 함유 B형 간염 백

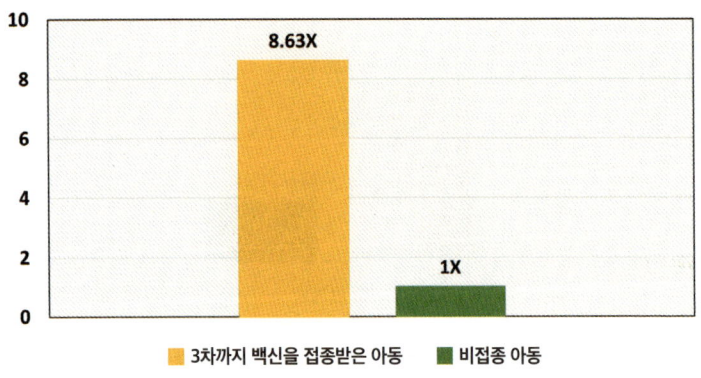

그림 3-7. 티메로살 함유 B형 간염 백신을 3차까지 접종받은 남아와 비접종 대조군 남아의 특수 교육 서비스 제공 승산비
출처: Gallagher and Goodman, 2008

신을 3회 접종받은 남아가 B형 간염 백신을 전혀 맞지 않은 남아에 비해 특수 교육 서비스를 받을 가능성이 거의 9배 높다는 사실을 발견했다.[64] 또한 이들의 분석은 1999년 버스트라텐 박사의 조기 티메로살 노출과 자폐증, 기타 발달, 언어와 언어 지연, 주의력 결핍증(ADD)와 틱 사이에서 발견한 이전 연구 결과를 확인시켜준다.[65,66]

그림 3-8은 2007년에 《뉴잉글랜드 의학 저널(New England Journal of Medicine)》에 실린 〈7~10세의 티메로살 조기 노출과 심리적 결과〉 연구 논문 결과를 보여준다.[67] 주 저자인 윌리엄 톰슨 박사는 조지아주 애틀랜타에 있는 CDC 인플루엔자 부서의 선임 역학자이자 전 예방접종안전국 소속이다.[68] CDC는 티메로살이 완벽하게 안전하다고 계속 주장하지만 자체적인 연구 결과 티메로

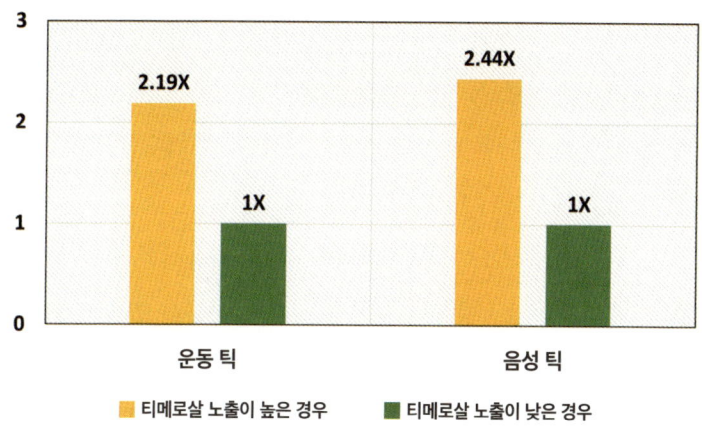

그림 3-8. 유아 백신의 티메로살 노출이 높은 경우와 낮은 경우에
남아의 운동 틱과 음성 틱 승산비
출처: Thompson 외, 2007

살 노출은 틱을 유발한다는 사실이 확실하게 드러났다. 톰슨은 CDC의 VSD를 사용하여 생후 첫 7개월 동안 영유아 백신을 통해 높은 수준의 티메로살에 노출된 남아가 낮은 수준의 티메로살에 노출된 남아에 비해 운동 틱이 나타날 확률이 2.19배, 음성 틱이 나타날 확률이 2.44배 높다는 것도 입증했다.[69]

CDC 연구 저자는 이전에 논의된 연구와 달리 이 연구에 '노출 제로' 대조군을 포함하지 않았다.[70] 대신 그들은 출생부터 7개월 사이의 코호트 남아의 누적 노출을 기준으로 티메로살 노출의 차이가 2 표준 편차인 '높음'과 '낮음' 노출 그룹을 지정했다.[71] 이 연구에 참여한 남아의 수은 노출 수준 중앙값은 112.5mcg이었으며 코호트의 2% 미만은 티메로살 노출이 없었다.[72] CDC 연구

저자는 높은 노출 그룹과 낮은 노출 그룹 간의 격차를 좁힘으로써 틱과 티메로살 노출 사이의 관계를 숨기기 위해 편향적인 연구를 시행했다.[73] 톰슨은 후속 보고서에서 조지아 주립대학교의 존 배릴과 함께 티메로살과 틱의 연관성을 확인했다.[74]

그림 3-9는 《소아과학》 저널에 실린 〈영유아와 발달 장애에서의 티메로살 노출: 영국의 후향적 코호트 연구는 인과관계를 지지하지 않는다〉 연구 논문 결과를 보여준다.[75] 주 저자인 닉 앤드루스는 영국 런던 전염병감시센터의 보건보호국 통계과와 예방접종부 역학자다.[76] 톰슨과 마찬가지로[77] 앤드루스와 그의 공동 연구진은 영국에서 생후 3개월과 4개월에 티메로살 함유 DTP/DT 백신을 접종받은 아동들 사이에서 틱과 일관된 연관성을 보고했다.[78] 그림 3-9에 나타난 위험 비율은 생후 3개월 또는 생후 4개월 때 티메로살 함유 DTP/DT 백신을 1회 추가 접종함으로써 틱 장애

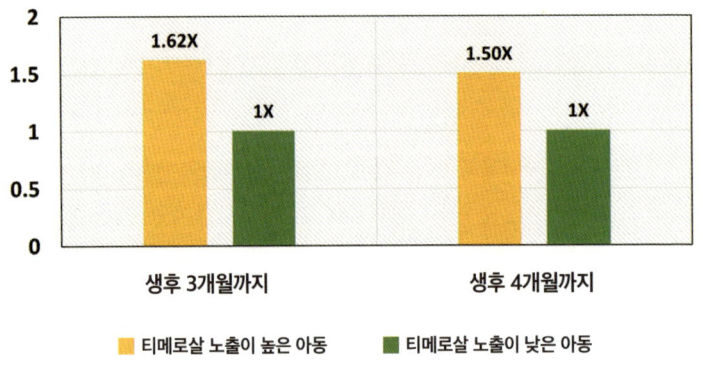

그림 3-9. 유아 백신 접종으로 티메로살 노출이 높은 아동과 낮은 아동의 틱 위험비
출처: Andrews 외, 2004

의 위험이 증가하는 것을 반영한다.[79] 영국 예방접종 일정을 따르는 아동은 첫돌 이전에 4회, 생후 3개월 이전에 3회까지 DTP/DT 백신을 접종받는다.[80] 이 분석에 참여한 모든 아동이 첫돌 이전에 최소 3회 이상의 DTP/DT 백신을 접종받았다.[81] 이는 유아기에 티메로살에 더 많이 노출된 아동에게서 틱 발병률이 높다는 것을 보여준다.[82] 흥미롭게도 이 연구 결과는 논문 제목을 뒷받침하지 못한다.

CDC는 티메로살의 독성을 공개적으로 인정하기를 완강히 거부하면서 2001년부터 2004년까지 B형 간염, B형 헤모필루스 인플루엔자, DTaP 백신을 포함한 티메로살 함유 유아용 백신의 생산을 단계적으로 축소할 것을 권고했다.[83] 그러나 CDC는 대중들을 믿게 한 것과는 반대로 예방접종 일정에서 수은을 제거하지 않았고 대신 교묘하게 재분배했다. 제조업체들이 기존 아동용 백신에서 수은을 단계적으로 줄이면서 CDC는 생후 6개월 미만의 영아와 그 이후 매년 아동을 대상으로 티메로살이[84] 함유된 연간 독감 백신을 추가했다. 이런 방식으로 아동은 일생 동안 매년 25mcg의 수은에 추가로 노출될 수 있다.

CDC는 임신 중 수은 노출을 피하도록 권장하지만 동시에 각 임신 삼분기에 접종되는 티메로살이 함유된 독감 백신 사용을 승인한다.[85] 그러나 FDA가 임신부 대상 독감 백신을 승인한 적이 없기 때문에 임신 중 독감 백신에 관한 CDC의 주장은 근거가 없다. 오히려 공개 문헌에 따르면 그 반대다. 독감 백신 제품 설명서에는 일반적으로 임신부 접종과 관련된 면책 조항이 들어 있다. 예를 들어 플루비린®(Seqirus, Inc.) 설명서에는 "플루비린®의 임신부에 대한 안전성과 효과는 알려지지 않았다"라고 구체적으로 명시되어 있다.[86] 임신 중 티메로살 노출에 관한 연구는 이 책 제11장에서 자세히 설명할 것이다.

2022~2023년 독감 백신 공급에 관한 CDC 웹사이트에서는 독감 백신 93%가 티메로살을 함유하지 않는다고 나온다.[87] 그러나 이것이 모든 독감 백신의 93%에 티메로살이 함유되지 않는 건지 독감 백신이 포함된 모든 바이알(다회용 바이알 포함)의 93%에 티메로살이 함유되지 않는 건지 불분명하다. 10회 백신 투여가 가능한 다회용 바이알에는 티메로살이 반드시 들어가기 때문에 CDC 내용이 후자에 해당된다면 2022~2023년 독감 예방접종 시즌의 전체 백신 중 티메로살이 함유되지 않은 백신은 57%에 불과하다.

이렇게 투명성이 부족한 것은 미국 소비자들에게도 문제가 되지만 더 심각한 문제는 티메로살을 함유한 아동용 백신이 개발도상국에서 여전히 사용되고 있다는 사실이다. 범미보건기구의 미나마타 조약(Pan American Health Organization's Minamata) 웹사이트에 따르면, 티메로살 함유 백신은 전 세계적으로 8000만 명 이상의 아동에게 접종되고 있다.[88] 같은 웹사이트에서는 티메로살이 신경 발달 장애와 관련이 없다고 거짓으로 명시하고 있다.

요약

이 장에 소개된 4개의 연구에서 티메로살 노출은 틱과 상관관계가 있는 것으로 나타났다.[89,90,91,92,93,94,95] 영의 연구에서도 자폐증과 별도의 진단으로 간주되는 자폐 스펙트럼 장애(ASD)가 티메로살 노출과 연관성이 있다.[96,97,98,99,100] 톰슨은 운동 틱과 음성

	Verstraeten 외, 1999	Young 외, 2008	Geier 외, 2013~2018	Gallagher 외, 2010	Gallagher 외, 2008	Thompson 외, 2007	Andrews 외, 2004
주의력 결핍증/주의력 결핍 과잉 행동 장애		√					
자폐증	√	√	√	√			
자폐 스펙트럼 장애		√					
정서 장애			√				
신경 발달 장애	√						
성조숙증			√				
수면 장애	√						
특정 발달 지연, 특수 교육			√		√		
언어 장애	√						
틱		√	√			√	√

표 3-1. 티메로살 함유 백신 접종 아동과 비접종 아동의 건강 결과 비교 요약. 유의하게 높은 승산비, 상대 위험도, 위험 비율 또는 발생률은 √로 표시된다.

틱으로 더 구분했는데 두 가지 모두 티메로살 노출과 연관성이 있었다.[101] 특정 발달 지연과 특수 교육 서비스(SPED)는 두 연구에서 유의한 관계를 보였다.[102,103,104,105,106] 2013년부터 2018년까지의 가이어 연구는 각 연구가 단일 장애를 개별적으로 고려했기 때문에 단일 열에 표시된다.[107,108,109,110]

제4장

생백신:
홍역·볼거리·풍진(MMR), 소아마비, 로타바이러스

홍역·볼거리·풍진(MMR) 백신은 백신 안전성과 관련한 논쟁 이슈에서 중요한 자리를 차지한다. 런던 왕립 자유 병원의 앤드루 웨이크필드 박사와 11명의 동료들은 자폐성 장염 12건 중 8건이 MMR 백신을 접종한 후 발병했다는 연구 결과를 발표했다.[1] 분명히 말하지만 웨이크필드와 그의 공동 저자는 《랜싯》에 실린 이 연구 논문에서 MMR이 자폐증이나 자폐성 장염을 유발한다고 명시하지 않았다. 그들은 단지 증상이 나타나기 전의 백신 접종 시기를 지적했을 뿐이다. MMR 백신은 그 논문의 초점이 아니었다. 그러나 제약 업계는 백신에 대해 언급한 짧은 부분 때문에 모든 무기를 동원해 웨이크필드 박사를 상대로 3차 세계 대전을 촉발시켰다. 웨이크필드 박사는 2010년에 출간한 《냉정한 무시(*Callous*

Disregard》[2]에서 그 후 논란이 된 사건에 대해 자세히 설명한다. 이 책에서는 그 내용을 다루기보다는 MMR, 소아마비, 로타바이러스 백신을 포함한 생백신과 관련된 접종자 대 비접종자 연구 논문을 중점적으로 다루고 그 연구 결과를 알아본다.

그림 4-1은 2004년《소아과학》저널에 실린 〈홍역·볼거리·풍진 예방접종 첫 연령: 자폐 아동과 동일 연령 대조군 대상: 메트로폴리탄 애틀랜타의 인구 기반 연구〉의 논문 결과를 보여준다.[3] 논문의 주 저자는 전 CDC 예방접종안전국 국장이었던 프랭크 드스테파노 박사다. 연구진은 생후 36개월 이전에 MMR 백신을 접종받은 아동이 36개월 이후에 접종받은 아동에 비해 자폐증 진단

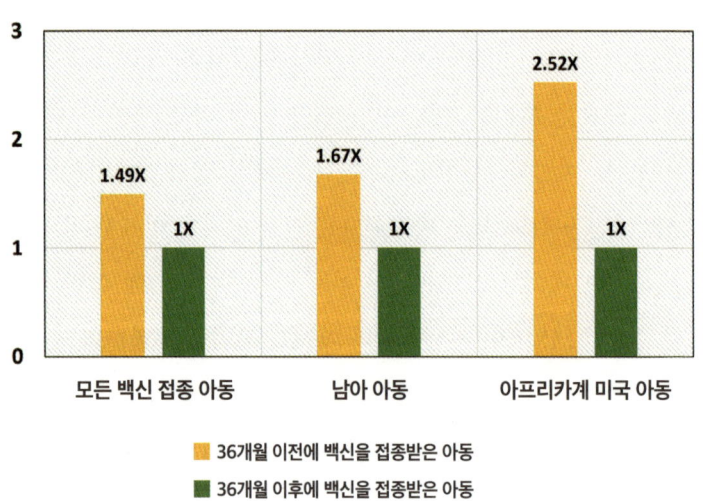

그림 4-1. 생후 36개월 이전에 백신을 접종받은 아동과 36개월 이후에 접종받은 아동을 비교한 그룹별 자폐증 승산비
출처: DeStefano 외, 2004; CDC가 비공개한 자료

을 받을 확률이 1.49배 높은 것으로 보고했다.[4] 생후 36개월 이전에 MMR을 접종받은 남아의 경우 36개월 이후에 MMR을 접종받은 남아에 비해 자폐증 진단을 받을 확률이 1.67배 높았다.[5] 그러나 드스테파노와 공동 저자는 이런 통계적으로 유의한 결과를 아동들이 조기에 특수 교육 서비스를 받기 위해 생후 36개월 이전에 백신을 접종받았고, 그중에서 자폐 아동들이 발생했다는 식으로 무시해버렸다. 그러나 조기 백신 접종이 결과에 영향을 미쳤다면 여아에게도 MMR 접종 시기와 자폐증 발병률 사이에 유의한 관계가 나타나야 하는데 그렇지 않았다. 대신 생후 36개월 이전에 백신을 접종받은 여아는 36개월 이후까지 백신 접종을 미룬 여아와 비교했을 때 95% 신뢰구간에서 0.51~2.20, 1.06의 승산비를 보였다.[6]

  CDC 선임 과학자 윌리엄 톰슨 박사가 얻은 미공개 결과에 따르면, 아프리카계 미국 아동이 생후 36개월 이전에 MMR을 접종받은 경우 36개월 이후에 접종받은 아동과 비교했을 때 자폐증 진단 확률이 2.52배 높았다. 이 결과는 통계적으로 유의했다(95% CI는 1.4~4.4). 그러나 CDC 과학자들은 이런 결과를 발표하는 대신 유효한 조지아주 출생증명서가 없는 모든 아프리카계 미국인 아동을 표본에서 제외했다. 그들은 통계적으로 유의한 결과를 없애기 위해 조치를 취했고, 대신 두 그룹 간의 자폐증 발병률에는 차이가 없다고 보고했다.

  그림 4-2는 2018년《미국 의사와 외과 의사 저널(*Journal of*

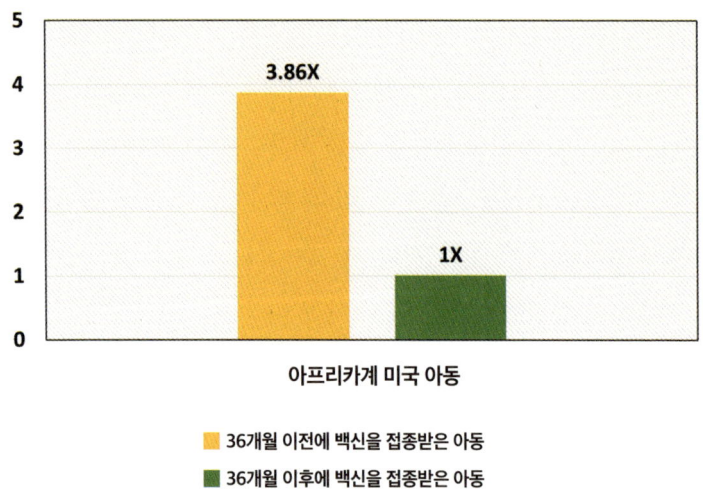

그림 4-2. 생후 36개월 이전에 백신을 접종받은 남아와
36개월 이후에 접종받은 남아를 비교한 아프리카계 미국 아동의 자폐증 승산비
출처: Hooker, 2018

American Physicians and Surgeon》》에 실린 〈자폐증 발병률과 첫 MMR 백신 접종 시기에 관한 CDC 데이터 재분석〉 연구 논문 결과를 보여준다.[7] 이 논문의 저자는 브라이언 후커 박사다. 생후 36개월 이전에 MMR 백신을 접종받은 아프리카계 미국 남아가 36개월 이후에 접종받은 아프리카계 미국 남아에 비해 자폐증 진단을 받을 확률이 3.86배 높았다.[8] 후커 박사는 드스테파노 논문의 데이터 세트를 사용하여 이런 결과를 얻었다.[9] 드스테파노와 공동 저자는 첫 논문에서 아프리카계 미국 남아의 구체적인 분석을 완료하지 못했다.

그림 4-3은 2018년《미국 의사와 외과 의사 저널》에 실린

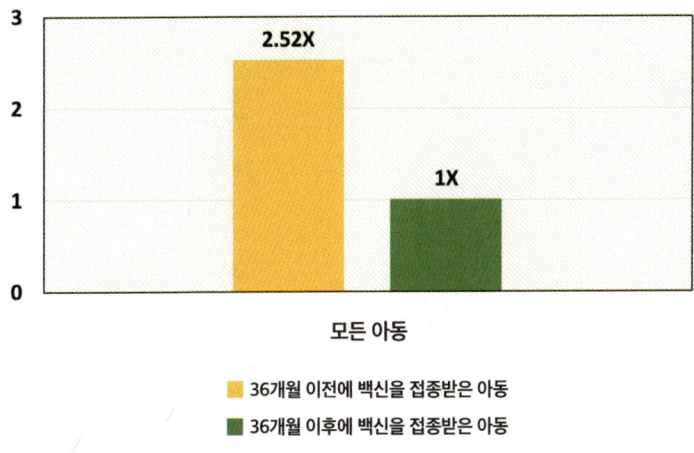

그림 4-3. 생후 36개월 이전에 백신을 접종받은 아동과 36개월 이후에 접종받은 아동을 비교한 정신 지체 또는 '고립 자폐증'이 없는 자폐증 승산비
출처: Hooker, 2018

후커의 〈자폐증 발병률과 첫 MMR 백신 접종 시기에 관한 CDC 데이터 재분석〉 논문으로 더 많은 연구 결과를 보여준다. 생후 36개월 이전에 MMR 백신을 접종받은 아동은 36개월 이후에 접종받은 아동에 비해 '정신 지체 없는 자폐증' 진단을 받을 확률이 2.52배 높았다.[10] (여기서 정신 지체는 IQ 70 이하로 정의). 정신 지체가 없는 자폐증은 드스테파노 등의 분석에서 '고립 자폐증'이라고 불렸다.[11] 이 결과 역시 CDC의 윌리엄 톰슨 박사가 발견했지만 CDC의 최종 발표 연구에서는 누락되었다.

그림 4-4는 1995년 《랜싯》에 실린 〈홍역 백신 접종이 염증성 장 질환의 위험 요인인가?〉 연구 논문 결과를 보여준다.[12] 주 저

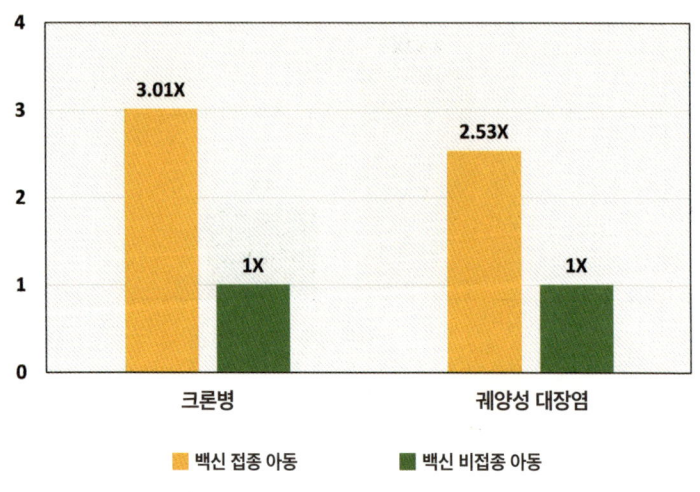

그림 4-4. 홍역 생백신을 접종받은 아동과
비접종 아동의 크론병과 궤양성 대장염의 상대적 위험도
출처: Thompson 외, 1995

자는 닉 톰슨으로 영국 런던의 왕립 자유 병원 의과대학 소속이다. 웨이크필드 박사는 이 연구의 교신 저자다. 홍역 생백신 접종자는 비접종자에 비해 크론병 진단의 상대적 위험은 3.01배, 궤양성 대장염의 상대적 위험은 2.53배가 높았다.[13] 백신을 맞은 코호트는 1964년 무작위 시험에 참여한 홍역 백신 접종자 숫자이고, 1994년 후속 조사에 응답한 3,545명으로 구성되어 있다. 예방접종을 받지 않은 코호트는 1958년에 태어난 아동을 대상으로 한 영국 국립 아동 발달 연구에 관련된 것이고, 1991년 설문 조사에 참여한 1만 1,407명으로 구성되었다.

그림 4-5는 1996년 《랜싯》에 실린 〈기니비사우 지역의 홍

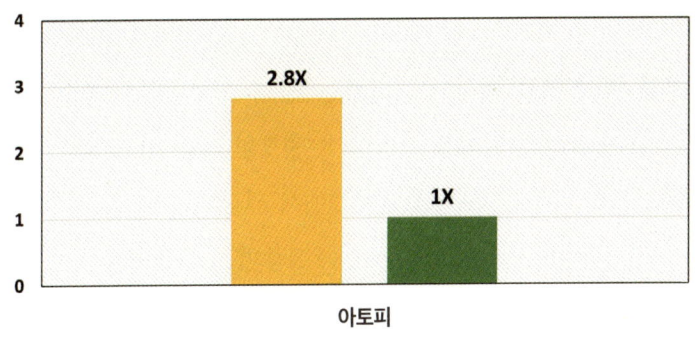

그림 4-5. 홍역 백신을 접종받고 홍역에 감염되지 않은 아동과
홍역에 감염된 아동의 아토피(알레르기) 승산비
출처: Shaheen 외, 1996

역과 아토피〉 연구 논문 결과를 보여준다.[14] 주 저자는 세이프 O. 샤힌으로, 영국 바츠 1차 진료, 공중보건센터와 런던 치대 소속이다. 이 코호트는 기니비사우의 농촌 지역에 거주하는 395명의 청소년으로 구성되었다. 백신을 접종받은 129명 중 33명이 아토피 진단을 받은 반면, 홍역에 감염된 133명 중 17명이 아토피 진단을 받았는데 승산비는 2.8(p-값=0.01, 95% CI 0.17~0.78)[15]이다. 그룹 간의 차이는 통계적으로 유의했다. 아토피는 알레르기 비염, 천식, 습진 등 알레르기 질환이 발생할 수 있는 유전적 소인이다.[16]

그림 4-6은 2008년 《오픈 소아과 저널(*The Open Pediatric Medicine Journal*)》에 실린 〈제1형 당뇨병 가족력이 있는 소아의 백신으로 인한 당뇨병 발생 위험〉 연구 논문 결과를 보여준다.[17] 논

문 저자는 존 B. 클라센 박사로, 메릴랜드주 볼티모어에 위치한 클라센 면역 치료 회사의 최고경영자다. 그는 백신 접종으로 인한 소아 당뇨병의 위험을 설명한다. 출생한 모든 아동 코호트 중 1990년부터 2000년 사이에 덴마크에서 권장되는 세 가지 생바이러스 경구용 소아마비 백신을 모두 접종받은 아동의 1형 당뇨병 발생률은 10만 명당 20.86건이었으며 소아마비 백신을 접종받지 않은 아동의 1형 당뇨병 발생률은 10만 명당 8.27건이었다.[18] 두 그룹 간의 발병률 차이 비율은 2.52배(95% CI 2.06~3.08)로 통계적으로 유의하다.[19] 경구용 소아마비 백신은 2000년에 미국에서 단계적으로 중단되었고 불활화 소아마비 백신으로 대체되었다. 경구용 소아마비 백신은 다른 지역에서는 여전히 배포되고 있다.

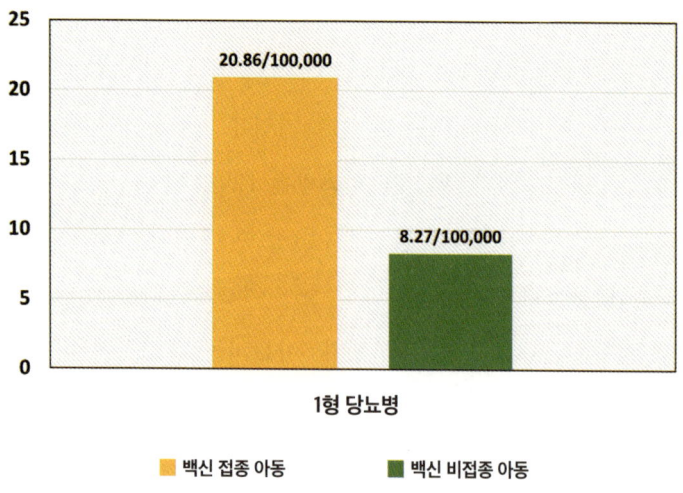

그림 4-6. 소아마비 백신을 3회 접종받은 아동과 비접종 아동의 1형 당뇨병 발생률
출처: Classen, 2008

그림 4-7은 2015년에 《임상 소화기학과 간학(Clinical Gastroenterology and Hepatology)》저널에 실린 〈백신 접종과 염증성 장질환 발병 위험: 사례 대조군과 코호트 연구의 메타 분석〉 연구 논문 결과를 보여준다.[20] 주 저자는 기욤 피네통 드 샹브룅 박사로, 프랑스 릴 대학병원 소화기학과 간학과 소속이다. 연구 저자는 총 666명의 환자를 대상으로 한 3건의 사례 대조군 연구를 분석했다. 소아기에 소아마비 백신을 접종받은 환자는 접종받지 않은 환자에 비해 크론병 진단을 받을 가능성이 2.28배(p값<0.05, 95% CI 1.12~4.63), 궤양성 대장염 진단을 받을 가능성은 3.48배 높았다(p-값<0.05, 95% CI 1.2~9.71).[21] 두 연관성 모두 통계적으로 유의한 것으로 나타났다.

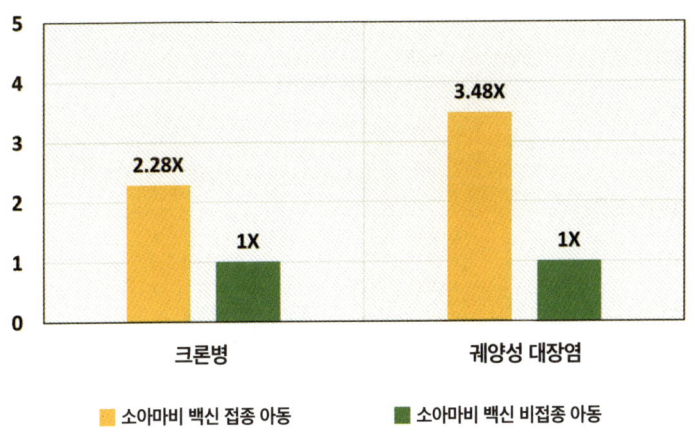

그림 4-7. 소아마비 백신 접종 아동과 비접종 아동의 크론병과 궤양성 대장염 상대적 위험도
출처: Pineton de Chambrun 외, 2015

그림 4-8은 2011년 《뉴잉글랜드 의학 저널》에 실린 〈멕시코와 브라질에서 로타바이러스 백신 접종의 장중첩증 위험과 건강 이득〉 연구 논문 결과를 보여준다.[22] 주 저자는 매니시 파텔 박사로, 조지아주 애틀랜타의 CDC 소속이다. 연구 저자는 멕시코의 영아들 사이에서 RV1(로타릭스®) 첫 접종 후 1~7일 후에 사례-계열법(발생률, 5.3; 95% CI, 3.0~9.3)과 사례-대조군 방법(승산비, 5.8; 95% CI, 2.6~13.0)을 이용했을 때 장중첩증 위험성이 높아진다는 것을 확인했다.[23] 필라델피아 아동 병원에 따르면, "장중첩증은 생명을 위협하는 질병으로 장 일부가 망원경처럼 접혀서 한 부분이 다른 부분 안으로 미끄러져 들어갈 때 발생한다".[24] 이 질환은 장에 심각한 손상, 내부 출혈과 감염을 일으킬 수 있다. 치료하

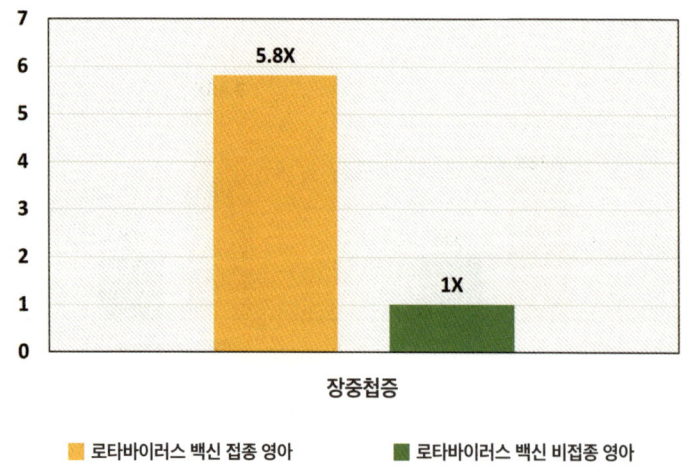

그림 4-8. 1차 로타바이러스 백신 접종 영아와 비접종 대조군을 비교한 장중첩증 승산비
출처: Patel 외, 2011

지 않고 방치할 경우 2~5일 이내에 치명적일 수 있다.[25] 글락소스미스클라인은 로타릭스를 생산한다.[26]

그림 4-9는 2017년 《백신(Vaccine)》 저널에 실린 〈로타바이러스 백신 접종 후 장중첩증의 위험: 코호트와 사례 대조 연구의 증거 기반 메타 분석〉 연구 논문 결과를 보여준다.[27] 교신 저자는 가이 에슬리 박사로, 시드니 대학교 화이트-마틴 연구센터 소속이다. 연구진은 총 9,643명의 아동을 대상으로 한 5개의 개별 사례 대조 연구를 검토했다. 그 결과 첫 로타바이러스 백신을 접종받은 아동은 비접종 대조군과 비교하여 장중첩증 승산비는 8.45였고 모든 로타바이러스 백신 접종 후 장중첩증 승산비는 1.59로 나

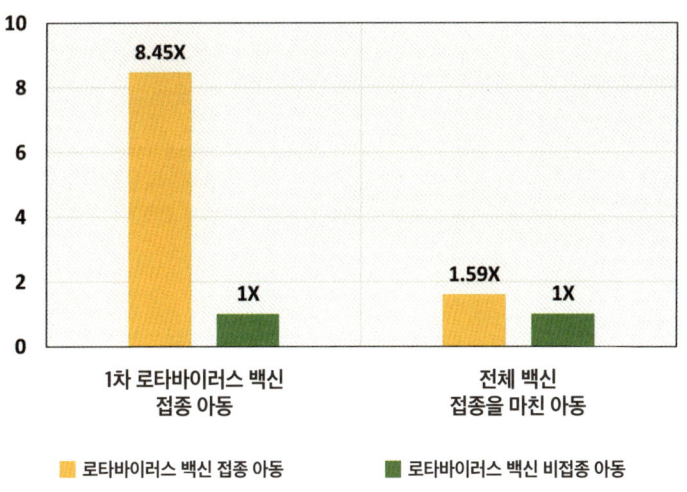

그림 4-9. 로타바이러스 백신 접종 아동과 비접종 아동을 비교한 장중첩증 승산비
출처: Kassim and Eslick, 2017

타났다.[28] 로타텍®(머크)[29]과 로타릭스®(글락소스미스클라인)[30]은 이 메타 분석을 고려한 연구에서 배포된 유일한 백신이었다.[31] 최초의 로타바이러스 백신인 로타쉴드®은 매우 높은 비율로 장중첩증을 유발하여 미국에서 회수되었다.[32]

제5장

인유두종 바이러스 백신

인유두종 바이러스(HPV)는 일반적으로 상피 세포로 알려진 피부 세포를 감염시키는 100가지 이상의 바이러스 변종을 포함한다.[1] 어디에나 존재하며 거의 모든 사람이 일생 중 어느 시점에 한 가지 이상의 변종에 감염될 수 있다. 많은 바이러스 균주가 뚜렷한 증상을 나타내지 않으나 일부 균주는 손가락, 손, 발, 생식기 등에 보기 흉하지만 무해한 사마귀(유두종이라고도 함)를 유발하며 HPV 16과 HPV 18 같은 다른 균주는 특정 암, 특히 자궁경부암과 연관되어 있다. 암과 관련된 균주를 포함한 압도적인 대다수의 HPV 종류는 감염이 지속되어 결국 암 병변으로 발전하는 소수의 경우를 제외하면 2~3년 안에 저절로 치유된다.[2] 다행히도 정기적인 자궁경부 세포진 검사를 통해 전암성(轉癌性, 암이 되기 쉬운 성질-

옮긴이) 자궁경부 세포를 확실하게 식별할 수 있다. 또한 의사는 간단하고 효과적인 방법으로 의심되는 세포를 제거하고 암 발생 위험을 사실상 제거하는 루프 전기 절제술을 시행할 수 있다.[3] 자궁경부암 위험성은 매우 낮고 전암성 병변에 대한 매우 효과적인 선별과 치료 방법들이 있음에도 불구하고 제약 업계는 HPV가 암을 예방한다는 구실로 백신을 개발하고 판매하여 수익을 창출하는 기회로 잡았다.

FDA는 2006년에 처방약 사용자 수수료 행정법(Prescription Drug User Fee Act)에 따라 머크의 가다실 HPV 백신 승인 절차를 서둘렀다.[4,5] 1992년에 제정된 처방약 사용자 수수료 행정법은 제약 회사가 특정 인체 의약품과 생물학적 제품의 신속한 승인 대가로 상당한 수수료를 지불할 수 있도록 허용한다.[6,7] 오리지널 가다실 백신에는 주로 자궁경부암과 연관된 HPV 네 가지 균주(6, 11, 16, 18)에 대한 항원(이 중 두 가지 균주는 자궁경부암, 두 가지 균주는 생식기 사마귀)과 면역반응을 강화하는 알루미늄 보조제(무정형 알루미늄 하이드록시 인산염 황산염〔AAHS〕)가 포함되어 있다. 연구진은 임상시험에서 300명의 소규모 시험 참가자와 별도로 식염수 위약과 가다실 백신을 시험하지 않았다. 대신 대조군에는 동일한 알루미늄 보조제가 포함된 용액을 접종했다.[8] AAHS는 머크에서 개발한 새로운 보조제로, 유럽에서 B형 간염과 B형 헤모필루스 인플루엔자 백신인 프로콤백스에 처음으로 첨가되었다.[9] 그러나 프로콤백스의 허가 전 평가 과정에서 연구진이 AAHS를 별도로 검사하지 않았기 때문에 안전성에 상당한 의문이 제기되었다.[10] 따라서 가다실 임상시험에 위약으로 사용되면서 연구진이 백신의 실제 안전성을 파악하는 데 혼란을 겪었다. 게다가 위약 그룹은 임상시험 6개월 후에 백신을 접종받았기 때문에 백신의 안전성이나 효능에 관한 장기적인 추적 관찰이 불가능했다.

최초의 가다실 임상시험에서 접종 그룹의 2.3%인 1만 706명 여성과 AAHS 대조군의 2.3%인 9,412명 여성들에서 모두 백신 또는 위약 접종 후 자가면역 질환으로 추정되는 새로운 증상이 보고되었다.[11] 머크는 이미 백신 접종 그룹과 위약 접종 그룹에서 나온 데이터를 수집한 상태였다. 그래서 실험군과 위약군이 동일한 결과를 보이기 때문에 그 결과를 무시할 수 있었다.

머크는 승인을 받은 후 가다실을 9~26세 여성을 대상으로 한 자궁경부암 예방 백신이라고 광고하며 공격적으로 마케팅했고, FDA는 이후 45세 여성도 접종 대상으로 승인했다. 결국 머크는 9세에서 45세 사이의 남성을 대상으로 가다실을 광범위하게 홍보했다.[12] 가다실이 항문암과 다양한 유형의 구강암과 인후암을 예방한다는 머크의 검증되지 않은 주장에 힘입어[13] 2018년에 매출 30억 달러를 돌파하며 자사 매출에 큰 도움이 되었다.[14]

머크의 가다실 판매 성공 이후 글락소스미스클라인은 2009년에 FDA 승인을 받은 서바릭스로 HPV 백신 시장에 진출했다.[15] 서바릭스는 주로 자궁경부암과 연관된 HPV 16과 18을 예방하기 위해 개발되었다.[16] 가다실 임상시험과 마찬가지로 서바릭스 임상시험은 실제 위약과 백신을 시험하지 못했다. 대신 글락소스미스클라인은 수산화 알루미늄 보조제가 함유된 A형 간염 백신을 위약으로 접종했다.[17] 이 때문에 새로운 백신의 실제 안전성 내용을 확인할 수 없었다. 또한 연구진은 서바릭스 보조제 성분인 모노포스포릴 지질 A를 독립적으로 검사하지 않았다. 서바릭스 임상시험에서 새로운 자가면역 질환 발생률은 실험군과 대조군 모두에서 0.8%였다.[18] 연구진은 가다실 백신 임상시험과 마찬가지로 두 그룹 간에 차이가 없었으므로 실험군에서 보고된 부작용을 무시했다.

　FDA는 2014년에 아홉 가지 항원을 포함하는 가다실 9를 승인했다. 가다실 9 백신에는 기존 백신에 비해 다른 HPV 균주와 AAHS 보조제 양이 두 배가 더 들어갔다.[19] 승인을 받기 위한 새 백신의 임상시험에서 대조군에는 실제로 식염수 위약이 아닌 오리지널 가다실 백신을 접종했다.[20] 그 결과 실험군의 2.2%와 대조군의 3.3%에서 자가면역을 일으키는 새로운 질병이 보고되었다.[21] 머크는 이런 놀라운 발병률에도 불구하고 FDA 규제 당국으로부터 백신을 승인받았다.

　정통한 연구자들은 HPV 백신이 출시된 이후 임상시험과 FDA 승인 과정에서 논란의 여지가 있는 상황을 조사해왔다. HPV 백신의 광범위한 부작용에 관한 많은 연구가 진행 중이다. 이 장에서는 백신의 안전성과 효능에 관한 증거를 찾기 위해 백신 접종자와 비접종자 사이의 연구를 특히 중점적으로 살펴본다.

그림 5-1은 2012년《미국 공중보건 저널(American Journal of Public Health)》편집자에게 보내는 서한 〈백신 효능과 안전성에 관한 편향된 추정치의 무비판적 수용으로 누가 이익을 얻는가〉연구 결과를 보여준다.[22] 밴쿠버 브리티시컬럼비아 대학교 신경역학 연구 그룹 소속 루시야 톰예노비치 박사와 크리스 쇼 박사가 공동 저자로 이 서한을 작성했다. 2012년 백신 부작용 보고 시스템(VAERS) 데이터에 따르면, 가다실 백신이 다른 모든 백신보다 더 심각한 부작용을 보이며, 보고된 전체 부작용의 60% 이상을 차지했다.[23] 또한 가다실 백신은 CDC의 VAERS에 기록된 모든 사망 사례의 63.8%, 모든 생명을 위협하는 부작용의 61.2%, 영구 장애 사례의 81.2%를 차지했다.[24] 연구진이 VAERS의 수동적인 보고에

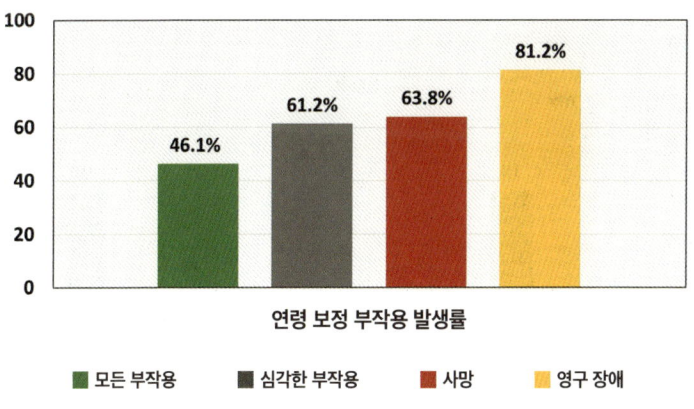

그림 5-1. CDC VAERS 데이터베이스에 보고된
연령 조정한 HPV 백신 부작용과 다른 모든 백신 부작용 비교
출처: Tomljenovic and Shaw, 2012

근거해 인과관계를 입증할 수는 없지만 가다실 관련 부작용 보고 건수가 압도적으로 많다는 것은 추가적인 안전성 검토가 필요하다는 신호로 볼 수 있다.

그림 5-2는 2019년 《일본 간호과학 저널(Japan Journal of Nursing Science)》에 실린 〈일본 내 인유두종 바이러스 백신 접종에 관한 안전성 우려: 나고야시의 부작용 감시 데이터 분석과 평가〉 연구 논문 결과를 보여준다.[25] 주 저자는 야주 유카리 박사로, 일본 도쿄 세인트루크 국제대학교 간호과학대학원 통계학과 소속이다. 특히 15세와 16세 여성은 HPV 백신을 접종받은 그룹이 비접종 그룹에 비해 기억력 장애(95% CI 1.24~2.33), 불수의 운동(95% CI 1.07~3.23), 난산증(수학 학습 장애, 95% CI 1.00~3.13) 확률이 높았다.[26] 이런 관계는 통계적으로 유의했다. 연구진은 "나고야시의

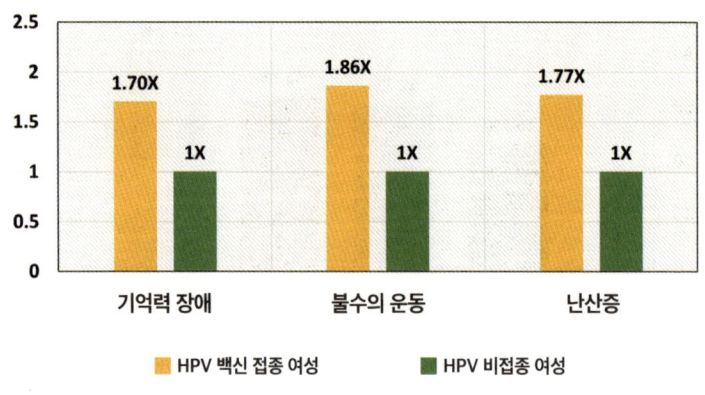

그림 5-2. 15세와 16세 연령층의 HPV 백신 접종 여성과 비접종 대조군의 기억력 장애, 불수의 운동, 난산증 승산비
출처: Yaju 외, 2019

감시 조사 데이터를 사용한 분석에 따르면, HPV 백신 접종과 인지 장애 또는 운동 장애와 같은 뚜렷한 증상 사이에 연관성이 있을 수 있다"[27]라고 지적한다.

그림 5-3은 2017년 《면역학 연구(Immunology Research)》지에 실린 〈알루미늄 보조제와 인유두종 바이러스 백신 가다실 투여 후 암컷 쥐의 행동 이상〉 연구 논문 결과를 보여준다.[28] 주 저자인 로템 인바 박사는 이스라엘 텔아비브의 셰바의료센터 자블루도비츠 자가면역질환센터와 새클러 의과대학에 소속되어 있다. 텔아비브 대학교 새클러 의과대학의 로라 슈바르츠-킵 자가면역질환 연구소장을 맡고 있는 예후다 쇤펠드 박사가 교신 저자다. 사람의 체중을 기준으로 정한 4가 가다실 백신을 3회 접종받은 암컷 쥐의 항뇌 단백질과 항뇌 인지질 항체 역가는 비접종 대조군 쥐에 비해 각각 8.5배, 10배가 높았다.[29] 가다실 접종 쥐와 대조군 쥐 사이의

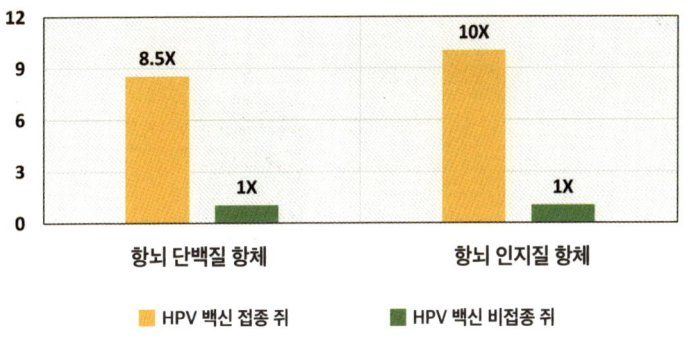

그림 5-3. HPV 백신 접종 쥐와 비접종 대조군 쥐의
항뇌(자가면역) 단백질과 인지질 항체 증가
출처: Inbar 외, 2017

이런 항체 역가 차이는 통계적으로 유의했으며 p-값은 0.002 미만으로 나타났다.[30]

그림 5-4는 2018년에 《내과학 저널(Journal of Internal Medicine)》에 실린 〈성인 여성의 인유두종 바이러스 백신 접종과 자가면역 및 신경 질환 위험〉 연구 논문 결과를 보여준다.[31] 주 저자는 아네르스 흐비드 박사로, 덴마크 코펜하겐에 있는 스타텐스 혈청연구소의 역학연구부 소속이다. 이 연구에서 스웨덴과 덴마크의 여성 코호트는 인유두종 바이러스 백신을 접종받은 후 셀리악 질환 위험이 비접종 대조군 여성보다 유의하게 높은 것으로 나타났다(95% CI 1.29~1.89).

그림 5-5는 2019년 《세이지 개방의학(SAGE Open Medicine)》 저널에 실린 〈미국 내 인유두종 바이러스 백신 노출과 보고된 천

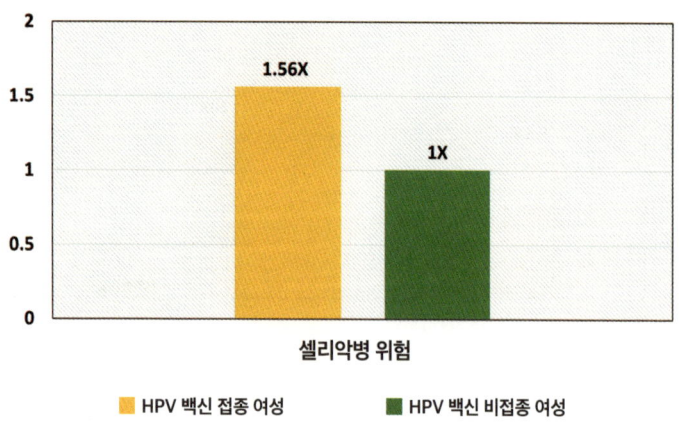

그림 5-4. 인유두종 바이러스 백신 접종 여성과 비접종 여성의 셀리악병 진단 위험
출처: Hviid 외, 2018

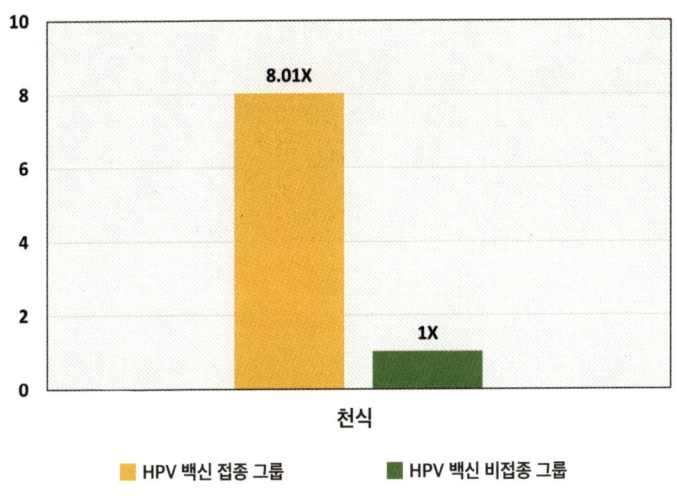

그림 5-5. 인유두종 바이러스 백신 접종 그룹과 비접종 대조군의 천식 승산비
출처: Geier 외, 2019

식 발생률 간의 관계 단면 연구〉 논문 결과를 보여준다.[32] 주 저자인 데이비드 게이어는 메릴랜드주 실버스프링에 있는 만성질환연구소 소속이다. 연구 저자는 국민 건강 영양 조사 데이터를 사용하여 HPV 백신 접종자가 비접종자에 비해 천식 발병률이 8.01배 높다는 사실을 확인했다.[33]

요약

표 5-1은 제5장에서 중점적으로 알아본 5개의 연구 논문 결과다.[34,35,36,37,38] 이 경우에 각각의 논문들은 다른 백신 접종 결과를 보여준다. 많은 연구들이 HPV 백신과 관련된 특정 문제를

	Tomljenovic and Shaw, 2012	Yaju 외, 2019	Inbar 외, 2017	Hviid 외, 2018	Geier 외, 2019
심각한 상해	√				
사망	√				
영구적 장애	√				
기억력 장애		√			
불수의 운동		√			
계산 장애		√			
항뇌 단백질 항체(쥐)			√		
항뇌 인지질 항체(쥐)			√		
셀리악 질환				√	
천식					√

표 5-1. HPV 백신 접종자와 비접종자의 건강 결과 비교 요약. 유의하게 높은 승산비, 상대적 위험 또는 발생률은 √로 표시된다.

강조하고 있다. 그러나 위의 연구들만 백신을 접종받은 그룹과 비접종 그룹을 비교했다.

제6장

백신과 걸프전 질병

이 장에서는 걸프전 질병과 파병 전 및 파병 중 백신 접종 횟수와의 상관관계를 다룬 연구 논문을 중점적으로 살펴본다. 복무 중 접종받은 다양한 백신, 특히 탄저균 백신과 관련된 문제를 논의한 많은 논문들이 있다. 그러나 백신 접종자와 비접종자를 비교하는 연구 논문은 포함되지 않았다.

그림 6-1은 2000년 《미국 역학 저널(American Journal of Epidemiology)》에 실린 〈캔자스주 참전 군인의 걸프전 질병 유병률과 패턴: 개인, 장소, 군 복무 기간의 특성과 증상의 연관성〉 연구 논문 결과를 보여준다.[1] 저자는 리아 스틸 박사로, 캔자스주 토피카에 있는 캔자스 재향군인위원회 소속이다. 이 연구에서 페르시아만 전쟁에 참전하지 않은 백신 접종 재향 군인은 페르시아만 전

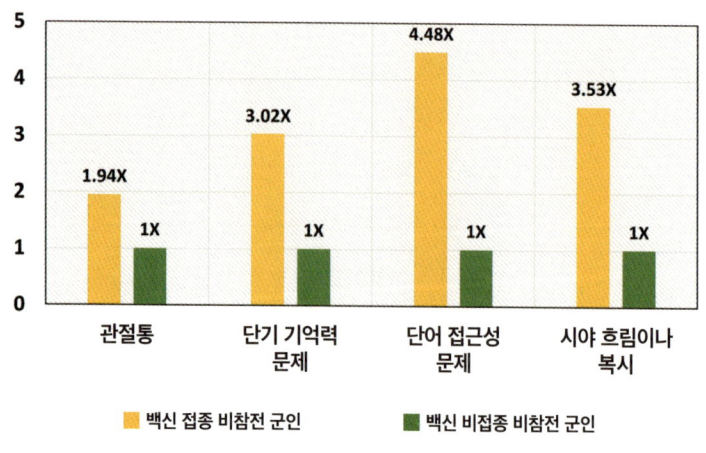

그림 6-1. 백신 접종 페르시아만 비참전 군인과
비접종 페르시아만 비참전 군인의 걸프전 질병 승산비
출처: Steele, 2000

쟁에 참전하지 않은 비접종 재향 군인에 비해 걸프전 질병 증상이 훨씬 더 많이 나타났다.[2] 접종 재향 군인은 관절통을 경험할 확률이 1.94배(95% CI 1.02~3.70), 단기 기억력 문제를 경험할 확률이 3.02배, 단어 접근성 문제를 경험할 확률이 4.48배, 시야 흐림을 경험할 확률이 3.53배 높았다. 재향 군인 중 1990년 8월부터 1991년 7월 사이에 군대에서 백신을 접종받은 경우는 백신 접종자로, 같은 기간에 군에서 백신을 접종받지 않은 경우는 비접종자로 분류되었다.

그림 6-2는 1999년 《랜싯》에 실린 〈페르시아만 전쟁에 참전한 영국 군인의 건강〉 연구 논문 결과를 보여준다.[3] 주 저자는 캐서린 언윈 박사로 영국 킹스 칼리지 런던의 가이스, 킹스, 세인

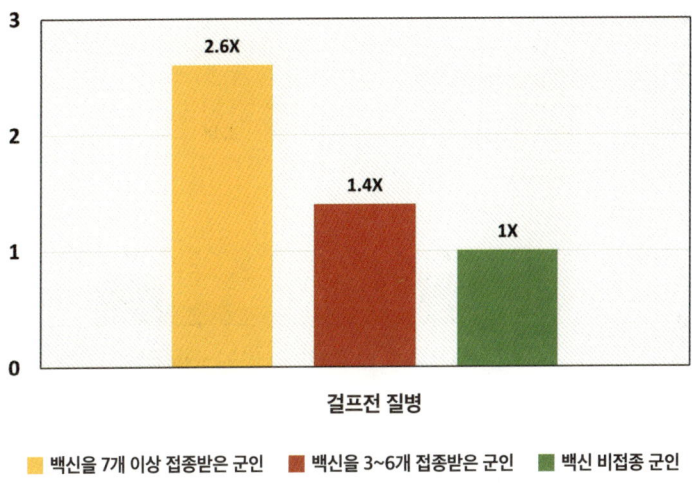

그림 6-2. 영국의 보스니아 전쟁과 페르시아만 전쟁 참전 군인들이 접종받은 백신 횟수와 걸프전 질병 승산비
출처: Unwin 외, 1999

트 토머스 의과대학 걸프전 질병 연구부 소속이다. 여러 번 백신을 접종받은 영국 군인은 비접종 군인보다 걸프전 질병 증상이 훨씬 더 많이 나타났으며 7회 이상 백신을 접종받은 군인은 비접종 군인에 비해 걸프전 질병 증상을 경험할 확률이 2.6배, 3~6회 접종받은 군인은 1.4배가 높았다.[4] 연구 저자는 "걸프전 코호트에서 생물학전 대비 백신 접종과 여러 번의 정기적인 백신 접종은 CDC 다증상 증후군과 관련이 있었다"[5]라고 밝혔다. 군인들의 백신 접종 상태는 각 분쟁 전후 2개월 이내에 받은 백신을 기준으로 삼았다.

그림 6-3은 2000년에 《영국 의학 저널》에 실린 〈걸프전 참전 군인의 건강 위험 요인으로서 백신 접종의 역할: 단면 연구〉 논

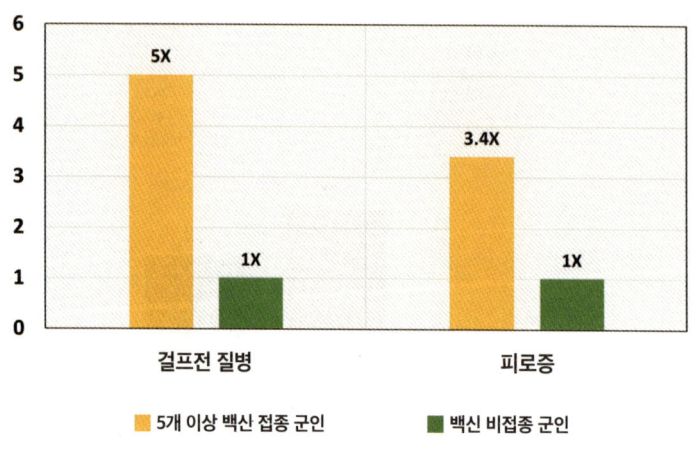

그림 6-3. 5개 이상 백신 접종 파병 군인과 비접종 파병 군인의
걸프전 질병과 피로증 승산비
출처: Hotopf 외, 2000

문 결과를 보여준다.[6] 주 저자는 매슈 호토프 박사로 영국 킹스 칼리지 런던의 가이스, 킹스, 세인트 토머스 의과대학 걸프전 질병 연구부 소속이다. 파병 기간 동안 여러 번 백신을 접종받은 재향 군인은 접종받지 않고 걸프전에 참전한 재향 군인보다 훨씬 더 많은 다증상 걸프전 질병과 피로증 진단을 받았다.[7]

그림 6-4는 2004년 《직업과 환경의학(*Occupational and Environmental Medicine*)》 저널에 실린 〈1991년 걸프전 참전 호주 재향 군인의 증상과 의학적 상태: 예방접종과 기타 걸프전 노출의 관계〉 연구 논문 결과를 보여준다.[8] 주 저자는 H. L. 켈솔 박사로, 호주 멜버른에 있는 모나시 센트럴-이스턴 임상대학 내 역학 및 예방의학과 소속이다. 군 복무 중에 10회 이상 백신 접종을 받은

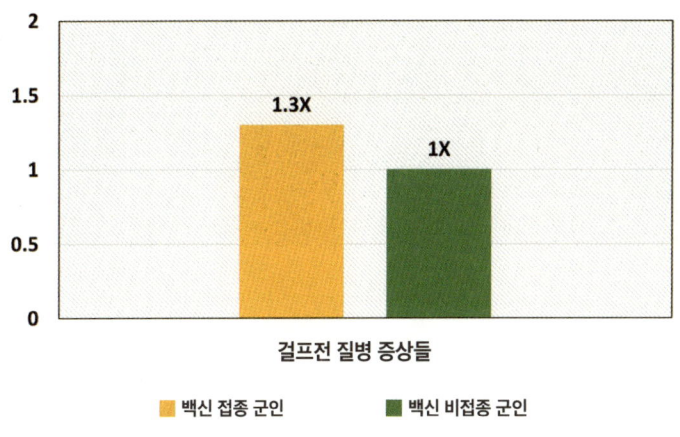

그림 6-4. 10회 이상 백신을 접종받은 걸프전 참전 군인과
비접종 걸프전 참전 군인을 비교한 걸프전 질병 승산비
출처: Kelsall 외, 2004

호주 재향 군인은 비접종 재향 군인에 비해 걸프전 질병 증상이 통계적으로 유의하게 증가한 것으로 나타났다(p-값<0.001, 95% CI 1.2~1.4).[9] 이 분석에서는 보고된 총 증상 수를 고려했지만 증상의 중증도는 조사하지 않았다.

요약

표 6-1은 이 장에서 소개한 4개 연구 논문의 결과를 보여준다.[10,11,12,13] 스틸[14]과 호토프 등은[15] 개별 걸프전 질병 증상을 연구에 포함시켰다. 그러나 언윈 등은[16] 걸프전 질병을 다증상 증후군으로 초점을 맞추었다. 모든 연구는 군 복무 중 파병 전 또는 후에 맞은 백신 접종 횟수에 초점을[17,18,19,20] 두었다.

	Steele, 2000	Unwin 외, 1999	Hotopf 외, 2000	Kelsall 외, 2004
걸프전 질환 증상들		√	√	√
관절통	√			
단기 기억력 문제	√			
단어 접근성 문제	√			
시야 흐림이나 복시	√			
피곤증			√	

표 6-1. 백신을 접종받은 재향 군인과 비접종 재향 군인의 건강 결과 비교 요약. 유의하게 높은 승산비, 상대적 위험 또는 발생률은 √로 표시된다.

제7장

인플루엔자(독감) 백신

CDC는 생후 6개월 이상의 모든 아동과 성인에게 매년 인플루엔자(독감) 백신 접종을 권장한다.[1] 권장 대상에는 임신 중기 임신부도 포함된다.[2] 독감 백신은 3가 비활성 바이러스(TIV) 백신 또는 약독화 독감 바이러스(LAIV) 생백신으로 접종받을 수 있다. LAIV 백신은 임신, 천식, 면역 억제 등 여러 질환이 있는 경우 접종이 금기다. 일부 제조업체는 티메로살 형태로 1회 접종당 25mcg 수은을 함유한 다회 접종 바이알로 TIV 백신을 유통한다.[3] 동일한 백신의 유아용 제형에는 총 25mcg의 수은을 접종하는 2회 접종 시리즈에 12.5mcg의 수은이 함유되어 있다.[4] 백신 제조업체는 계절 독감 백신 외에도 2009년부터 2011년 사이에 H1N1 대유행 인플루엔자 백신(신종 플루)을 제조하여 배포했다.[5] H1N1 백신의 다회 접종 바이알에도 티메로살을 함유하고 있다.

이 장에서는 계절성 독감 백신과 H1N1 독감 백신을 모두 고려한다.

그림 7-1은 《영국 의학 저널》에 실린 〈2009년 대유행 A형/H1N1 인플루엔자 백신 AS03을 접종받은 아동들과 청소년들의 기면증 위험: 후향적 분석〉 연구 논문 결과를 보여준다.[6] 주 저자는 엘리자베스 밀러 박사로, 런던 보건보호국 예방접종, 간염과 혈액 안전 부서의 자문 역학자다. 연구진은 영국의 아동과 청소년에서 H1N1 백신과 기면증 사이의 인과관계를 보고했다.[7] 기면증은 부적절한 시간에 잠드는 경향을 특징으로 하는, 심각하고 만성

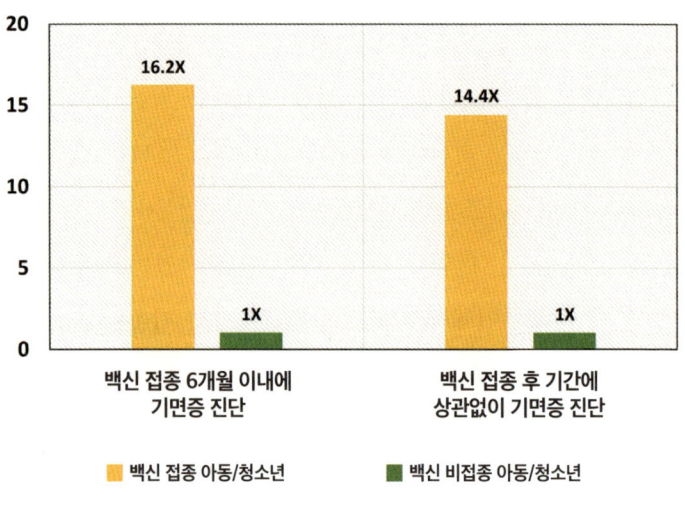

그림 7-1. 백신 접종 후 6개월 이내와 백신 접종 후 기간에 상관없이 발생한 기면증 승산비
출처: Miller 외, 2013

적이며 잠재적으로 몸이 쇠약해질 수 있는 질병이다.[8] 자가면역이 뇌의 수면 중추를 공격하는 것으로 추정되며[9] 알려진 치료법은 없다. 백신 접종자는 비접종자에 비해 백신 접종 후 언제라도 기면증 진단을 받을 확률이 14.4배(95% CI 4.3~48.5) 높았다.[10] 백신 접종 후 6개월 이내에 진단을 받을 확률은 16.2배(95% CI 3.1~84.5)로 증가했다.[11] 두 결과 모두 통계적으로 매우 유의한 것으로 나타났다.

그림 7-2는 《신경학(*Neurology*)》 저널에 실린 〈H1N1 인플루엔자 백신 접종 후 서부 스웨덴에서 소아 기면증 발생률 증가〉 연구 논문 결과를 보여준다.[12] 주 저자는 아틸라 자카치스 박사로, 스웨덴 예테보리 대학교 소아과 소속이다. 백신이 대량으로 접종되

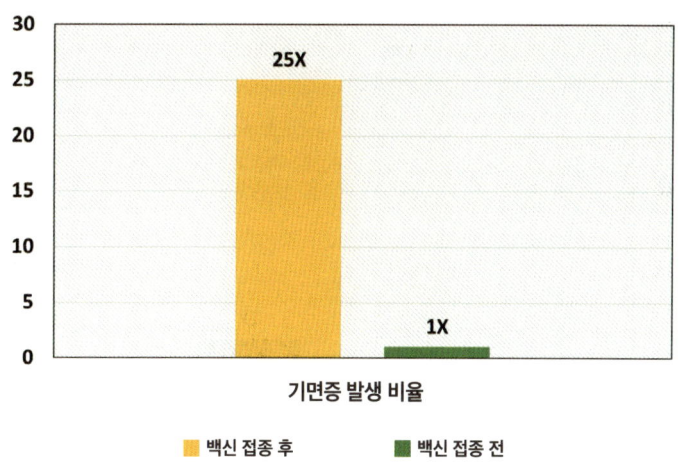

그림 7-2. 스웨덴 내 펜뎀릭스 돼지 독감 백신 도입 전후 기면증 발생률
출처: Szakacs 외, 2013

제7장 · 인플루엔자(독감) 백신   115

기 전에 소아 기면증 발생률은 매년 10만 명당 0.26명이었다.[13] 백신이 대량으로 접종된 후 소아 기면증 발생률은 매년 10만 명당 6.6명으로 증가했다(95% CI 3.4~8.1).[14] 백신 접종 전후의 발생률 차이는 통계적으로 매우 유의했으며, p-값은 0.0001 미만이었다.

그림 7-3은 2012년 《플로스 원(PLoS One)》 저널에 실린 〈2009년 핀란드의 H1N1 대유행 백신 캠페인 이후 소아 기면증 발생률과 임상 양상〉 연구 논문 결과를 보여준다.[15] 주 저자는 마르쿠 파르티넨 박사로 핀란드 헬싱키 수면 클리닉, 핀란드 기면증 연구센터와 바이탈메드 연구센터 소속이다. 파르티넨은 H1N1 인플루엔자 백신 캠페인 이전과 이후를 비교했을 때 핀란드의 모든 수면 병원에서 아동 기면증 환자가 17배 증가한 것을 관찰했다.

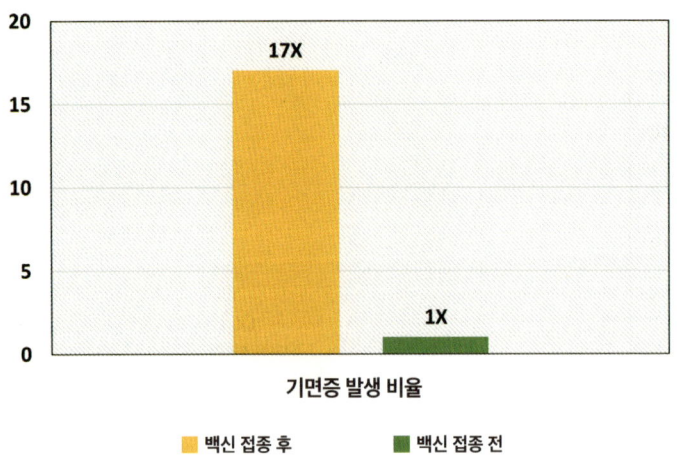

그림 7-3. 핀란드 내 팬뎀릭스 돼지 독감 백신 도입 전후 기면증 발생률
출처: Partinen 외, 2012

H1N1 백신 접종 캠페인 전에는 아동 기면증 발병률이 매년 10만 명당 0.31명에 불과했지만 백신이 과도하게 홍보된 이후에는 기면증 발병률이 10만 명당 5.3명으로 증가했다.[16]

그림 7-4는 2011년 《영국 의학 저널》에 실린 〈면역 증강 단가 백신인 유행성 인플루엔자 A(H1N1) 백신 접종 후 신경계와 자가면역 질환: 스웨덴 스톡홀름의 인구 기반 코호트 연구〉 논문 결과를 보여준다.[17] 주 저자는 바르다지 박사로, 스웨덴 웁살라에 있는 의료제품청의 역학자다. 이 연구는 스톡홀름주의 전체 인구를 대상으로 한 코호트 연구다.

스톡홀름주의 인구는 약 200만 명에 달하고 백신 접종률이 52.6%에 달한다. 바르다지 박사는 H1N1 백신 접종 캠페인 시작

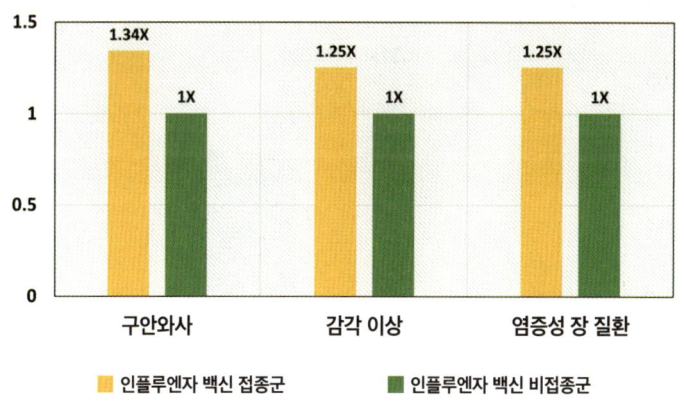

그림 7-4. H1N1 인플루엔자 백신 접종 그룹과 비접종 그룹의 구안와사, 감각 이상, 염증성 장 질환 위험비
출처: Bardage 외, 2011

후 45일 이내에 백신을 접종받은 사람들 사이에서 구안와사, 감각 이상(따끔거리거나 찌르는 듯한 이상 감각), 염증성 장 질환 위험이 높아지는 것을 확인했다.[18] 이들은 주로 초기 백신 접종 때 고위험군에 속하는 우선 접종 대상자들이었다. 그러나 이런 유형의 환자 때문에 연구 결과가 왜곡될 수 있어서 의료 서비스를 찾는 행동의 차이를 조정했다. 의료진은 스톡홀름주 의회의 공통 의료 등록을 사용하여 입원 환자와 전문의 활용도를 기준으로 환자를 진단했다.

그림 7-5는 2013년 《랜싯 감염병(Lancet Infectious Disease)》 저널에 실린 〈계절 인플루엔자 백신 접종 후 길랭·바레 증후군의 위험과 인플루엔자 진료 방문: 자가 통제 연구〉 논문 결과를 보여준다.[19] 주 저자는 제프 퀑 박사로, 캐나다 토론토의 임상평가과학

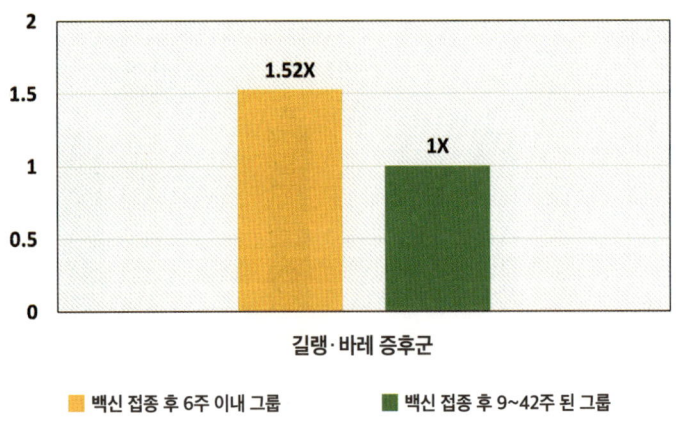

그림 7-5. 계절 인플루엔자 백신 접종 후 6주 이내 그룹과
접종 후 9~42주 된 그룹을 비교한 길랭·바레 증후군 상대적 위험도
출처: Kwong 외, 2013

연구소 소속이다. 길랭·바레 증후군(GBS)은 신체의 면역 체계가 신경을 공격하여 마비를 일으키는 심각한 질환이다.[20] GBS에서 회복하는 데 몇 년이 걸릴 수 있으며 일부의 경우는 치명적일 수 있다.

퀑 박사는 캐나다 온타리오주에서 1993년부터 2011년까지 기록된 의료 데이터를 바탕으로 백신 접종 후 6주 이내에 GBS 위험이 백신 접종 전 9주에서 42주 사이의 대조 기간에 비해 52% 높았으며 상대 발생률은 1.52, 95% 신뢰구간은 1.17~1.99였다고 밝혔다.[21] 또한 인플루엔자 감염 후 6주 이내의 GBS 위험성은 백신 접종 후보다 훨씬 높았으며 상대 발생률은 15.81, 95% 신뢰구간은 10.28~24.32로 나타났다.[22] 그러나 전체 인구 중 극히 일부만 1년 중 어느 때나 독감에 걸리는 상황에서 전체 인구를 대상으로 독감 시즌에만 계절성 인플루엔자 백신을 접종시키는 정책은 그 예방 효과가 미미하다. 즉 계절성 인플루엔자 백신을 접종하면 전체 GBS 발병률이 높아질 수 있다.

그림 7-6은 2006년《자마 내과학(*JAMA International Medicine*)》학술지에 실린〈성인에서 인플루엔자 백신 접종 후 길랭·바레 증후군: 인구 기반 연구〉논문 결과를 보여준다.[23] 주 저자는 데이비드 주어링크 박사로, 캐나다 토론토의 임상평가과학연구소 소속이다. 주어링크 박사는 이전 연구와 마찬가지로[24] 계절 인플루엔자 백신 접종 후 GBS가 증가했다고 보고했다.[25] 연구진은 캐나다 온타리오주에서 GBS로 입원한 1,601건을 조사했으

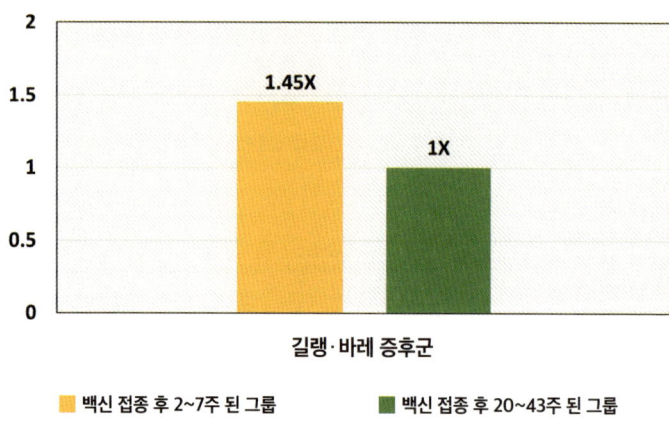

그림 7-6. 계절 인플루엔자 백신 접종 후 2~7주 된 그룹과
접종 후 20~43주 된 대조군을 비교한 길랭·바레 증후군 상대적 위험
출처: Juurlink 외, 2006

며, 독감 백신 접종 후 이 질병의 상대적 발생률은 1.45, p-값은 0.02, 95% 신뢰구간은 1.05~1.99였다.[26]

그림 7-7은 1998년 《뉴잉글랜드 의학 저널(New England Journal of Medicine)》에 발표된 〈길랭·바레 증후군과 1992~1993년과 1993~1994년 인플루엔자 백신〉 연구 결과를 보여준다.[27] 주 저자는 타마르 라스키 박사로, 볼티모어 메릴랜드 대학교 의과대학 역학과 예방의학과 소속이다. 라스키 박사는 1992년과 1994년 사이에 미국에서 계절성 독감 백신 접종 후 전체 GBS의 상대적 발생률이 1.7, p-값은 0.04, 95% 신뢰구간은 1.0~2.8인 것을 관찰했다.[28]

그림 7-8은 2012년 《미국 역학 저널》에 실린 〈2009~2010

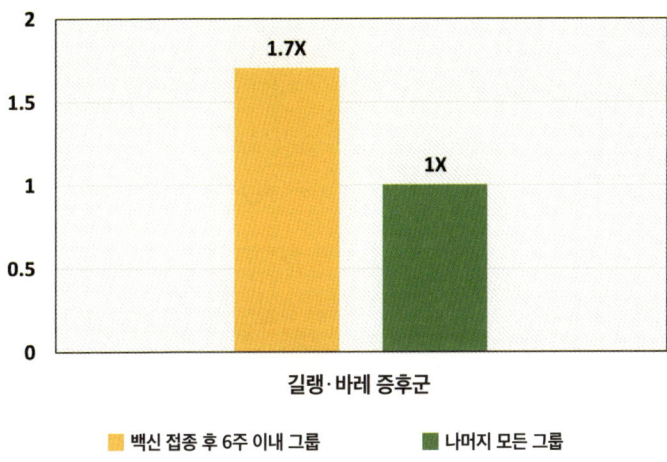

그림 7-7. 계절 인플루엔자 백신 접종 후 6주 이내 그룹과
다른 모든 대조군을 비교한 길랭·바레 증후군 상대적 위험도
출처: Lasky 외, 1998

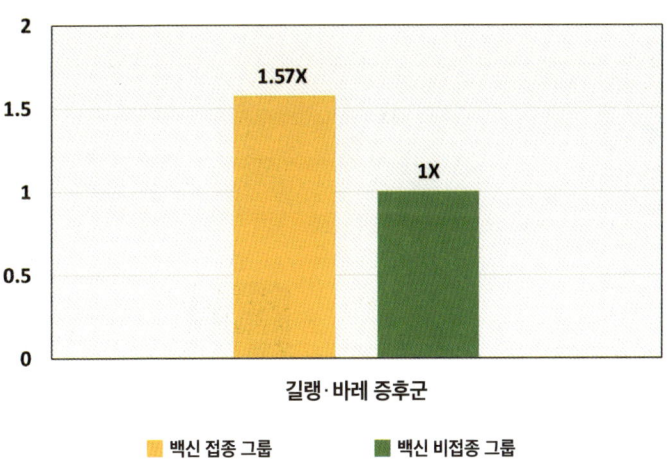

그림 7-8. H1N1 인플루엔자 백신 접종 환자와 백신 비접종 환자를 비교한
길랭·바레 증후군의 상대적 위험도
출처: Wise 외, 2012

년 H1N1 인플루엔자 백신 접종 캠페인 중 길랭·바레 증후군: 4500만 미국인을 대상으로 한 인구 기반 감시〉 연구 논문 결과를 보여준다.[29] 주 저자는 매슈 와이즈 박사로, 조지아주 애틀랜타에 있는 CDC 건강 품질 증진 부서 소속이다. 와이즈 박사는 2009년부터 2010년까지 미국에서 접종된 H1N1 백신과 GBS의 관계를 조사하면서 백신 비접종자에 비해 백신 접종자에서 GBS 사례가 57% 증가한 점을 발견했다.[30]

그림 7-9는 2012년 저널지인 《약물 역학과 약물 안전 (Pharmacoepidemiology and Drug Safety)》에 실린 〈인플루엔자 A(H1N1) 2009 단가 백신 및 2009~2010 계절 인플루엔자 백신과 관련된 길랭·바레 증후군의 위험: 자체 통제 분석 결과〉 연구 논문 결

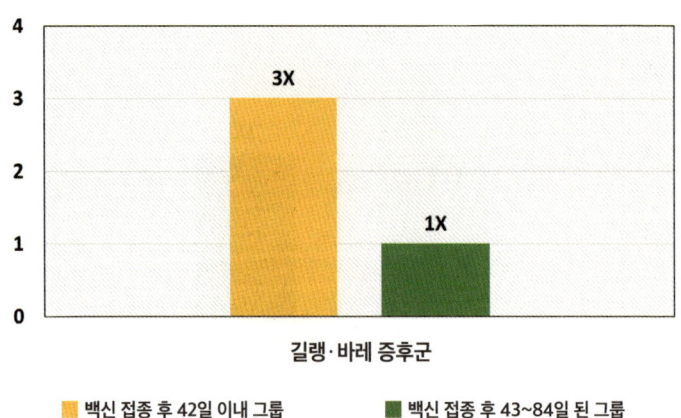

그림 7-9. H1N1 인플루엔자 백신 접종 후 42일 이내 그룹과 43~84일 된 그룹을 비교한 길랭·바레 증후군 상대적 위험도
출처: Tokars 외, 2012

과를 보여준다. 주 저자는 제롬 토카스 박사로, 조지아주 애틀랜타에 있는 CDC 건강 품질 증진 부서 소속이다. 토카스 박사는 H1N1 백신 접종 후 43~84일 기간 내 진단보다 백신 접종 후 42일 내 자가진단에서 GBS 위험성이 3배 증가했고, 95% 신뢰구간은 1.4~6.4였다.[31]

그림 7-10은 2013년《랜싯》에 실린〈미국 내 길랭·바레 증후군과 인플루엔자 A(H1N1) 2009 단가 불활성화 백신의 연관성: 메타 분석〉연구 논문 결과를 보여준다.[32] 주 저자는 대니얼 샐먼 박사로, 워싱턴 DC에 있는 미국 보건복지부 백신 프로그램 부서에 있다. 샐먼 박사는 백신 접종 후 43일부터 대조군을 추적 관찰하는 자가대조 분석을 통해 H1N1 백신 접종 후 42일 이내에 GBS

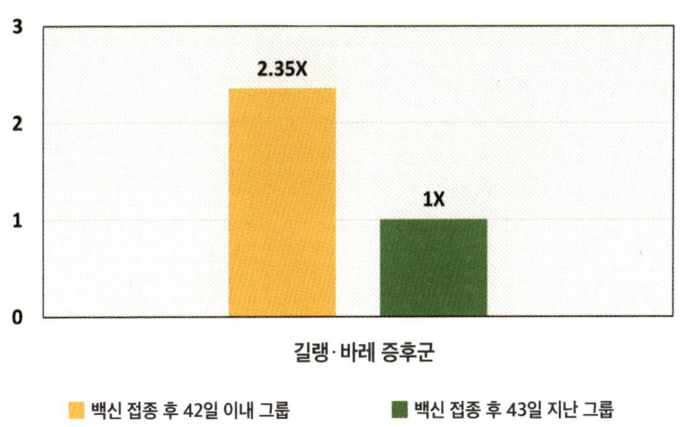

그림 7-10. H1N1 인플루엔자 백신 접종 후 42일 이내 그룹과 43일이 지난 그룹을 비교한 길랭·바레 증후군 상대적 위험도
출처: Salmon 외, 2013

위험이 2.35로 증가한다는 사실을 발견했다.[33]

그림 7-11은 2018년《백신(Vaccine)》저널에 실린〈인플루엔자 백신 접종 후 발생한 급성 호흡기 질병과 시기적 관련성 평가〉연구 논문 결과를 보여준다.[34] 주 저자는 샤론 리킨 박사로, 뉴욕 컬럼비아 대학교 의과대학 소속이다. 백신을 접종받은 4세 이하 아동은 접종 후 14일 이내에 비인플루엔자 급성 호흡기 감염 위험이 비접종 또래에 비해 4.8배 높았다.[35] 이 결과는 95% 신뢰구간이 2.88~7.99로 통계적으로 유의했다. 백신을 접종받은 5~17세 아동은 비접종 또래에 비해 비인플루엔자 급성 호흡기 감염 위험이 1.61배 높았다.[36] 이 결과는 95% 신뢰구간이 0.98~2.66으로 약간 유의했다.[37]

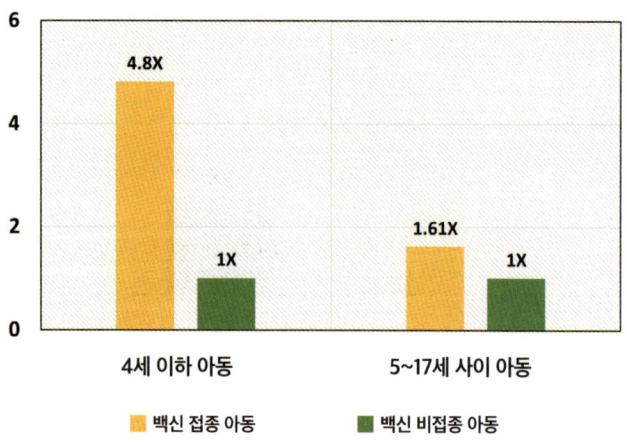

그림 7-11. 계절 인플루엔자 백신 접종 아동과 비접종 아동의 급성 호흡기 위험비
출처: Rikin 외, 2018

그림 7-12는 2020년 《백신》 저널에 실린 〈2017~2018년 인플루엔자 시즌 동안 국방부 직원의 인플루엔자 백신 접종과 호흡기 바이러스 간섭〉 연구 논문 결과를 보여준다.[38] 주 저자는 그레그 울프 박사로, 오하이오주 라이트-패터슨 공군 기지 위성국내 건강감시과 소속이다. 바이러스 간섭은 백신을 접종받은 사람이 자연 감염과 관련된 비특이적 면역을 형성하지 못해서 다른 바이러스에 걸릴 위험이 더 커질 수 있을 때 발생한다. 이 분석에서 백신을 접종받은 군인이 코로나바이러스에 걸릴 확률은 36%(p-값〈0.01, 95% CI 1.14~1.63), 메타뉴모바이러스(2001년에 분리된 바이러스로 하부와 상부 호흡기 감염을 유발한다)에 걸릴 확률은

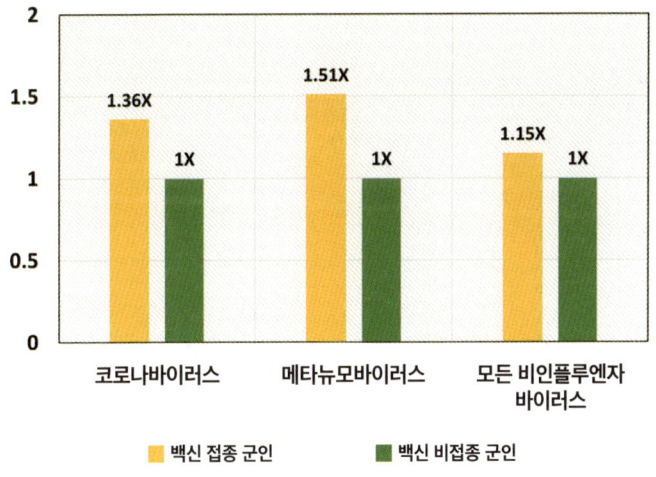

그림 7-12. 계절성 인플루엔자 백신 접종 군인과 비접종 군인을 비교한 코로나바이러스, 메타뉴모바이러스, 모든 비인플루엔자 바이러스 감염 승산비
출처: Wolff, 2020

51%(p-값<0.01 미만, 95% CI 1.20~1.90), 호흡기 감염과 관련된 비인플루엔자 바이러스에 걸릴 확률은 15% 높았다(p-값<0.01, 95% CI 1.05~1.27).[39] 이런 모든 관계는 통계적으로 유의한 것으로 나타났다.

그림 7-13은 2012년 《임상 감염병 학술지(Clinical infectious Disease)》에 게재된 <불활성화 인플루엔자 백신 접종과 비인플루엔자 호흡기 바이러스 감염 위험 증가 연관성> 연구 논문 결과를 보여준다.[40] 주 저자는 벤저민 카울링 박사로, 중국 홍콩 대학교 리카싱 의과대학 공중보건학과 소속이다. 이 무작위 전향적 연구에서는 6세에서 15세 사이의 아동 115명에게 3가 불활화 백신 또는 위약을 접종했다. 연구진은 백신 접종 후 9개월 동안 이 아동들을

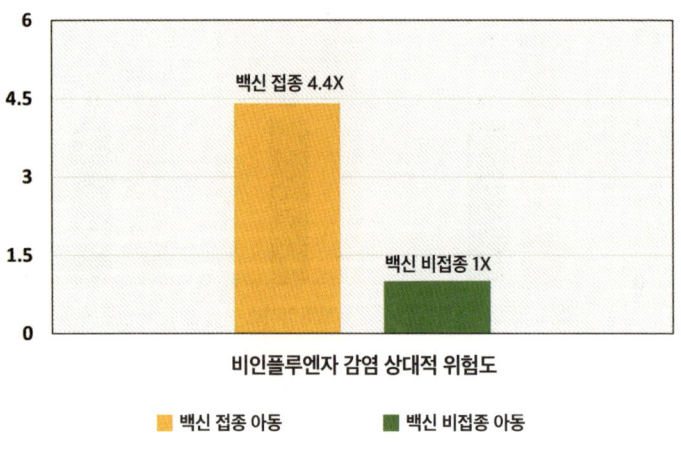

그림 7-13. 백신 접종 아동과 비접종 아동의 비인플루엔자 감염 상대적 위험도
출처: Cowling 외, 2012

관찰했다. 백신을 접종받은 아동과 비접종 아동을 비교했을 때 비인플루엔자 호흡기 감염의 상대 위험은 4.40이었으며 95% 신뢰구간은 1.31~14.8이었다.[41] 백신 접종 그룹과 위약 그룹은 통계적으로 유의한 차이가 나타나지 않았다. 인플루엔자 상대 위험도는 0.66, 95% 신뢰구간은 0.13~3.27이다.[42] 이는 전체적으로 확인된 인플루엔자 사례 수가 적기 때문일 수 있다.

그림 7-14는 2014년 《인플루엔자와 기타 호흡기 바이러스 (Influenza and Other Respiratory Viruses)》 저널에 실린 〈인플루엔자 백신 효과 연구에 등록된 아동의 호흡기 바이러스 감염 역학〉 연구 논문 결과를 보여준다.[43] 주 저자는 알렉사 디에리그 박사로, 호주 웨스트미드 아동 병원의 예방접종 연구와 감시국 소속이다. 이

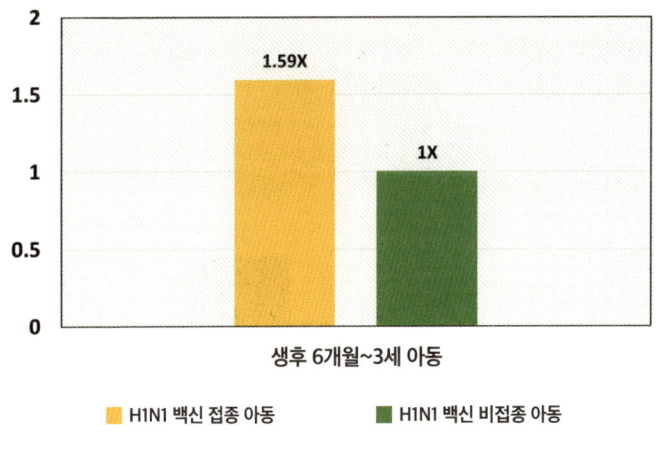

그림 7-14. H1N1 백신 접종 아동과 비접종 아동의 비인플루엔자 인플루엔자 유사 감염 비율
출처: Dierig 외, 2014

연구에서 2010년에 13주간의 인플루엔자 시즌 동안 H1N1 백신을 접종받은 아동과 비접종 아동을 조사했다. 분석 대상 코호트는 381명의 아동으로 백신 비접종자 238명과 13주 동안 124건의 인플루엔자 유사 질환에 걸렸던 백신 접종자 143명이 포함되었다.[44] 의사들이 진단한 인플루엔자 유사 질환에는 H1N1 인플루엔자, NL63 코로나바이러스, 아데노바이러스와 라이노바이러스 등이 포함되었다. 저자는 백신 접종 아동이 비접종 아동보다 인플루엔자 유사 질환에 걸릴 위험성이 1.59배 높다는 사실을 발견했다.[45]

그림 7-15는 2012년에 《알레르기와 천식 학술지(Allergy and Asthma Proceedings)》에 실린 〈소아 인플루엔자 관련 입원에서 3가 불

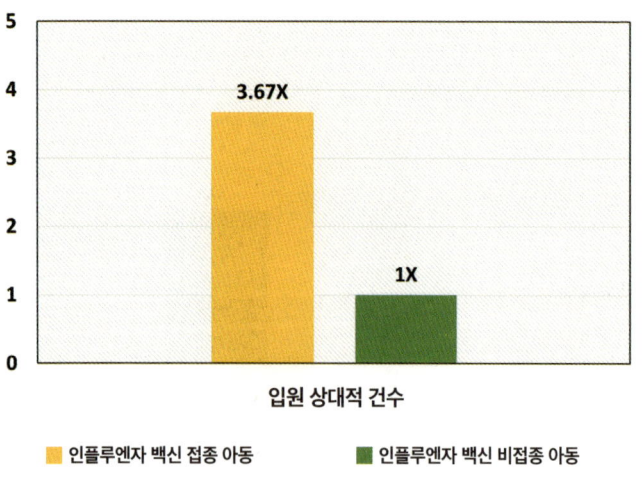

그림 7-15. 인플루엔자 백신 접종 아동과 비접종 아동을 비교한 인플루엔자 관련 입원 상대적 건수
출처: Joshi 외, 2012

활화 인플루엔자 백신의 효과: 사례 대조 연구〉 논문 결과를 보여준다.[46] 주 저자는 아브니 조시 박사로, 미네소타주 로체스터에 있는 메이요 클리닉 의과대학 소속이다. 조시 박사는 소아 환자를 대상으로 한 연구에서 7년 동안 입원, 응급실 방문, 병원에서 진단된 천식의 중증도 환자를 관찰했다. 연구진은 3가 불활화 독감 백신이 아이러니하게도 소아 인플루엔자 입원율을 3.67배(통계적으로 유의한 95%) 증가시킨다는 사실을 발견했다. 95% 신뢰구간은 1.6~8.4.[47] 천식 환자의 입원과 3가 비활성화 독감 백신 간에도 유의한 연관성이 있었다(p=0.001).[48]

그림 7-16은 2011년에 《내과학 저널(Journal of Internal Medicine)》에 실린 〈보조제 함유 인플루엔자 A 백신이 혈소판 활성화와 심장 자율 기능에 미치는 염증 관련 영향〉 연구 논문 결과를 보여준다.[49] 주 저자는 가에타노 란차 박사로, 이탈리아 로마의 카톨리카 델 사크로 쿠오레 대학교 심장학연구소 소속이다.

연구진은 보조제가 함유된 인플루엔자 A형 백신을 접종한 제2형 당뇨병 환자 28명을 관찰했다. 백신 접종 전후에 연구진은 C 반응성 단백질(CRP), 인터류킨6, 단핵구-혈소판 응집체를 측정했다. 백신 접종 후 환자들의 CRP는 리터당 2.6mg에서 7.1mg으로 증가했으며 p-값은 0.0001 미만이었고 인터류킨6은 밀리리터당 0.82피코그램(pg)에서 1.53피코그램으로 증가했으며 단핵구-혈소판 응집은 28.5%에서 30.5%로 증가했다.[50] 이런 결과는 백신 접종의 염증 자극과 혈소판 활성화 사이의 직접적인 연관성뿐만

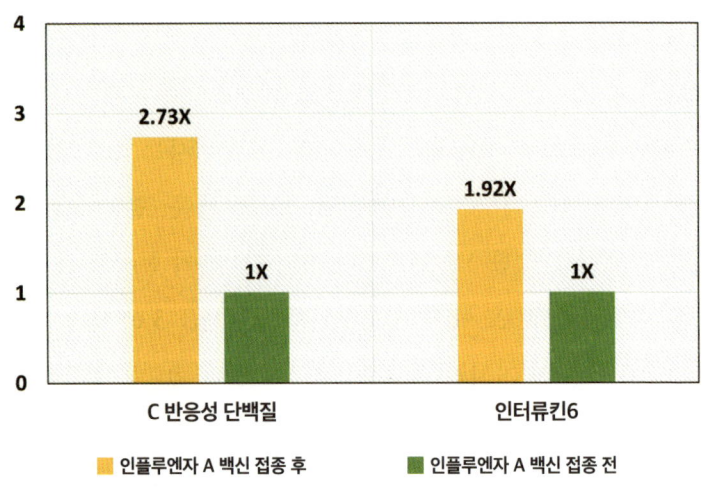

그림 7-16. 인플루엔자 A 백신 접종 전후 염증 지표의 상대적 수준
출처: Lanza 외, 2011

아니라 염증 자극과 심장 자율 활동 사이의 직접적인 연관성을 입증한다. CRP 수치 변화와 심박수 변동성 사이의 상관관계는 백신 접종으로 인한 염증 반응과 심장 자율 반응 사이의 병리생리학적인 연관성을 보여준다. 병리생리학은 무질서한 생리적 과정을 의미하는데, 여기서는 심장 질환이다. 백신 접종 후 관찰되는 혈소판 활성화 증가는 고위험군 환자의 혈전증(혈액의 국소 응고) 가능성을 일시적으로 늘릴 수 있다. 따라서 백신으로 인한 혈소판 활성과 자율 신경 활동의 변화는 백신 접종 환자의 심혈관 질환 위험을 일시적으로 높일 수 있다. 흥미롭게도 인플루엔자 백신과 관련된 '심근병증' 사례는 VAERS 데이터베이스에 1만 7,922건이 보고되었다.[51]

요약

세 편의 연구 논문에서는 계절성 인플루엔자 백신과 GBS 사이의 깊은 연관성을 보여준다.[52,53,54] 계절 독감 백신은 두 연구에서 비인플루엔자 호흡기 바이러스 증가와도 관련이 있는 것으로 나타났다.[55,56] 연구진은 각 연구에서 급성 호흡기 감염,[57] 코로나바이러스,[58] 메타뉴모바이러스,[59] 인플루엔자로 인한 입원,[60] 염증 지표[61] 등을 주요 요인으로 고려했다.

	Kwong 외, 2018	Juurlink 외, 2006	Lasky 외, 1998	Rikin 외, 2018	Wolff, 2020	Cowling 외, 2012	Joshi 외, 2012	Lanza 외, 2011
길랭·바레 증후군	√	√	√					
급성 호흡기 감염				√				
코로나바이러스					√			
메타뉴모바이러스					√			
모든 비인플루엔자 바이러스					√	√		
인플루엔자 입원							√	
염증 인자								√

표 7-1. 계절 인플루엔자 백신 접종자와 비접종자의 건강 결과 비교 요약. 유의하게 높은 승산비, 상대 위험도, 위험 비율 또는 발생은 √로 표시된다.

	Miller 외, 2013	Szakacs 외, 2013	Partinen 외, 2012	Bardage 외, 2011	Wise 외, 2012	Tokars 외, 2012	Salmon 외, 2013	Dierig 외, 2014
기면증	√	√	√					
구안와사				√				
감각 이상				√				
염증성 장 질환				√				
길랭·바레 증후군					√	√	√	
유사 인플루엔자 감염								√

표 7-2. H1N1 대유행 인플루엔자 백신 접종자와 비접종자의 건강 결과 비교 요약. 유의하게 높은 승산비, 상대적 위험도, 위험도 비율 또는 발생률은 √로 표시된다.

세 편의 연구 논문은 H1N1 인플루엔자 백신과 기면증 사이의 유의한 관계를 보여주었다.[62,63,64 65,66,67] 세 편의 논문은 기면증을 백신의 부작용으로 주목하고 팬뎀릭스(Pandemrix®)백신이 배포될 당시 영국, 핀란드, 스웨덴의 코호트를 고려했다.[68,69,70] 또한 구안와사,[71] 감각 이상,[72] 염증성 장 질환,[73] 인플루엔자 유사 감염을 고려한 논문이 각각 1편씩 있었다.[74]

제8장

디프테리아·파상풍·백일해(DTP) 백신

백신 제조업체들은 1980년대와 1990년대에 아주 심각하게 많이 일어난 백신 부작용 사례들 때문에 디프테리아·파상풍·전세포 백일해(DTP) 백신을 미국 시장에서 철수했다.[1] 대신 디프테리아·파상풍·무세포성 백일해(DTaP) 백신이 접종되고 있다. DTP는 미국에선 더 이상 사용되지 않지만 백신 제조업체는 아프리카, 아시아, 중남미 등 전 세계 다른 지역에 여전히 이 백신을 배포하고 있다. 이 백신은 종종 B형 간염과 b형 헤모필루스 인플루엔자(Hib) 백신이 결합된 5가 백신으로 사용된다.[2] DTaP 백신 접종자와 비접종자를 비교한 연구는 찾을 수 없었지만 DTP에 대해서는 여러 연구를 찾아볼 수 있었다.

이 연구에서는 '표적 외(off-target)' 효과라고도 하는 백신의 비특이적 효과(NSE)에 초점을 맞췄다. NSE는 표적 병원체에 대한 백신의 보호 범위를 벗어나는 효과다. 이는 일반적으로 수일에서 수주 내에 해결되지만 접종 부위에 의도치 않게 발생하는 국소 반응(압통, 부기, 통증, 멍 등) 또는 전신 반응(발열, 발진, 관절, 근육통 등)의 부작용과는 다르다.[3] 이론적으로 NSE는 다른 백신의 표적 병원체 또는 비표적 병원체에 대한 보호 능력을 강화시키거나 도움이 될 수 있다. 그러나 반대로 어떤 상황에서는 NSE가 표적 감염 이외의 원인으로 인한 질병 또는 사망 가능성을 높일 수 있다.

세계보건기구(WHO)와 여러 연구자들에 따르면, 백신 접종 순서와 권장 접종량은 백신의 예방 효과를 최적화하는 데 중요한 고려 사항이다. 그러나 안타깝게도 과학자들은 백신 접종으로 인해 총 사망률이 증가하거나 감소하는지 확인하기 위해 백신 접종 집단과 비접종 집단의 기본 사망률을 파악하는 연구조차 거의 수행하지 못했다. 과학자들은 백신의 특정 병원체 보호 효과와는 별개로 기존의 편견에 근거해 백신을 접종받은 아동이 비접종 아동보다 생존율이 더 높다는 믿음을 가졌다.[4] 그러나 개별적 연구, 특히 BCG(Bacillus Calmette-Guerin, 결핵)와 DTP 함유 백신에 관한 개발도상국 내 연구 결과에서는 NSE가 백신 접종자의 사망률 증가에 영향을 미치는 것으로 나타났다.[5] WHO는 이 결과를 바탕으로 2013년에 BCG, DTP와 생홍역 백신(MV)과 관련된 NSE 검토를 명령했다.[6] 그리고 사망률이 높은 지역에서 DTP 함유 백신의 염기 서열과 NSE 사이의 연관성을 확인했다.[7]

이 장에서는 피터 아비 박사와 그의 동료들이 수행한 여섯 가지 훌륭한 연구를 소개한다. 아비 박사는 백신의 NSE 영향에 관한 연구를 완료한 최초의 과학자 중 한 명으로 2000년에 이미 이 주제에 관한 연구 논문을 발표했다. 그는 아프리카 기니비사우의 시골 지역 아동을 대상으로 연구를 진행했으며 백신 접종 후 유아 사망률과 DTP 백신(특히 병용 접종)의 관계를 조사했다. 아비 박사는 기니비사우와 같은 의료 취약 국가에서 백신 접종 프로그램의 의도와는 달리 특히 DTP를 접종받은 아동의 영아 사망률이 더 높다는 사실을 발견했다. 이 장의 다른 연구에서는 DTP 백신과 관련된 영아 증후군, 알레르기, 천식, 습진에 초점을 맞추고 있다.

그림 8-1은 2017년에 《이바이오메디신(*EBioMedicine*)》 저널에 실린 〈아프리카 도시 지역사회의 영유아 대상 디프테리아·파

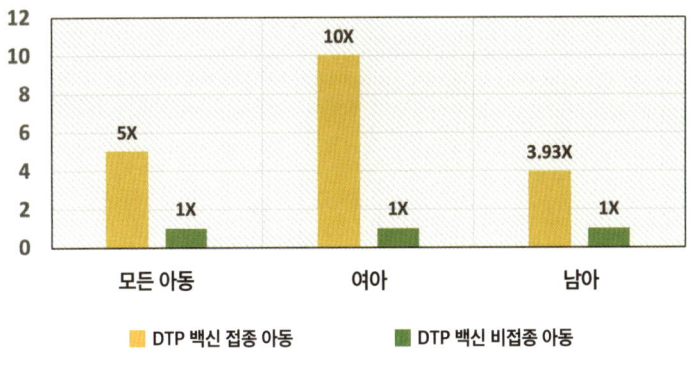

그림 8-1. 아프리카 기니비사우 지역 내 DTP 백신 접종 아동과 비접종 아동을 비교한 사망률 위험비
출처: Mogensen 외, 2017

상풍·백일해와 경구 소아마비 백신의 도입: 자연 실험〉 연구 논문 결과를 보여준다.[8] 주 저자인 소렌 모겐센 박사는 아프리카 기니비사우의 반딤 보건 프로젝트 부서 소속이다. 교신 저자인 피터 아비 박사는 덴마크 오덴세에 있는 서던 덴마크 대학교 임상연구학과 교수다. 연구진은 기니비사우에서 3개월에서 5개월 사이에 DTP 백신을 접종받은 아동과 비접종 아동을 추적 관찰했다. 백신 접종 아동은 비접종 아동보다 사망률이 5배 높았으며 여아에서 가장 분명한 결과가 관찰되었다.[9]

그림 8-2는 2012년에 《아동기 질환 기록(Archives of Disease in Children)》 저널에 실린 〈조기 디프테리아·파상풍·백일해 백신 접종과 여아 사망률 증가 연관성과 저체중아 코호트에서 남아 사망률 차이 없음: 무작위 시험 내 관찰 연구〉 논문 결과를 보여준다.[10]

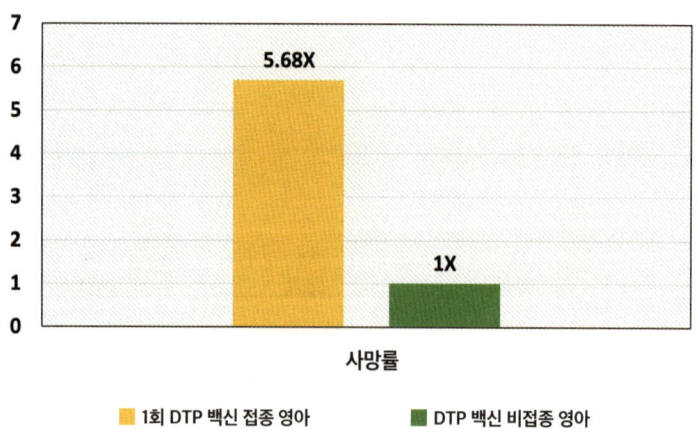

그림 8-2. 조기 1회 DTP 백신 접종 여아와 비접종 여아를 비교한 영아 사망률
출처: Aaby 외, 2012

주 저자는 피터 아비 박사다. 연구진이 기니비사우의 데이터를 조사한 결과, 생후 2개월에 DTP 백신을 접종받은 여아가 6개월에서 12개월 사이에 의사를 방문한 비접종 여아보다 사망률이 5.68배 더 높았다.[11] 남아와 여아를 합친 경우 백신을 접종받은 아동의 사망률은 2.62배 높았다.[12]

그림 8-3은 2004년 《국제 역학 저널(International Journal of Epidemiology)》에 실린 〈농촌 기니비사우 지역 내 디프테리아·파상풍·백일해 백신 접종 도입과 아동 사망률: 관찰 연구〉 논문 결과를 보여준다.[13] 주 저자는 피터 아비 박사다. 생후 2~8개월 사이에 DTP 백신을 2~3회 접종받은 아동의 사망률이 비접종 아동보다 4.36배(95% CI 1.28~14.9)로 가장 높았고, DTP 백신을 1회만 접종받은 아동의 사망률이 비접종 아동에 비해 1.81배(95% CI

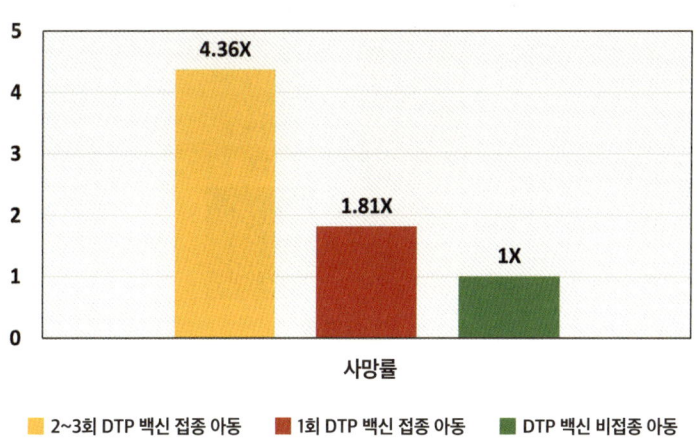

그림 8-3. 기니비사우 지역 내 DTP 백신 접종 아동과 비접종 아동의 영아 사망률
출처: Aaby 외, 2004

0.95~3.45) 높았다.[14] BCG(결핵) 백신을 맞은 아동의 사망률은 약간 낮았지만 접종 아동과 비접종 아동 간의 차이는 통계적으로 유의하지 않았다.[15]

그림 8-4는 2016년 영국의 《왕립 열대 의학과 위생학회 (Transactions of the Royal Society of Tropical Medicine and Hygiene)》 저널에 실린 〈디프테리아·파상풍·백일해(DTP)가 여성 사망률 증가와 관련이 있는가?—DTP 백신의 성별에 따른 비특이적 효과 가설을 검증한 메타 분석〉 연구 논문 결과를 보여준다.[16] 주 저자는 역시 피터 아비 박사다. 연구진은 BCG 백신을 접종받은 어린이를 대상으로 한 7건의 개별 연구를 조사한 결과, DTP 백신을 접종받

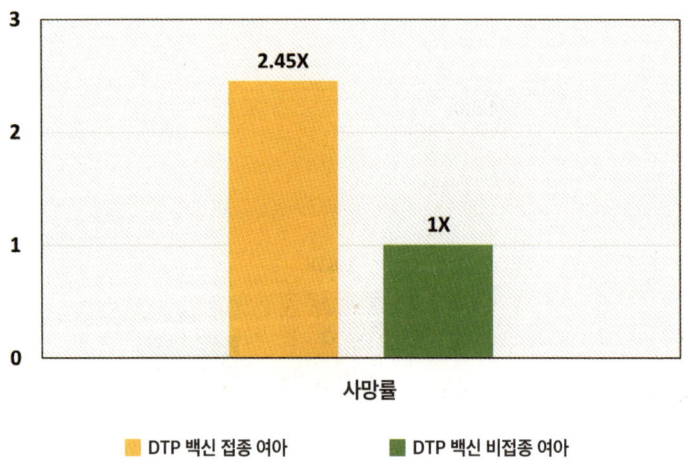

그림 8-4. 이전에 BCG(결핵) 백신을 접종받고 DTP 백신을 접종받은 여아와 DTP 백신 비접종 여아의 사망률
출처: Aaby 외, 2016

은 여아의 사망률이 통계적으로 유의하게 크게 증가한 반면(95% CI 1.48~4.06) 남아의 사망률은 증가하지 않았다는 사실을 발견했다.[17] 이 결과는 백신과 사망률 관계는 확실한 증거가 없다고 주장한 WHO 의뢰에 따른 보고서를 반박한다.[18]

그림 8-5는 2000년에 《영국 의학 저널》에 실린 〈정기 예방 접종과 아동 생존: 서아프리카 기니비사우의 후속 연구〉 논문 결과를 보여준다.[19] 주 저자는 이네스 크리스텐센 박사로, 아프리카 기니비사우 반담 보건 프로젝트 소속이다. 교신 저자는 피터 아비 박사다. DTP 또는 소아마비 백신을 1회 접종받은 아동은 두 백신을 모두 접종받지 않은 아동에 비해 사망률이 1.84배 높았다(95% CI 1.10~3.10).[20] 그러나 유아기에 접종한 백신의 종류를 고려했을

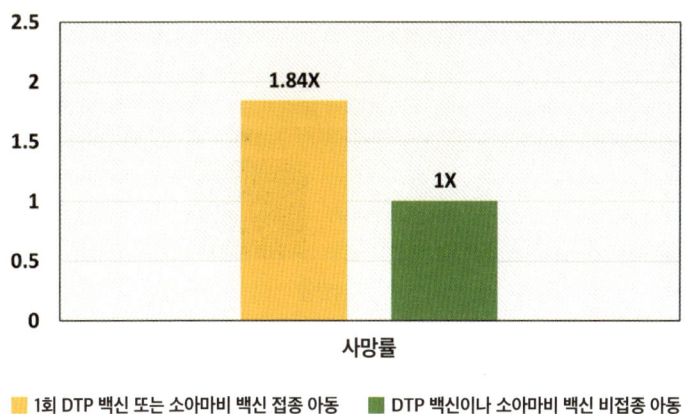

그림 8-5. 1회 DTP 또는 소아마비 백신 접종 아동과 비접종 아동의 사망률
출처: Kristensen 외, 2000

때 백신을 접종받은 아동과 비접종 아동 간의 유아 사망률에는 통계적으로 유의한 차이가 없었다.[21]

그림 8-6은 2015년 《왕립 열대 의학과 위생학회》 저널에 실린 〈백신 접종률이 낮은 농촌 지역에서 성별에 따른 정기 백신 접종의 비특이적 효과: 세네갈의 관찰 연구〉 논문 결과를 보여준다.[22] 주 저자는 피터 아비 박사다. 이 연구는 1996년과 1999년 사이에 태어난 4,133명의 아동을 대상으로 했다. 홍역 백신과 생백신을 동시에 접종받거나 홍역 백신 접종 후 나중에 생백신을 접종받은 아동은 가장 최근에 홍역 백신만 접종받은 아동에 비해 사망률이 유의하게 높았다(95% CI 1.32~5.07).[23] 아비 박사와 그의 동료들은 홍역 생백신과 불활성화 DTP 백신의 접종 시기를 조사했

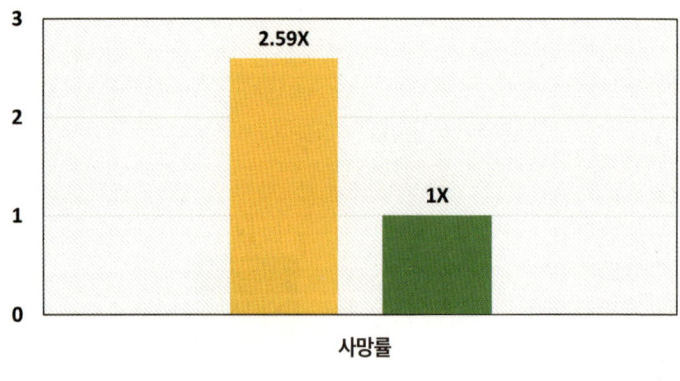

그림 8-6. DTP와 홍역 바이러스(MV) 백신을 동시에 접종받았거나 MV 백신 접종 후 DTP 백신을 접종받은 아동과 MV 백신만 접종받은 아동의 영아 사망률
출처: Aaby 외, 2015

다. 그들은 다른 연구 논문들의 결과를 조사하여 불활화 백신 접종 후 생백신을 접종받으면 사망률이 낮아진다는 사실을 발견했다.

그림 8-7은 2005년 《열대 의학과 국제 보건(*Tropical Medicine and International Health*)》 저널에 실린 〈남부 인도 인구 내 유아 예방 접종이 유아 조기 사망률에 미치는 비특이적 영향 평가〉 연구 논문 결과를 보여준다.[24] 주 저자는 로런스 H. 몰턴 박사로 메릴랜드주 볼티모어에 있는 존스홉킨스 블룸버그 공중보건대학 국제건강학과 소속이다. 연구진은 인도 남부에 사는 1만 274명의 유아를 대상으로 한 이 연구에서 BCG와 DTP 백신을 모두 접종받은 여아의 사망률이 둘 중 하나만 접종받은 여아의 사망률보다 2.4배 높다는 사실을 발견했다.[25]

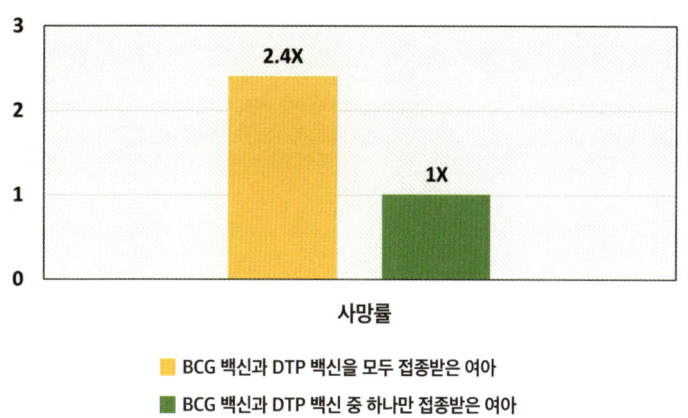

그림 8-7. BCG와 DTP 백신을 모두 접종받은 여아와
둘 중 하나만 접종받은 여아의 영아 사망률
출처: Moulton 외, 2005

그림 8-8은 1987년 《미국 공중보건 저널(American Journal of Public Health)》에 실린 〈디프테리아·파상풍·백일해(DTP) 백신 접종과 영아 돌연사 증후군〉 연구 논문 결과를 보여준다.[26] 주 저자는 알렉산더 M. 워커 박사로 매사추세츠주 월섬의 보스턴 대학교 의료센터와 매사추세츠주 케임브리지에 있는 하버드 공중보건대학 소속이다. 연구진은 1972년부터 1983년 사이에 태어난 미국 아동 중 DTP 백신을 접종받은 아동을 대상으로 연구했다. 이 코호트에서 출생 시 몸무게가 2.5kg 이상인 영아는 DTP 백신 접종 후 3일 이내에 영아 돌연사 증후군(SIDS)에 걸릴 비율이 DTP 백신 접종 30일 이후에 SIDS에 걸릴 비율보다 7.3배 높았다.[27]

그림 8-9는 1982년에 미국 신경학회 학술대회(American

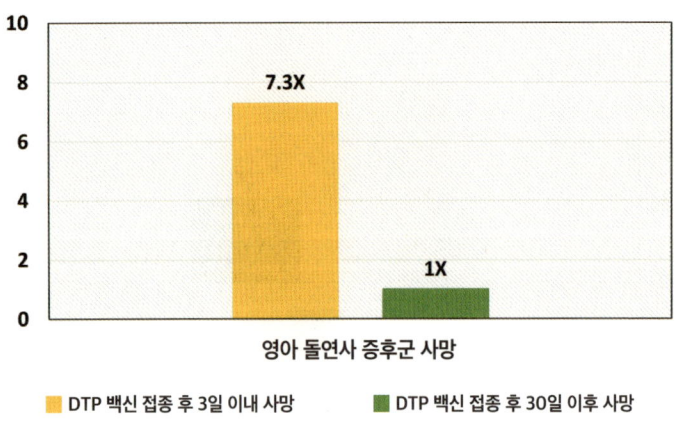

그림 8-8. DTP 백신 접종 후 3일 이내와 백신 접종 후 30일 이후에 보고된 SIDS 사망 건수 비교
출처: Walker 외, 1987

Academy of Neurology Conference)에서 발표된 〈디프테리아·백일해·파상풍(DPT) 백신 접종: 영아 돌연사 증후군의 잠재적 원인〉 연구 논문 초록 내용이다.[28] 연구 저자인 윌리엄 C. 토치 박사는 네바다 주 리노의 소아 신경과 전문의다. 토치 박사는 네바다에서 보고된 70건의 SIDS 사례 연구에서 70%가 DTP 백신 접종 후 3주 이내에 발생했음을 발견했다.[29] 또한 그는 DTP 백신 접종 후 2~3주 이내에 SIDS 사례가 집중적으로 발생하는 현상을 관찰했다.[30]

그림 8-10은 2000년 《수기 치료와 생리학 치료 저널(Journal of Manipulative and Physiological Therapeutics)》에 실린 〈디프테리아·파상풍·백일해 또는 파상풍 백신 접종이 미국 아동과 청소년의 알레르

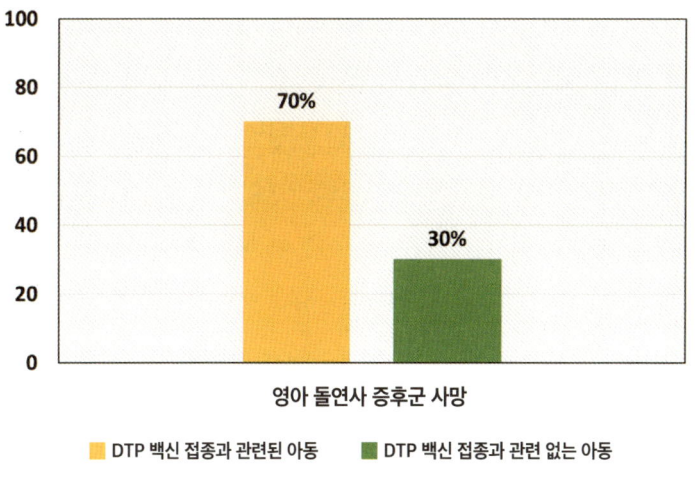

그림 8-9. 최근 DTP 백신 접종과 관련된 SIDS 사망자 수와 비접종 아동의 SIDS 사망자 수
출처: Torch, 1982

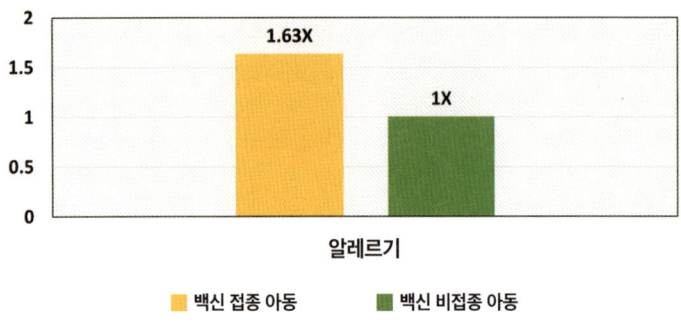

그림 8-10. DTP 및 파상풍 백신 접종 아동과 비접종 아동을 비교한 알레르기 승산비
출처: Hurwitz 외, 2000

기와 알레르기 관련 호흡기 증상에 미치는 영향〉 연구 논문 결과를 보여준다.[31] 주 저자는 에릭 허위츠 박사로 캘리포니아주 UCLA 공중보건대학과 캘리포니아주 휘티어에 있는 로스앤젤레스 카이로프랙틱 대학교 소속이다. 연구진은 생후 2개월부터 16세 된 청소년을 대상으로 한 제3차 국민 건강 영양 조사 데이터를 사용하여 12개월 동안 알레르기 관련 호흡기 증상을 조사했다. 그리고 DTP와 파상풍 백신을 접종받은 아동이 비접종 아동보다 알레르기 증상이 63% 더 많이 나타난다는 사실을 발견했다.[32] 두 그룹 간의 차이는 95% 신뢰구간이 1.05~2.54로 통계적으로 유의했다.[33]

그림 8-11은 2008년 《알레르기와 임상 면역학 저널(*Journal of Allergy and Clinical Immunology*)》에 실린 〈디프테리아·백일해·파상풍 백신 접종 지연은 소아 천식 위험 감소와 관련이 있다〉 연구 논문 결과를 보여준다.[34] 주 저자는 카라 맥도널드로, 캐나다 매니토

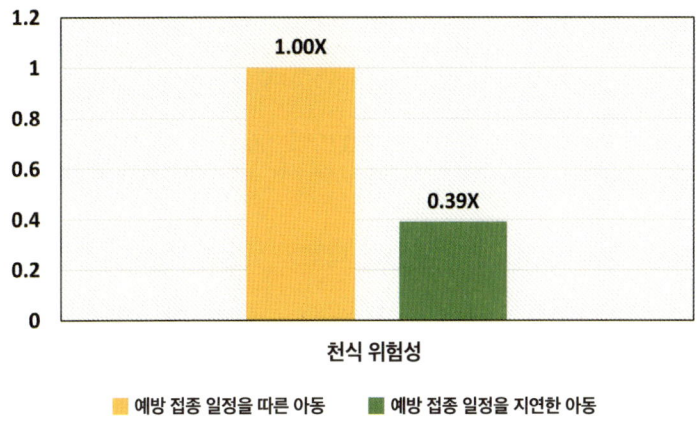

그림 8-11. 권장된 DTP 예방접종 일정을 따른 아동과
지연된 예방접종 일정을 따른 아동의 천식의 상대적 위험성
출처: McDonald 외, 2008

바 대학교 의과대학 소속이다. 또한 매니토바 대학교 의과대학 소속의 어니타 코지르스키 박사가 교신 저자다. 이 연구에 참여한 1만 1,531명의 캐나다 아동 중 첫 세 번의 DTP 접종을 2개월 이상 지연한 아동은 제때 접종받은 아동에 비해 천식 위험이 0.39배(총 위험 감소율 61%)로 나타났다.[35] 이 결과는 95% 신뢰구간이 0.18~0.86로 통계적으로 유의한 것으로 나타났다.[36] 또한 첫 번째 DTP 백신 접종만 지연한 아동의 경우 백신을 제때 접종받은 아동에 비해 천식 위험이 0.5배(총 위험 감소율 50%)로 나타났다.[37] 당시 캐나다 아동 예방접종 일정은 생후 2개월, 4개월, 6개월, 18개월에 DTP 백신을 접종하는 것이었다.

그림 8-12는 2004년 《공중보건 저널》에 실린 〈백신 접종과

알레르기 질환: 출생 코호트 연구〉 논문 결과를 보여준다.[38] 주 저자는 트리샤 매키버 박사로, 영국 노팅엄 대학교 소속이다. 0세에서 11세 사이의 영국 아동 2만 9,238명으로 구성된 코호트에서 적어도 한 가지 이상의 디프테리아·전세포 백일해·소아마비·파상풍(DPPT) 백신을 접종받은 아동은 비접종 아동에 비해 천식 진단을 받을 확률이 14배[39]였다.

같은 코호트 내에서 DPPT 백신을 접종받은 아동은 습진 진단을 받을 확률이 9.4배였다.[40] 연구 저자는 이런 결과가 백신 비접종 아동이 의사를 적게 방문하는 경향 때문이라고 주장했다. 8개의 대형 건강 관리 기관의 의료 기록을 분석한 결과, 카이저 퍼머넌트 콜로라도 소속의 제이슨 M. 글랜즈 박사와 공동 저자(주로

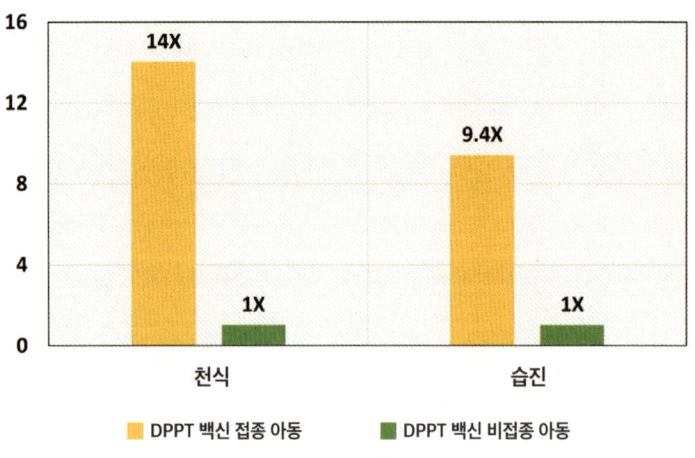

그림 8-12. 디프테리아·백일해·소아마비·파상풍(DPPT) 백신 접종 아동과 비접종 아동의 천식 및 습진 위험비
출처: McKeever 외, 2004

CDC 소속)는 '백신 비접종' 아동의 외래 방문이 상당히 낮은 것으로 나타났다고 보고했다.[41] 그러나 보고된 차이는 10%에 불과했으며,[42] 이는 매키버 박사가 발견한 천식과 습진 발생의 급격한 증가를 설명하기에 충분하지 않다.[43]

요약

표 8-1에는 제8장에서 강조한 12편의 연구 결과가 요약되어 있다. DTP 백신은 7개 연구에서 높은 신생아 사망률을 보여준다.[44,45,46,47,48,49,50] 피터 아비 박사는 이 중 아프리카의 기니비사우와 세네갈 연구를 근거로 6건의 연구를 공동 저술했다.[51,52,53,54,]

	Mogensen 외, 2017	Aaby 외, 2012	Aaby 외, 2004	Aaby 외, 2016	Kristensen 외, 2000	Aaby 외, 2015	Noulton 외, 2005	Walker 외, 1987	Torch, 1982	Hurwitz 외, 2021	McDonald 외, 2008	McKeever 외, 2004
영아 사망	√	√	√	√	√	√	√					
영아 돌연사 증후군								√	√			
알레르기										√		
천식											√	√
습진												√

표 8-1. 전세포 백일해(DTP) 백신 접종 아동과 비접종 아동의 건강 결과 비교 요약. 유의하게 높은 승산비, 상대적 위험 또는 발병률은 √로 표시된다.

[55,56] 일곱 번째 논문은 인도의 아동 코호트를 대상으로 한 연구였다.[57] 1987년 워커의 연구 논문과[58] 1982년 토치가 발표한 초록을 포함한 두 논문에서 DTP 백신이 SIDS 발병률을 높인 것으로 나타났다.[59] 나머지 세 논문은 DTP 백신과 알레르기,[60] 천식[61,62]과 습진 사이에 유의한 관계가 있음을 보여주었다.[63]

제9장

B형 간염 백신

CDC 아동 예방접종 일정에는 1990년대부터 B형 간염 백신이 포함되어 있다. 의료진은 생후 첫날에 첫 번째 접종(총 3회 접종)을 권장한다.[1] 그러나 안타깝게도 출생 시 접종하는 B형 간염 백신의 안전성에 관한 과학적 정보는 부족하다. 백신 접종자와 비접종자를 비교한 여러 연구는 다른 시기에 백신을 접종했을 때 B형 간염 백신과 관련된 이상반응을 조사했다.

그림 9-1은 1999년 《전염병학(*Epidemiology*)》 저널에 실린 〈6세 미만 미국 아동의 B형 간염 백신과 간 문제〉 연구 논문 결과를 보여준다.[2] 주 저자는 모니카 피셔 박사로, 앤아버에 있는 미시간 대학교 전염병학과 소속이다. 1993년 국민 건강 정보 조사에 참여한 5,505명의 아동을 대상으로 한 이 연구에서 B형 간염 백신

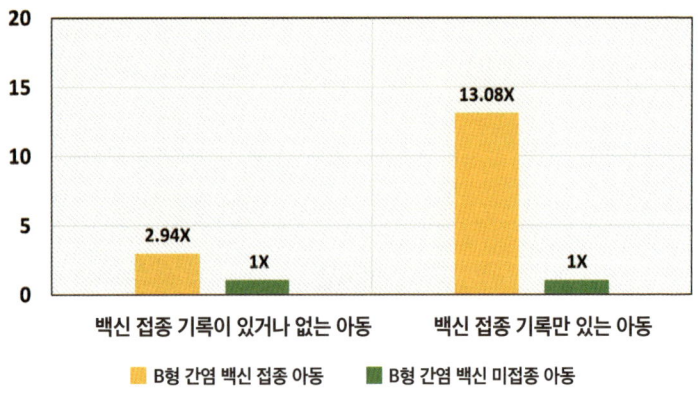

그림 9-1. 0~5세 사이에 B형 간염 백신을 한 번 이상 접종받은 아동과 비접종 아동의 간 질환 승산비
출처: Fisher 외, 1999

을 한 번 이상 접종받은 6세 미만 아동은 비접종 아동보다 간 질환 진단을 받을 확률이 2.94배 높았다(95% CI 1.07~8.05).[3] 백신 접종 기록이 있는 아동만 고려할 때 백신 접종 그룹의 승산비는 비접종 그룹의 13.08배로 증가했다(95% CI 2.66~64.39).[4] 두 결과 모두 통계적으로 유의했다.[5] '백신 접종 기록이 있거나 없는' 그룹과 '백신 접종 기록만 있는' 그룹의 결과 차이는 백신을 접종했지만 백신 접종 기록이 없는 개인이 '비접종' 그룹에 포함될 수 있기 때문으로 보인다.

그림 9-2는 2014년 《자가면역 저널(*Journal of Autoimmunity*)》에 실린 〈B형 간염 백신을 통한 면역이 쥐 모델에서 전신성 홍반성 루푸스(SLE) 유사 질환을 가속화한다〉 연구 논문 결과를 보여 준다.[6] 주 저자는 낸시 아그몬-레빈 박사로, 이스라엘 텔하쇼메

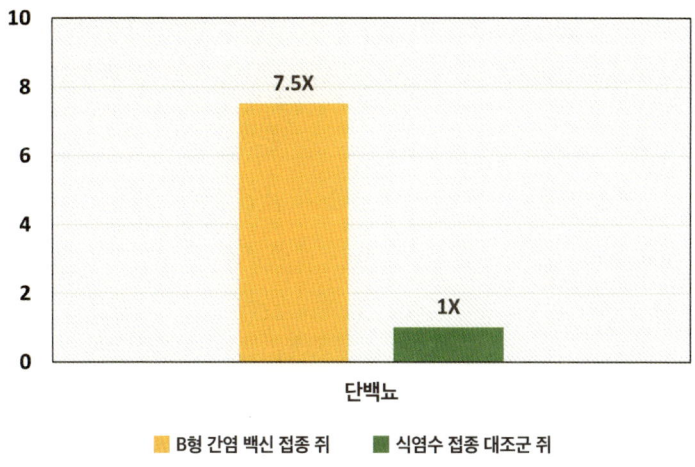

그림 9-2. B형 간염 백신을 접종받은 암컷 쥐와 인산 완충 식염수를 접종받은 암컷 쥐의 소변 내 단백질(단백뇨) 비교
출처: Agmon-Levin 외, 2014

르에 있는 셰바의료센터 내 자블루도비츠 자가면역질환과 소속이다. 교신 저자는 예후다 쇤펠드 박사로, 이스라엘 텔아비브 대학교의 자가면역학과 학과장이며 로라 슈바르츠-킵 대학교의 석좌교수다. 그리고 자가면역학 분야의 세계 최고 권위자 중 한 명으로 꼽힌다. 연구진은 생후 8주 된 쥐와 12주 된 암컷 쥐에게 0.4ml의 엔제릭스(Engerix®) B형 간염 백신 또는 인산염 완충 식염수를 접종했다. 인산염 완충 식염수는 불활성이며 적절한 위약 대조군으로 사용된다. 연구진은 신장 질환의 지표로 소변 내 단백질(단백뇨)을 측정했다. 그 결과 백신을 접종한 암컷 쥐의 소변 내 단백질 수치는 인산염 완충 식염수를 접종한 쥐보다 7.5배 높았다.[7] 또한

엔제릭스를 접종한 쥐는 인산염 완충 식염수 또는 알루미늄 보조제만 접종한 쥐에 비해 심각하게 진행된 신장 병리(신장 질환)가 나타났다.[8]

그림 9-3은 1997년에 《임상 감염병(*Infectious Diseases in Clinical Practice*)》 저널에 실린 〈소아 예방접종 시기와 인슐린 의존성 당뇨병의 위험〉 연구 논문 결과를 보여준다.[9] 주 저자는 존 B. 클라센 박사로, 메릴랜드주 볼티모어에 있는 클라센 면역 치료 회사의 최고경영자다. 뉴질랜드 크라이스트처치에 거주하는 아동의 1형 당뇨병 발생률은 1988년 B형 간염 백신 접종 도입 후 10만 명당 11.2명(1982~1987년 평균)에서 10만 명당 18.1명(1989~1991년 평균)으로 증가했다.[10] 16세 미만 아동의 70% 이상이 프로그램 시

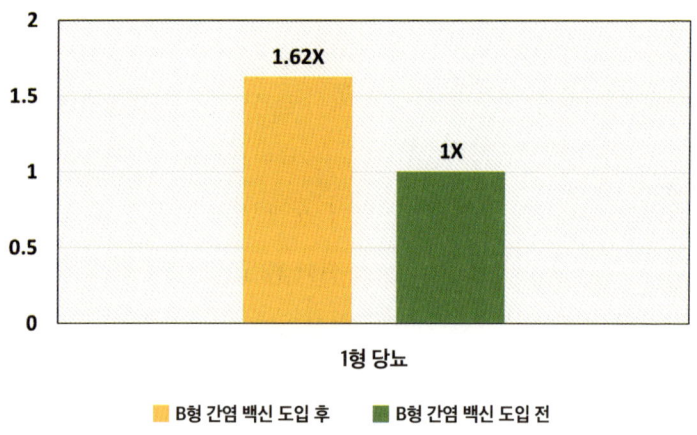

그림 9-3. 뉴질랜드 내 아동기 예방접종 일정에 B형 간염 백신이 도입된 후 아동의 1형 당뇨병 발생률 증가
출처: Classen 외, 1997

행 첫 몇 년 동안 백신을 접종받았다.[11]

그림 9-4는 2004년 《신경학(Neurology)》 저널에 실린 〈재조합 B형 간염 백신과 다발성 경화증의 위험: 전향적 연구〉 논문 결과를 보여준다.[12] 주 저자는 미겔 A. 헤르난 박사로, 매사추세츠주 보스턴에 있는 하버드 공중보건대학의 역학과 소속이다. 300만 명 이상의 환자를 포함하는 영국의 일반 진료 연구 데이터베이스(GPRD)의 인구 집단 내에서 지난 3년 동안 B형 간염 백신을 접종받은 환자는 비접종 환자에 비해 다발성 경화증 진단을 받을 확률이 3.1배 높았다.[13] 발생률의 차이는 95% 신뢰구간이 1.5~6.3으로 통계적으로 유의했다.[14]

그림 9-5는 2018년 《소아 알레르기와 면역학(Pediatric Allergy

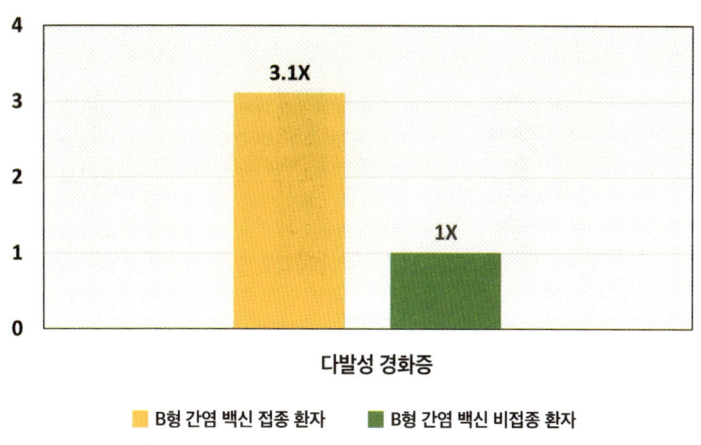

그림 9-4. B형 간염 백신 접종자와 비접종자의 다발성 경화증 발생률
출처: Hernan 외, 2004

and Immunology)》 저널에 실린 〈천식, 알레르기 비염, 알레르겐 감작과 관련된 1차 백신 접종 후 B형 간염 면역원성(항체나 기타 물질이 면역반응을 일으키는 능력-옮긴이)〉 연구 논문 결과를 보여준다.[15] 연구의 책임 저자는 연동건 박사로, 성남 차의과학대학교 분당 차병원 소아청소년과 소속이다.

영아기에 B형 간염 백신을 3회 접종받은 만 12세의 아동 3,176명 중 현재 B형 간염 표면 항원에 항체가 형성된 아동은 976명, 그렇지 않은 아동은 2,200명이었다.[16] B형 간염 표면 항원 항체 양성인 아동은 천식(9.7% 대 7.0%), 알레르기 비염(33.3%

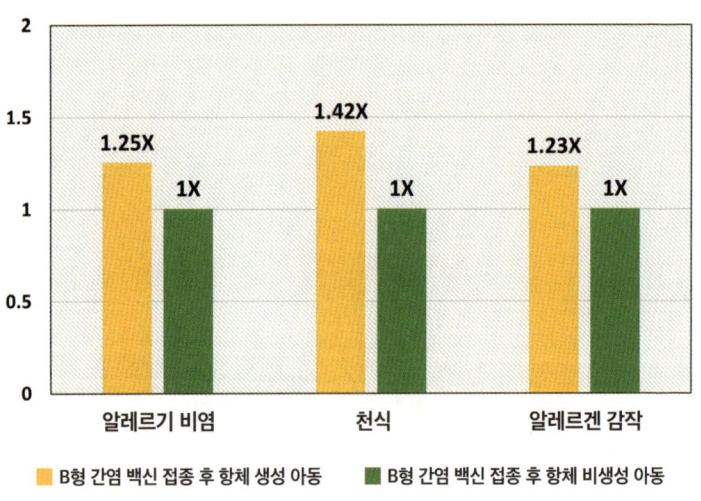

그림 9-5. B형 간염 백신을 접종받은 모든 소아의 알레르기 비염, 천식, 알레르겐 감작 승산비.
B형 간염 항체가 생성되도록 혈청 전환된 아동과 그렇지 않은 아동을 비교
출처: Yon 외, 2018

대 28.8%), 알레르겐 감작(59.2% 대 54.5%)이 항체 음성이었던 백신 접종 아동에 비해 높았다.[17] 또한 이 연구는 백신 접종 아동의 30.7%만 12세 때 B형 간염 특이 항체를 형성한 것으로 나타나 유아기 B형 간염 백신 접종이 면역력을 약화시키는 현상을 입증했다.[18]

그림 9-6은 B형 간염, B형 헤모필루스 인플루엔자, 디프테리아·파상풍·세포성 백일해, 폐렴 백신 접종 후 보고된 영아 돌연사 증후군(SIDS) 사례를 분석한 연구 결과다.[19] VAERS에는 410명의 SIDS 사망자가 B형 간염 백신과 관련이 있는 것으로 보고되었다.[20] 이런 백신들은 대부분 동시에 접종되며 위의 일부 사례는 여

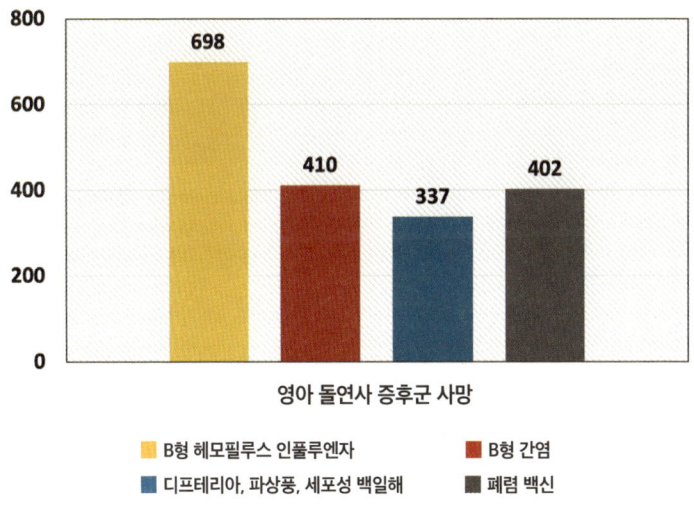

그림 9-6. 2023년 6월 16일까지
CDC 백신 부작용 보고 시스템(VAERS)에 보고된 SIDS 사망자 수
출처: VAERS

러 백신과 연관된 것으로 나타났다.

　페니나 하버(질병통제예방센터 내 예방접종 안전부 소속)와 동료들은 B형 간염 백신과 관련된 VAERS 데이터를 간단히 조사했는데, 여기에는 단독 또는 혼합(다가) 백신을 접종받은 유아의 중대한 치료가 포함되었다.[21] 연구진은 2005년 1월부터 2015년 12월까지 11년 동안 B형 간염 백신을 접종받은 2세 미만 소아에서 1만 291건의 이상반응을 보고했다.[22] 여기에는 SIDS 197건의 보고가 포함되었다.[23] 연구진은 이를 바탕으로 "현재 미국에서 허가된 단독 또는 다른 백신과 병용 투여된 B형 간염 백신을 검토한 결과, 새로운 또는 예상치 못한 안전성 문제가 발견되지 않았다"라고 결론지었다.[24] 그러나 이 연구는 SIDS 사망과 관련하여 비교할 만한 근거를 제시하지 못했다. 백신과 관련된 유사한 연구에서 한국에서의 이상반응 감시 결과, 백신 접종 후 영아 돌연사가 가장 높은 비율은 B형 간염 백신과 관련이 있었다.[25]

요약

　표 9-1은 제9장에서 강조한 5개의 연구 논문 요약과 VAERS 데이터의 B형 간염 백신과 관련된 SIDS 사망 미공개 분석 결과를 보여준다.[26,27,28,29,30,31] B형 간염 백신과 관련된 다른 이상반응 보고도 있다(예: 만성 피로 증후군과 섬유 근육통 관련 아그몬-레빈 논문 등).[32] 그러나 이 장에서 강조한 연구 논문들은 백신 접종 집단과 비접종 집단을 구체적으로 비교하고 있다. 제3장에는 티메

	Fisher 외, 1999	Agmon-Levin 외, 2014	Classen 외, 1997	Hernan 외, 2004	Yon 외, 2013	VAERS 분석 2023
간 질환	√					
단백뇨(쥐)		√				
1형 당뇨			√			
다발성 경화증				√		
알레르기성 축농증					√	
천식					√	
알레르기 과민증					√	
영아 돌연사 증후군						√

표 9-1. B형 간염 백신 접종자와 비접종자의 건강 결과 비교 요약. 유의하게 높은 승산비, 상대적 위험 또는 √로 표시된다.

로살 함유 백신과 관련해서 백신 접종자와 비접종자를 비교한 추가 B형 간염 연구도 소개한다.

제10장

코로나 백신

FDA는 2020년 12월 10일부터 화이자의 BNT162b2 코로나 (COVID-19) 백신을 '긴급 사용 승인(EUA)'으로 허가했다. EUA에 따라 미국에서 유통되는 다른 코로나 백신으로는 모더나 mRNA-1273 백신, 존슨앤드존슨 얀센 백신, 노바백스 누박소비드와 코보백스 백신이 있다. FDA는 화이자(코미르나티)와 모더나(스파이크백스) 백신을 완전 승인했다. 화이자와 모더나 백신은 mRNA 기술을 기반으로 하고, 노바백스 백신은 재조합 단백질 기술을 기반으로 하며, 존슨앤드존슨 백신은 인간 아데노바이러스 기술을 기반으로 한다. 2023년 5월 7일부터 미국에서는 존슨앤드존슨 얀센 백신은 더 이상 사용되지 않았다. 유럽에서 사용된 옥스퍼드-아스트라제네카 AZD1222 백신은 변형 침팬지 아데노바이러스

ChAdOx1을 기반으로 하며 중국의 시노백 코로나백 백신은 불활화 바이러스를 기반으로 한다. 많은 연구진이 다양한 유형의 코로나 백신과 심근염, 심낭염, 혈액 응고 장애, 대상포진, 청력 손실, 입원, 사망 등 심각한 이상반응 사이의 연관성을 조사한 연구를 발표했다. 이 장에서는 백신을 접종받은 사람과 비접종 대조군을 직접 비교한 연구를 소개한다.

구안와사 부작용

그림 10-1은 2021년 《국제 감염병 저널(International Journal of Infectious Diseases)》에 실린 〈COVID-19 mRNA 백신 접종 후 안면 신경 마비: 자가보고 데이터베이스 분석〉 연구 논문 결과를 보여

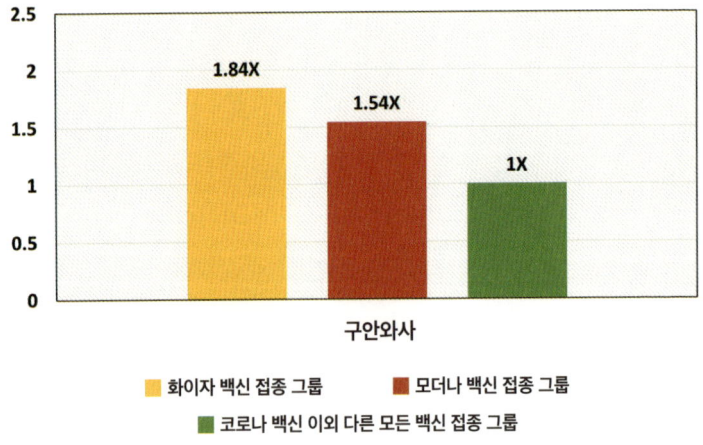

그림 10-1. VAERS 데이터에 근거한 화이자 BNT162b2 또는 모더나 mRNA-1273 백신 접종자와 코로나 백신 비접종 대조군을 비교한 구안와사 승산비
출처: Sato 외, 2021

준다.[1] 주 저자인 사토 겐이치로 박사는 일본 도쿄 대학교 의학대학원 신경과 소속이다. 의사들은 대부분의 경우 mRNA 코로나 백신을 접종하고 3~4일 후에 안면 신경 마비가 시작되었다고 보고했다. VAERS에 따르면, 화이자의 BNT162b2 백신을 접종받은 환자는 다른 모든 백신 접종자에 비해 구안와사 발병률이 가장 높았다.[2] 구안와사는 얼굴 한쪽의 마비 또는 쇠약을 일으키는 신경학적 장애다.[3] 안면 마비는 환자마다 다르고, 경미하거나 심각할 수 있다. 환자는 일반적으로 몇 주에서 6개월 이내에 안면 기능의 일부 또는 전부를 회복한다. 그러나 안면 쇠약과 마비는 영구적으로 지속될 수 있다.

그림 10-2는 2022년 《랜싯 감염병(*Lancet Infectious Diseases*)》 저널에 실린 〈mRNA(BNT162b2)와 비활성화(코로나백) SARS-

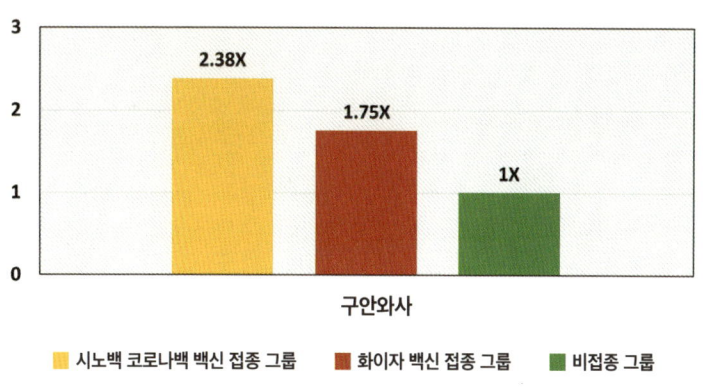

그림 10-2. 화이자 BNT162b2 및 시노백 코로나백 코로나 백신 접종자와 비접종자를 비교한 구안와사 승산비
출처: Wan 외, 2022

CoV-2 백신 접종 후 구안와사: 사례 시리즈와 중첩 사례 대조군 연구〉 논문 결과를 보여준다.[4] 주 저자인 에릭 육 파이 완 박사는 중국 홍콩 대학교 리카싱 의과대학 약리학과 내 안전 약물 진료와 연구 센터 소속이다. 연구진은 홍콩 코로나 백신 이상반응 온라인 보고 시스템의 환자 데이터를 분석했다. 화이자의 BNT162b2와 시노백의 코로나백 백신을 접종받은 환자는 비접종 환자보다 구안와사 위험성이 높았으며 각각 1.75와 2.38의 승산비와 95% 신뢰구간은 0.886~3.477와 1.415~4.002였다.[5]

그림 10-3은 2021년《랜싯 지역 보건-유럽(*Lancet Regional Health-Europe*)》저널에 실린 〈BNT162b2 mRNA COVID-19 백신 접종과 구안와사의 연관성: 인구 집단-기반 연구〉 논문 결과

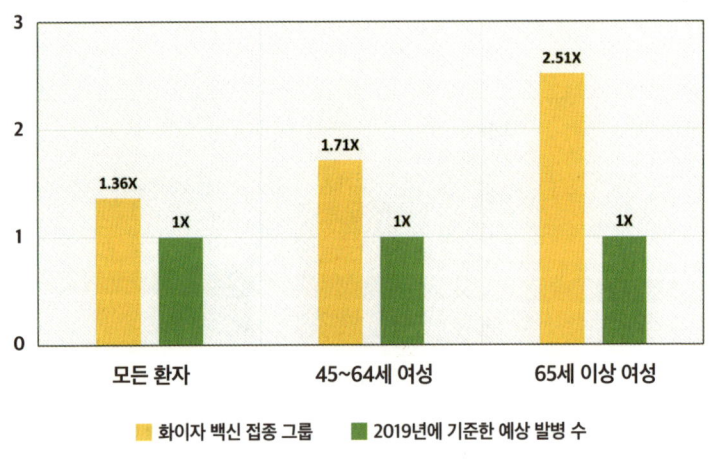

그림 10-3. 2019년 비율을 기준으로 예상되는 발병 수와 1차 화이자 BNT162b2 코로나 백신 접종 후 21일 이내를 비교한 구안와사 위험 증가
출처: Shibli 외, 2021

를 보여준다.[6] 주 저자인 라나 시블리 박사는 이스라엘 하이파에 소재한 레이디 데이비드 카멜 메디컬센터의 공공 의료와 역학과 소속이다. 연구진은 이 후향적 코호트 연구에서 2020년 12월부터 2021년 4월까지 250만 명 이상의 백신 접종자가 포함된 이스라엘 최대 의료 서비스 제공 업체의 데이터베이스에서 BNT162b2 mRNA(화이자) 코로나19 백신과 구안와사 발병률에 관한 데이터를 검색했다. 1차 백신 접종 후 21일 이내와 2차 백신 접종 후 30일 이내에 발생한 구안와사(국제질병분류[ICD] 의료 코드에 따라 지정되고 진단 후 2주 이내에 프레드니손 처방전을 작성)의 관찰 사례 수를 2019년 비율에 따른 예상 사례와 비교했다.[7] 첫 번째 백신 접종은 표준화 발생비(SIR, standardized incidence ratio)가 1.36으로 구안와사 위험 증가와 관련이 있었다.[8] 45~64세 여성은 1.71로 더 높은 SIR을 보였다. 65세 이상 여성은 2.51의 SIR을 보였다.[9] SIR은 백신 접종 그룹의 발병률을 백신 비접종 대조군의 발병률과 비교하는 상대 위험 또는 위험 비율과 유사하다.

그림 10-4는 2023년 《임상 감염병(*Clinical Infectious Diseases*)》 저널에 실린 〈메신저 RNA 코로나바이러스 감염증 2019(COVID-19) BNT162b2 백신과 구안와사 위험 증가: 중첩 사례 대조군과 자체 통제 사례 시리즈 연구〉 논문 결과를 보여준다.[10] 주 저자인 에릭 육 파이 완 박사는 중국 홍콩 대학교 리카싱 의과대학 약리학과 안전 약물 진료와 연구 센터 소속이다. 연구진은 이 자체 통제 사례 대조 연구에서 홍콩의 16세 이상 인구에 기

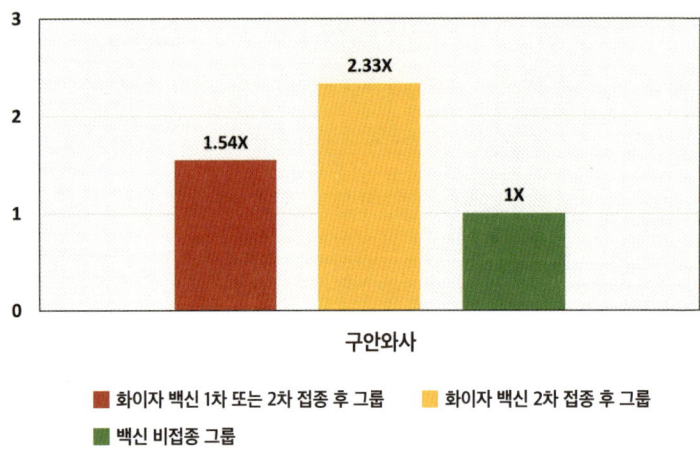

그림 10-4. 화이자 BNT162b2 백신 접종 후 28일 이내에 내원 시
구안와사 진단으로 입원할 확률 증가
출처: Wan 외, 2023

반한 전자 건강 기록 데이터를 사용하여 2021년 3월부터 2021년 7월까지 화이자 BNT162b2 백신 접종 후 28일 이내 입원 환자에서 구안와사 진단 사례를 평가했다. 화이자 BNT162b2 백신 접종(1차 또는 2차 접종)은 구안와사 진단 확률을 1.543으로 증가시켰다.[11] 또한 BNT162b2 2차 접종 후 첫 14일 동안 구안와사 진단 확률은 2.325로 증가했다.[12]

심장 부작용

그림 10-5는 2021년 《의학 바이러스학 저널(*Journal of Medical Virology*)》에 실린 〈mRNA COVID-19 백신과 인플루엔자 백신의 안전성 비교: WHO 국제 데이터베이스를 이용한 약물 감

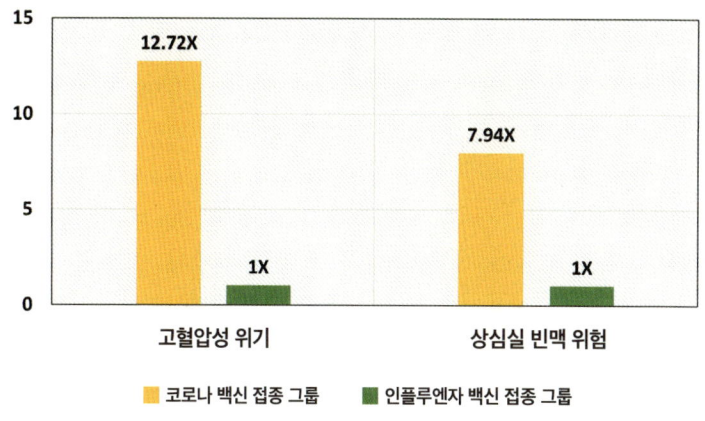

그림 10-5. 인플루엔자 백신 접종자와 mRNA 코로나 백신 접종자의 고혈압성 위기 또는 상심실 빈맥 위험도
출처: Kim 외, 2021

시 분석〉연구 논문 결과를 보여준다.[13] 주 저자인 김민서 박사는 서울 고려대학교 의과대학 소속이다. 연구진은 이 연구에서 부작용에 관한 WHO의 VigiBase를 사용하여 mRNA 코로나 백신으로 인한 심장 부작용과 인플루엔자 백신으로 인한 부작용을 비교했다. 전체적으로 mRNA 코로나 백신 접종자는 인플루엔자 백신 접종자보다 심장 고혈압 위기 발생률이 12.72배, 상심실 빈맥 발생률이 7.94배 높았다.[14] 승산비는 각 유형의 백신 배포 수당 각 부작용의 상대 발생률을 기준으로 산출했다.

심근염 및 심낭염 부작용

그림 10-6은 2022년 《신흥 미생물과 감염(*Emerging Microbes*

& *Infections*)》 저널에 실린 〈청소년의 BNT162b2 접종 후 특별한 관심의 대상이 되는 부작용: 인구 기반 후향적 코호트 연구〉 논문 결과를 보여준다.[15] 주 저자인 프란치스코 쯔 쭌 라이 박사는 중국 홍콩 대학교 리카싱 의과대학 약리학과 안전 약물 진료와 연구센터 소속이다. 이 연구에서 1차 화이자 BNT162b2 백신을 접종받은 홍콩의 12~18세 청소년은 비접종 청소년에 비해 심근염 위험이 9.15배 높았다.[16] 2차 백신을 접종받은 청소년은 비접종 청소년에 비해 심근염 위험이 29.61배 높았다.[17] 연구진은 백신 접종 후 28일 이내 기간의 위험성을 평가했다. 또한 2차 백신을 접종받은 청소년은 비접종 청소년에 비해 수면 장애/장애 위험이 2.06배 더 높았다.[18]

심근염은 심근(심장 근육)의 손상이 나타나는 심각한 질병이

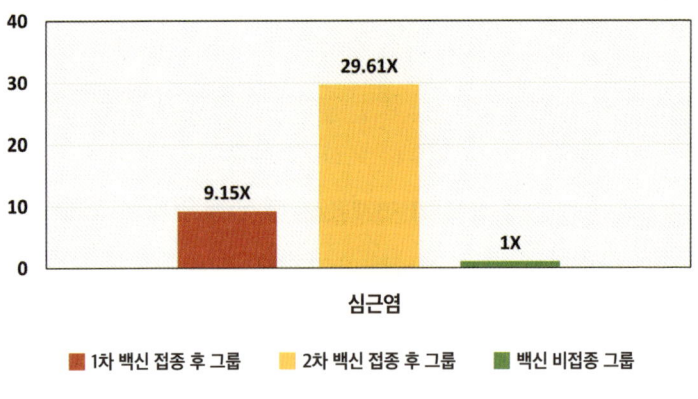

그림 10-6. 화이자 BNT162b2 코로나 백신 1차와 2차 접종 후 28일 이내 청소년의 심근염 위험 증가
출처: Lai 외, 2022

다. 심근염의 고위험군은 젊은 성인 남성이지만 여성도 심근염에 걸릴 수 있다. 젊은 층의 돌연사 중 거의 20%가 심근염으로 인한 사망이다.[19] 심근염의 생존율은 1년 후 80%, 5년 후 50%다.[20]

그림 10-7은 2022년 《자마 심장학(*JAMA Cardiology*)》 저널에 실린 〈2300만 주민 북유럽 코호트 연구의 SARS-CoV-2 백신 접종과 심근염〉 연구 논문 결과를 보여준다.[21] 주 저자인 외이슈테인 칼스타드 박사는 노르웨이 오슬로의 노르웨이 공중보건연구소 만성질환과 소속이다. 이 연구에는 12세 이상의 북유럽 국가 거주자 2312만 2,522명이 참여했다. 연구진은 16~24세 사이의 남성에서 두 번째 모더나 mRNA-1273(발생률 비율 13.83, 95% CI 8.08~23.68) 백신 또는 화이자 BNT162b2(발생률 비율 5.31, 95% CI 3.68~7.68) mRNA 백신을 접종한 후 위험성이 가장 높아지는 현상을 관찰했다.[22]

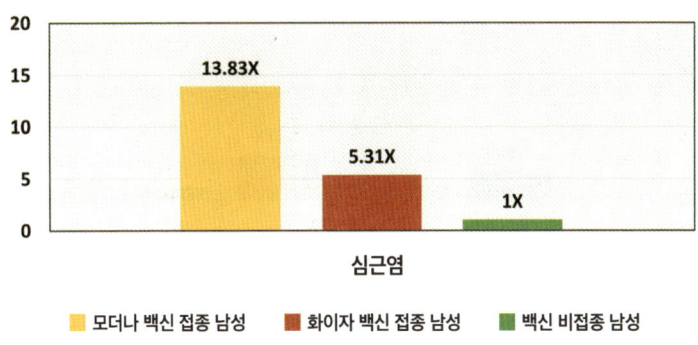

그림 10-7. 2차 모더나 mRNA-1273과 화이자 BNT162b2 코로나 백신 접종 후 16~24세 남성의 심근염 위험 증가
출처: Karlstad 외, 2022

그림 10-8은 2022년 《순환기(Circulation)》 저널에 실린 〈COVID-19 백신 순차 접종 후 심근염 위험과 연령 및 성별에 따른 SARS-CoV-2 감염〉 연구 논문 결과를 보여준다.[23] 주 저자인 마티나 파톤 박사는 영국 옥스퍼드에 있는 너필드 1차 의료 서비스 부서 소속이다. 연구진은 영국에 거주하는 13세 이상의 개인을 대상으로 연구를 진행했다. 이 연구는 자체 통제된 연구로, 참가자들의 코로나19 백신 접종 전후 질병 발생률을 비교했다. 2차 모더나 mRNA-1273 백신을 접종받은 남성은 상대 위험도가 14.98로 가장 높은 수준의 심근염 발생을 보였다.[24]

그림 10-9는 2022년 《국제 심장학 저널(International Journal of Cardiology)》에 실린 〈3차 COVID-19 mRNA 백신 접종 후 성

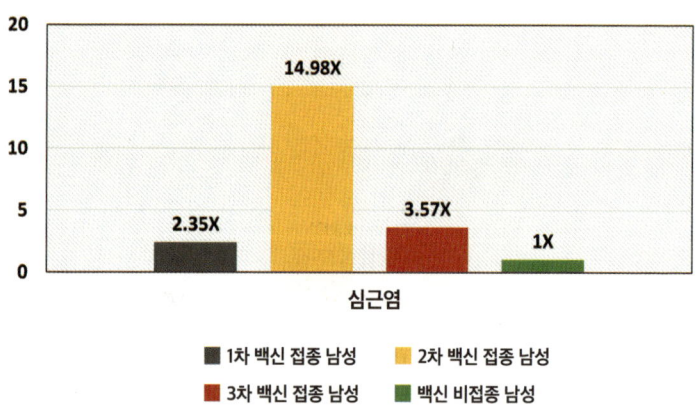

그림 10-8. 1차, 2차 또는 3차 모더나 mRNA-1273 코로나 백신 접종 남성과 비접종 남성을 비교한 심근염 위험도
출처: Patone 외, 2022

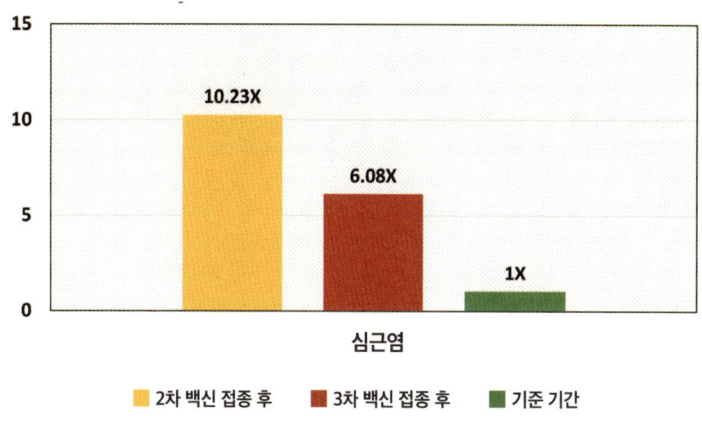

그림 10-9. 기준 기간과 mRNA 코로나 백신 접종 후 7일 이내를 비교한 심근염 위험 증가
출처: Simone 외, 2022

인 내 급성 심근염〉 연구 논문 결과를 보여준다.[25] 주 저자인 앤서니 시몬 박사는 캘리포니아 카이저 퍼머넌트 로스엔젤레스 메디컬센터 내 심장내과 소속이다. 이 연구에는 2020년 12월 14일에서 2022년 2월 8일 사이에 1~3회 mRNA 코로나 백신을 접종받은 모든 카이저 퍼머넌트 남부 캘리포니아 환자가 포함되었다. 2차 백신 접종 후 7일 이내 심근염 위험은 기준 기간보다 10.23배 높았다(p-값<0.0001, 95% CI 6.09~16.4).[26] 3차 백신(추가 접종) 후 7일 이내 심근염 발생 위험은 6.08배 높았다(p-값<0.0003, 95% CI 2.34~13.3).[27] 기준 기간은 백신 접종일 전 2년 이내로 지정된 365일이다. 이 연구에서 첫 번째 mRNA 백신 접종과 통계적으로 유의한 위험성과의 연관성은 나타나지 않았다.

그림 10-10은 2022년 《내과학 연대기(Annals of Internal Medicine)》 저널에 실린 〈메신저 RNA 방식의 COVID-19 백신과 불활화 바이러스 백신 접종 후 심근염: 사례 대조 연구〉 논문 결과를 보여준다.[28] 공동 저자인 프란치스코 쯔 쭌 라이 박사와 슈 리 박사는 홍콩 대학교 리카싱 의과대학 약리학과 안전 약물 진료와 연구 센터와 중국 홍콩 특별행정구 홍콩 과학원 내 건강 자료 발견 실험실(D24H)에 소속되어 있다.

2021년 2월부터 8월까지 홍콩의 12세 이상 입원 환자를 대상으로 한 이 사례 대조 연구에서는 160명의 심근염 및 트로포닌 수치 상승 환자와 1,533명의 대조군 환자를 평가했다. 심혈관 질환 위험 요인을 통제한 다변량 분석 결과, 화이자 BNT162b2 백

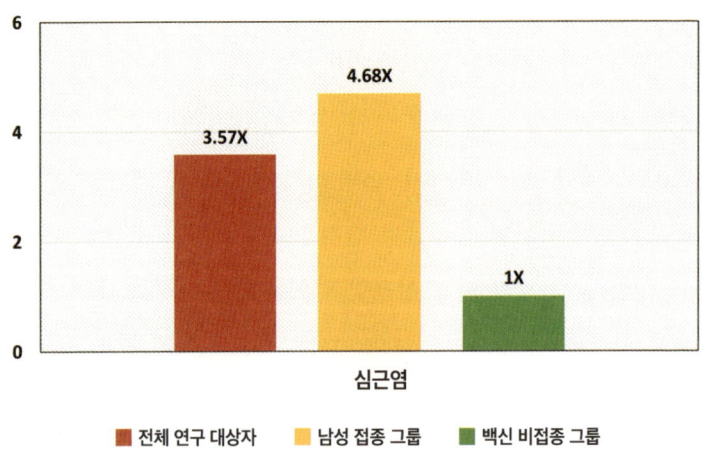

그림 10-10. 화이자 BNT162b2 코로나 백신 접종 후 입원 환자와 백신 비접종 환자를 비교한 심근염 확률 증가
출처: Lai 외, 2022

신 접종자는 비접종자보다 심근염에 걸릴 확률이 3.57배 높았다.[29] 남성 백신 접종자의 경우 그 확률은 4.68배 높았다.[30] 또한 BNT162b2 백신 2차 접종 후 위험성이 1차 접종 후보다 높았다.[31]

그림 10-11은 2021년 《뉴잉글랜드 의학 저널》에 실린 〈이스라엘의 코로나19에 대한 mRNA 백신 BNT162b2 접종 후 심근염〉 연구 논문 결과를 보여준다.[32] 주 저자 닥터 드로르 메보라흐 박사는 이스라엘 하다사 메디컬센터 내 면역학-류머티즘학과 월(Wohl) 중개의학연구소 내과의학 B 부서에 소속되어 있다. 이스라엘 보건부 데이터를 대상으로 한 이 후향적 코호트 연구에서 2차 화이자 BNT162b2 mRNA 백신 접종 후 30일 이내 심근염 발생률은 백신 비접종자보다 2.35배 높았다. 발병률은 16~19세 남성 접

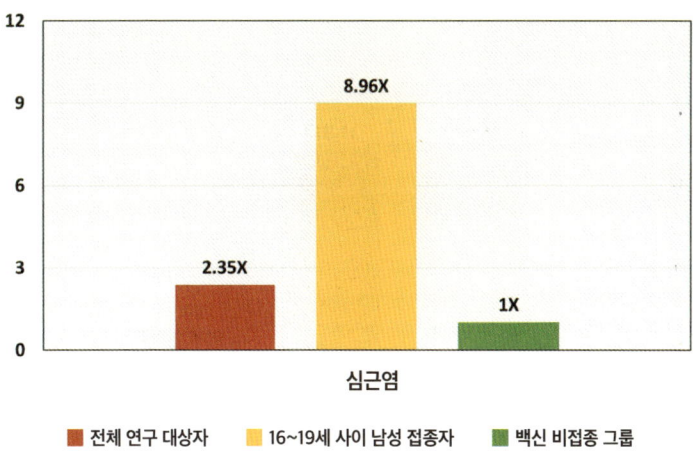

그림 10-11. 전체 연구 대상자와 화이자 BNT162b2 mRNA 백신 2차 접종 후 30일 이내의 16~19세 남성과 백신 비접종 그룹을 비교한 심근염 위험 증가
출처: Mevorach 외, 2021

종자에서 1만 857명당 8.96건, 즉 약 1,000명당 1명이었다.[33] 연구진은 일반 비접종 인구의 심근염 발병률을 1만 857명당 1명으로 판단했다.[34]

그림 10-12는 2022년 《플로스 메디신(PLOS Medicine)》 저널에 실린 〈이탈리아의 12~39세 연령층에서 COVID-19 mRNA 백신 접종 후 심근염과 심낭염 적극적 조사: 다중 데이터베이스, 자체 통제 사례 시리즈 연구〉 논문 결과를 보여준다.[35] 주 저자인 마르코 마사리 박사는 이탈리아 로마에 있는 국립 약물 연구와 평가 센터 소속이다. 이 연구에서 mRNA-1273을 1차 또는 2차 접종받은 남성은 1차 또는 2차 접종 후 0~21일 기간을 제외한 2020년 12월 27일부터 2021년 9월 30일까지의 기준 기간에 비해 접종 후 7일 이내에 심근염 또는 심낭염 위험이 약 12배 높았다.[36]

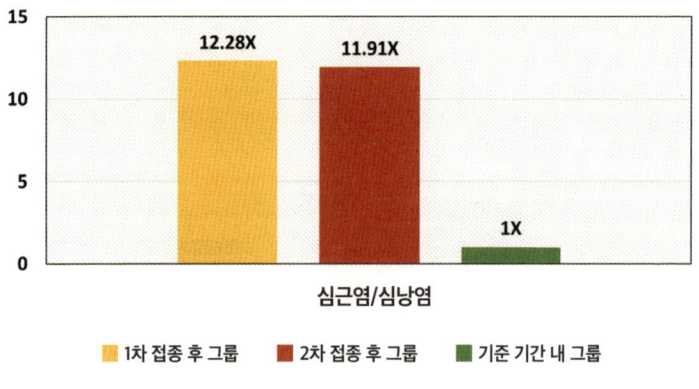

그림 10-12. 12~39세 사이 남성의 모더나 mRNA-1273 코로나 백신 1차 또는 2차 접종 후 7일 이내 심근염과 심낭염 위험 증가
출처: Massari 외, 2022

그림 10-13은 2022년 《백신(Vaccine)》 저널에 실린 〈BNT 162b2와 mRNA-1273 COVID-19 백신 접종 후 심근염과 심낭염 위험〉 연구 논문 결과를 보여준다.[37] 주 저자 크리스틴 고다드 박사는 캘리포니아주 오클랜드에 있는 카이저 퍼머넌트 북부 캘리포니아 센터 백신 연구 소속이다. 공동 저자인 에릭 웨인트라우브 박사, 톰 시마부쿠로 박사, 매슈 오스터 박사는 조지아주 애틀랜타에 있는 CDC 예방접종안전실 소속이다. CDC의 VSD에 포함된 8개 통합 의료 전달 시스템의 참여자들 연구에서 1차 또는 2차 화이자 백신 접종자들은 2020년 12월 14일부터 2022년 1월 15일까지의 연구 기준 기간 참여자들(백신 접종 후 7일이 지난 그룹)에 비해 접종 후 7일 이내인 그룹은 심근염 또는 심낭염 위험이 유의

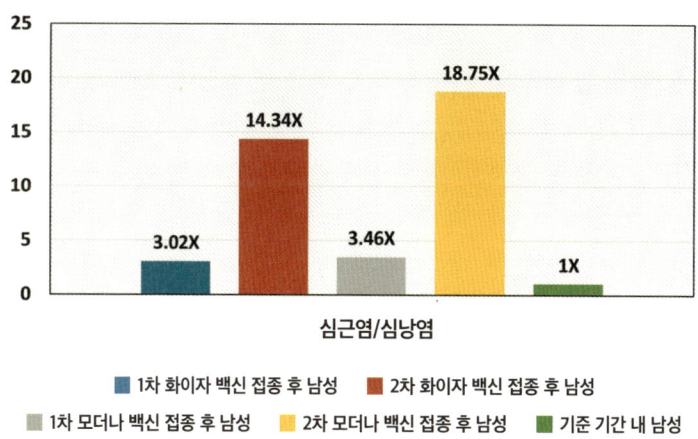

그림 10-13. 18~39세 사이 남성의 1차 또는 2차 화이자 BNT162b2 또는 모더나 mRNA-1273 코로나 백신 접종 후 7일 이내에 심근염과 심낭염 위험 증가
출처: Goddard 외, 2022

하게 높았고(p-값=0.044, 95% CI 1.03~8.33과 p-값<0.001과 95% CI 각각 6.45~34.85) 모더나(p-값=0.031과 95% CI 1.12~11.07과 p-값 <0.001과 95% CI 각각 6.73~64.94) 백신의 위험성도 높다는 결과를 보여준다.[38]

혈소판 감소증 및 혈전증

그림 10-14는 2021년 《자연의학(*Nature Medicine*)》 저널에 실린 〈스코틀랜드 내 1차 ChAdOx1과 BNT162b2 COVID-19 백신 접종과 혈소판 감소, 혈전색전과 출혈성 발병〉 연구 논문 결과를 보여준다.[39] 주 저자 콜린 심슨 박사는 뉴질랜드 빅토리아 대학교 웰링턴 보건학부와 영국 에든버러 대학교 어셔 연구소 소속

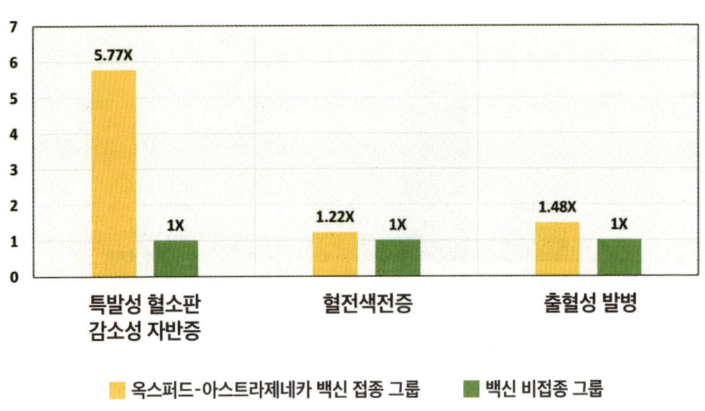

그림 10-14. 옥스퍼드-아스트라제네카(ChAdOx1) 코로나 백신 접종자와 비접종자를 비교한 혈소판 감소증, 혈전색전증, 출혈성 발병의 위험 증가
출처: Simpson 외, 2021

이다. 스코틀랜드의 전국 전향적 코호트 연구에는 2020년 12월부터 2021년 4월 사이에 백신을 접종받은 18세 이상 250만 명 이상이 포함되었다. 옥스퍼드-아스트라제네카(ChAdOx1) 백신은 접종 0~27일 후 특발성 혈소판 감소성 자반증(자가면역 응고 장애) 위험이 5.77배 증가하는 것과 관련이 있었다.[40] 또한 옥스퍼드-아스트라제네카 백신은 접종 후 0~27일 내 보정 상대 위험도가 1.22인 동맥 혈전색전증(동맥 혈전) 발생 위험의 증가와 접종 후 0~27일 내 보정 상대 위험도가 1.48인 출혈성 발병(과다 출혈) 위험의 증가와 연관이 있었다.[41]

그림 10-15는 2022년《자마 네트워크 공개(JAMA Network Open)》저널에 실린〈북유럽 3개국 내 AZD1222, BNT162b2, mRNA-1273 백신 접종 후 혈전색전증과 혈소판 감소증 발병 분

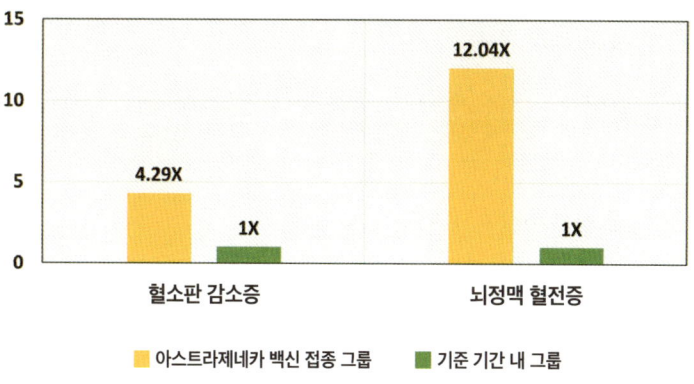

그림 10-15. 아스트라제네카 AZD1222(ChAdOx1) 백신 접종 후 28일 이내와 기준 기간을 비교한 혈소판 감소증과 뇌정맥 혈전증 위험 증가
출처: Berild 외, 2022

석〉 연구 논문 결과를 보여준다.[42] 이 연구의 주 저자인 야콥 다그 베릴드 박사는 노르웨이 오슬로의 노르웨이 공중보건연구소 감염 관리와 백신학과 소속이다. 연구진은 노르웨이, 핀란드, 덴마크의 병원 등록부를 사용하여 여러 종류의 코로나 백신 접종 후 28일 이내에 혈소판 감소증과 뇌정맥 혈전증의 발생률을 측정했다. 혈소판 감소증은 순환하는 혈액 내 혈소판의 결핍으로 자연 출혈을 일으킬 수 있다. 뇌정맥 혈전증은 혈전이 뇌로 가는 혈류를 차단할 때 발생하며 뇌졸중의 원인이 될 수 있다. 연구진은 아스트라제네카 코로나 백신을 접종받은 환자에서 혈소판 감소증 위험이 4.29배, 뇌정맥 혈전증 위험이 12.04배로 매우 높은 위험성을 관찰했다.[43] 비교 기준 기간은 2020년 1월 1일부터 2021년 5월 16일 사이로 백신 접종 후 28일까지의 기간은 제외했다.

대상포진

그림 10-16은 2022년 《랜싯 지역 건강-서태평양(*Lancet Regional Health—Western Pacific*)》 저널에 실린 〈불활화(코로나백)와 mRNA(BNT162b2) SARS-CoV-2 백신 접종 후 대상포진 관련 입원: 자체 통제 사례 시리즈와 중첩 사례 통제 연구〉 논문 결과를 보여준다.[44] 주 저자는 에릭 육 파이 완 박사다. 이 연구에서 2021년 2월 23일부터 7월 31일 사이에 지정된 기간(접종 후 0~27일)을 제외한 기간(접종 후 27일 이후)에 해당되는 백신 접종자와 비교했을 때 화이자 BNT162b2 백신 접종 환자는 첫 백신 접종 후 0~13

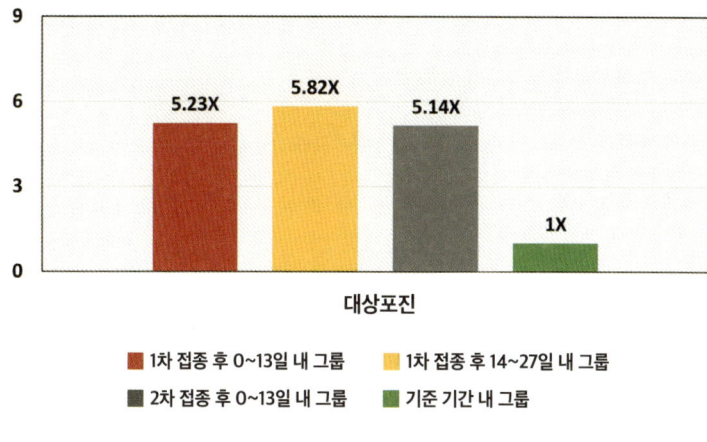

그림 10-16. 화이자 BNT162b2 백신 접종 후 2주 간격과
기준 기간을 비교한 대상포진 위험 증가
출처: Wan 외, 2022

일, 14~27일, 두 번째 백신 접종 후 0~13일에 대상포진에 걸릴 확률이 5배 이상 높았다.[45] 또한 코로나 백신을 접종받은 환자들은 백신 접종 후 13일 이내에 대상포진에 걸릴 확률이 2.67배 높았다.[46] 대상포진은 수두를 유발하는 대상포진 바이러스의 재활성화로 발생하는 고통스럽고 때론 심각해질 수 있는 질환이다. 수두에 감염된 적이 있거나 수두 백신을 접종받은 적이 있는 사람은 면역 체계가 손상되거나 억제되면 대상포진이 재활성화될 위험에 노출될 수 있다.

청력 손실

그림 10-17은 2022년 《자마 이비인후과-두경부외과(*JAMA*

Otolaryngology-Head & Neck Surgery)》 저널에 실린 〈BNT162b2 메신저 RNA COVID-19 백신과 돌발성 감각 신경성 난청 위험의 연관성〉 연구 논문 결과를 보여준다.[47] 주 저자는 요아브 야니르 박사로, 이스라엘 하이파 레이디 데이비드 카멜 메디컬센터의 이비인후과-두경부외과 소속이다. 이 연구는 대규모 인구에 기반한 것으로 이스라엘의 의료 기관에서 발표했다. 화이자 백신 BNT162b2 1차나 2차 접종과 관련된 돌발성 난청의 표준화 발생비(SIR)는 각각 1.35(95% CI 1.09~1.65)와 1.23(95% CI 0.98~1.53)이었다. 위험도는 첫 번째 접종을 받은 16세에서 44세 사이의 여성(SIR 1.92, 95% CI 0.98~3.43), 65세 이상 여성(SIR 1.68, 95% CI 1.15~2.37), 두 번째 접종을 받은 16세에서 44세 사이의 남성(SIR 2.45, 95% CI 1.36~4.07)에서 가장 높았다.[48] 돌발성 감각 신경성

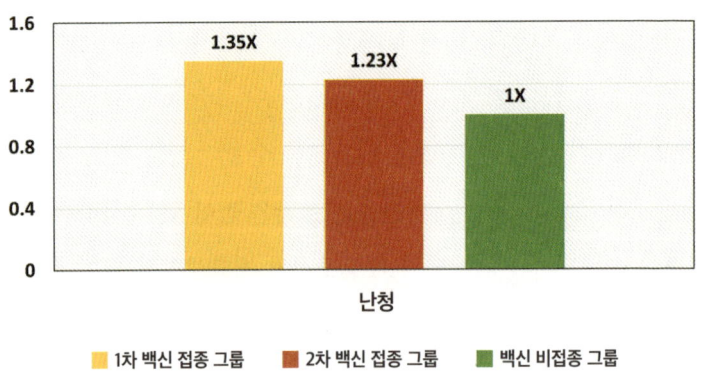

그림 10-17. 1차 화이자 BNT162b2 코로나 백신 접종자 및 2차 접종자와 비접종자의 돌발성 난청 위험 증가
출처: Yanir 외, 2022

난청 환자는 이명에 시달릴 수 있다. 또한 영구적인 청력 손실로 이어질 수도 있다.

코로나 백신과 인플루엔자 백신의 이상반응 비교

그림 10-18은 2022년 《공중보건 개척자(Frontiers in Public Health)》 저널에 실린 〈유럽연합과 미국의 약물 감시 시스템에 보고된 COVID-19 백신 이상반응의 빈도와 연관성〉 연구 논문 결과를 보여준다.[49] 저자는 디에고 몬타노 박사로, 독일 튀빙겐 대학교 보건과학연구소의 인구 기반 의학부 소속이다. 몬타노 박사는 코로나19 백신과 인플루엔자 백신의 이상반응을 연구했다. 몬타노 박사는 코로나19 백신과 인플루엔자 백신에 관한 유럽 의심 약물 이상반응 데이터베이스인 유드라비질런스(EudraVigilance)의 이상반응 보고를 비교했다. 이를 유럽질병예방센터(ECDC)의 각 백

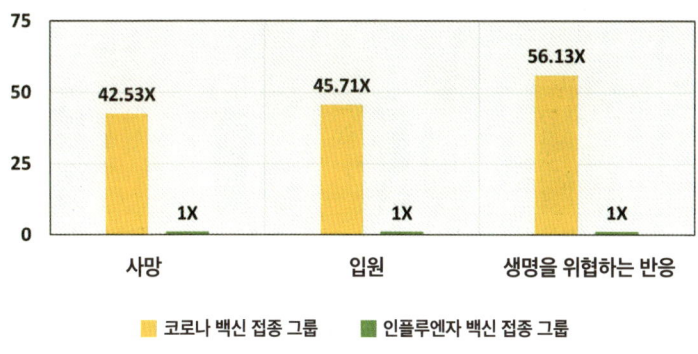

그림 10-18. 유럽 의심 약물 이상반응 데이터베이스에 보고된 이상반응 사례에 근거한 코로나19 백신과 인플루엔자 백신의 이상반응 위험 증가
출처: Montano, 2022

신 유형별 총 접종 건수 추정치로 정규화했다. 코로나 백신 접종의 단위당 사망, 입원, 생명을 위협하는 반응 보고는 인플루엔자 백신의 경우를 훨씬 넘어섰다.[50] 또한 저자는 코로나 백신과 관련된 혈전증, 응고, 생식기 반응의 상당한 상대 위험을 보고했다.[51]

다양한 부작용

그림 10-19는 2023년 《백신》 저널에 실린 〈65세 이상 고령자의 코로나19 백신 안전성 감시〉 연구 논문 결과를 보여준다.[52] 주 저자인 후이-리 웡 박사는 메릴랜드주 실버스프링의 식품의약국 소속이다. FDA가 후원한 이 전향적 연구는 2020년 12월부터 2022년 1월까지 65세 이상 환자 3000만 명 이상의 미국 메디케이

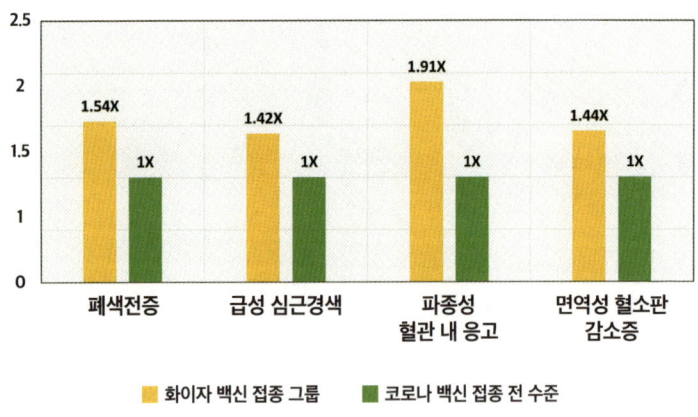

그림 10-19. 화이자 BNT162b2 백신을 접종받은 65세 이상 노인들과 팬데믹 이전 비접종 인구를 비교한 다양한 이상반응 위험 증가 비교
출처: Wong 외, 2023

드 청구 데이터를 추적했다. 매주 순차적으로 데이터를 조사한 결과, 코로나19 백신 접종 전 수준과 비교하여 화이자 BNT162b2 백신 접종 후 통계적 신호 임계치를 충족하는 네 가지 결과가 나타났다. 백신 접종 후 1~28일 사이에 폐색전증(폐의 혈전) 상대적 위험도는 1.54, 급성 심근경색(심장마비) 상대적 위험도는 1.42, 파종성 혈관 내 응고(전신 혈액 응고 이상) 상대적 위험도는 1.91, 그리고 백신 접종 후 1~42일 사이에 면역성 혈소판 감소증(자가면역 공격으로 인한 혈소판 감소) 상대적 위험도는 1.44였다.[53]

심각한 부작용

그림 10-20은 2022년 《백신》 저널에 실린 〈성인 무작위 시험에서 mRNA COVID-19 백신 접종 후 심각한 이상반응〉 연구 논문 결과를 보여준다.[54] 주 저자 조지프 프레이먼 박사는 루이지애나주의 티보도 지역 보건 시스템 소속이다. 교신 저자인 피터 도시 박사는 볼티모어 메릴랜드 대학교 약학대학 소속이며 《영국의학 저널》의 선임 편집자다.

연구진은 화이자 BNT162b2와 모더나 mRNA-1273 백신 3상 임상시험 데이터를 사용하여 백신 접종자와 위약 대조군 접종자를 직접 비교했다. 전반적으로 두 mRNA 백신 접종자는 심각한 부작용 발생 위험이 1.16배 더 높았다(95% CI 0.97~1.39).[55] 이 결과는 통계적으로 약간 유의했다.

연구 저자는 두 백신의 이득 손실 평가도 완료했다. 그 결과

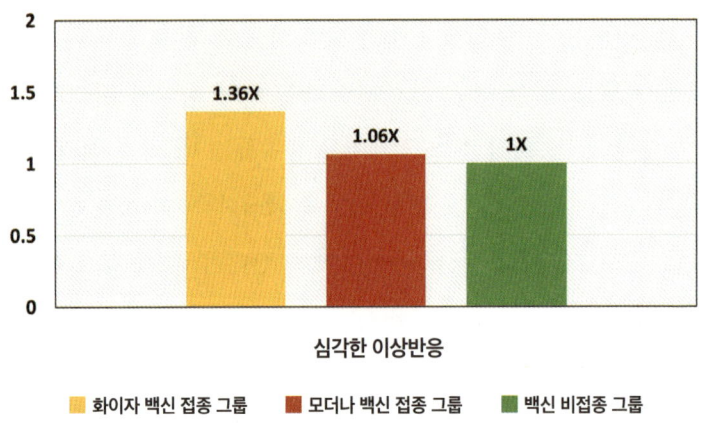

그림 10-20. 화이자 BNT162b2 또는 모더나 mRNA-1273 백신 접종자와 비접종자를 비교한 심각한 이상반응 위험 비율
출처: Fraiman 외, 2022

화이자 BNT162b2 백신은 위약 그룹에 비해 1만 명당 10.1명(95% CI -0.4~20.6)의 특별한 관심 대상인 심각한 이상반응의 초과 위험을 보인 반면, 코로나 입원은 1만 명당 2.3명을 예방하는 것으로 나타났다.[56] 마찬가지로 모더나 mRNA-1273 백신은 위약군에 비해 백신 접종자 1만 명당 15.1건의 특별한 관심 대상인 심각한 이상반응의 초과 위험을 보인 반면, 백신 접종자 1만 명당 6.4건의 코로나 입원을 예방한 것으로 나타났다.[57]

이 논문에서 특별한 관심 대상이 되는 중대한 이상반응은 접종 후 사망, 발생 당시 생명을 위협하는 경우, 입원 또는 기존 입원의 연장, 지속적 또는 중대한 장애/무능력, 선천적 기형/선천적 결함 또는 의학적 판단에 근거한 중요 사례 등을 포함한다.

요약

표 10-1과 10-2는 연구진이 코로나 백신 접종자와 백신 비접종 대조군을 비교한 연구 논문 결과를 요약한 것이다. 연구진은 8개의 서로 다른 연구에서 심근염 또는 심낭염이 코로나 백신 접종과 유의한 연관성이 있음을 확인했다.[58, 59, 60, 61, 62, 63, 64, 65] 또한 연구진은 4개의 연구에서 구안와사와 코로나 백신 접종 사이에 유의

	Lai 외, 2022a	Lai 외, 2022b	Kim 외, 2021	Massari 외, 2022	Goddard 외, 2022	Wong 외, 2023	Mevorach 외, 2021	Patone 외, 2022	Simpson 외, 2021	Simone 외, 2022	Karlstad 외, 2022
폐혈전 색전증						√					
심근염 또는 심낭염	√	√		√	√		√	√		√	√
고혈압			√								
발작성 상심실성 빈맥			√								
심근경색						√					
파종성 혈관 내 응고						√					
면역성 혈소판 감소증						√					
혈전성 혈소판 감소성 자반증									√		
동맥 혈전 용해 상해									√		
출혈성 상해									√		

표 10-1. 코로나 백신 접종자와 비접종자의 건강 결과 비교 요약. 유의하게 높은 승산비, 상대적 위험 또는 발생률은 √로 표시된다.

한 연관성을 입증했다.[66,67,68,69]

	Wan 외, 2022	Cheng 외, 2021	Sato 외, 2021	Fraiman 외, 2022	Shibli 외, 2021	Montano 외, 2022	Berild 외, 2022	Yanir 외, 2022	Wan 외, 2022	Wan 외, 2023
혈소판 감소증							√			
뇌정맥 혈전증							√			
대상포진	√									
청력 상실								√		
구안와사				√		√			√	√
일반적인 부작용			√	√						
심각한 부작용						√				
입원						√				
사망						√				

표 10-2. 코로나 백신 접종자와 비접종자의 건강 결과 비교 요약. 현저히 높은 승산비, 상대적 위험 또는 발생률은 √로 표시된다.

제11장

임신 중 백신 접종

의료진은 임신 기간과 상관없이 임신부에게 독감, Tdap, 코로나 19 백신을 일상적으로 접종한다. 간혹 임상시험 참가자가 연구 도중에 임신하는 경우가 있지만 FDA는 승인 절차의 일환으로 임신부를 대상으로 이런 제품을 의도적으로 검증한 적이 없다. 실제로 2020년까지 부스트릭스® Tdap 백신의 약품 설명서에는 "미국에서 임신부를 대상으로 한 적합하고 제대로 통제된 부스트릭스 연구는 없다"고 나온다.[1] CDC에서 임신부에게 권장하는 3가 불활화 인플루엔자(TIV) 백신인 플루비린®과 플루블록®의 약품 설명서에도 유사한 문구가 있었다. 플루비린® 약품 설명서에는 여전히 "플루비린®의 임신부에 대한 안전성과 효과는 확립되지 않았다"고 나온다.[2] 마찬가지로 화이자가 제조한 코로나 백신 코미라티®

의 약품 설명서에는 "임신부에게 투여한 코미나티 가용 데이터는 임신 중 백신 접종 관련 위험을 알리기엔 불충분하다"고 경고하고 있다.[3] FDA 승인을 받은 모더나 코로나 백신인 스파이크백스의 약품 설명서에도 동일한 내용이 있다.[4] 두 백신 모두 해가 없는 것으로 나타난 소규모 동물 생식 독성 연구 1건을 언급하고 있다. 화이자와 모더나는 임신부를 대상으로 한 임상시험을 실시하지 않았다.

그러나 CDC는 아무런 안전성 테스트나 예방 조치 없이 임신부에게 이런 코로나 백신 접종을 권장했다.[5,6] 제약 업체, CDC, FDA는 권장 사항이 만들어지고 수백만 명의 여성이 백신을 접종받은 후에야 임신부의 안전성을 조사하기 위해 코로나 백신을 접종한 여성의 '임신 결과 모니터링'을 시도했다.[7] 이는 백신을 접종받은 모든 임신부가 잘못 관리된 실험에 원치 않는 실험 대상자가 되었다는 것을 의미한다.

이 장에서는 임신 중 인플루엔자, Tdap 그리고/또는 코로나 백신을 접종받은 여성과 비접종 여성의 임신 결과를 비교한 연구 논문과 함께 임신 전 백신 접종과 관련된 출산 결과를 조사한 연구도 살펴본다.

그림 11-1은 2017년 《자마 소아과학(*JAMA Pediatrics*)》에 실린 〈임신 중 인플루엔자 감염과 백신 접종 그리고 자폐 스펙트럼 장애 위험의 연관성〉 연구 논문 결과를 보여준다.[8] 수석 연구자인 오세니 저보 박사는 캘리포니아 오클랜드에 있는 카이저 퍼머넌

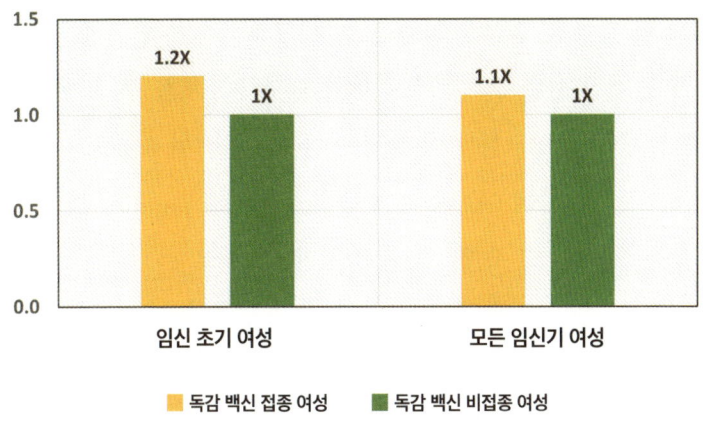

그림 11-1. 임신 초기나 모든 임신기에 독감 백신 접종 여성의 자녀와 비접종 여성 자녀를 비교한 자폐 스펙트럼 장애 위험비
출처: Zerbo 외, 2017

트 연구 소속이다. 저보 박사와 논문의 공동 저자는 임신 중 인플루엔자 감염과 백신 접종 그리고 자폐 스펙트럼 장애 사이의 관계를 조사했다. 그 결과 임신 초기의 인플루엔자 백신 접종은 자폐 스펙트럼 장애의 위험 증가와 관련이 있으며, 위험비는 1.20, 95% 신뢰구간은 0.4~1.39였다.[9] 또한 연구진은 모든 임신 기간 내 독감 백신 접종은 위험비 1.10, 95% 신뢰구간은 1.00~1.21 사이로 자폐 스펙트럼 장애와 관련이 있다는 것을 관찰했다.[10]

연구진은 이런 통계적으로 유의한 결과를 얻은 후 여러 통계 테스트가 동일한 데이터 샘플에 대해 완료될 때 종종 사용하는 본페로니 보정법(Bonferroni corrections)을 적용했다. 통계학자가 단일 연구 내에서 많은 비교를 수행할 때 비교가 독립적이거나 관련

성이 없는 경우 '위양성' 비율 또는 타당하지 않은 연관성을 발견할 확률이 증가할 수 있다.[11] 이때 본페로니 보정을 통해 이를 조정할 수 있다. 연구진은 이 보정을 잘못 사용하여 p-값을 0.01에서 0.1로 높였는데 이는 통계적 유의성의 임계값(p-값<0.05)을 초과하는 수치다. 그 후 연구진은 통계적으로 유의한 관계가 없다고 주장했다. 이에 관해 알베르토 돈젤리 박사[12]와 브라이언 후커 박사[13]가 2017년 《JAMA 소아과학》 편집자에게 두 차례에 걸쳐 편지를 보내 반박했다. 이들은 저보 박사[14] 연구에서 나타난 모든 연관성이 독립적이지 않고 상호 의존성이 높기 때문에 다중 검사에 보정을 적용하는 것은 부적절하며 다른 보정이 필요하다는 의견을 제시했다. 예를 들어 저보 박사의 각 임신 기간의 결과는 총 결과로 합산되어 독립성 대신 상호 의존성을 보여준다. 따라서 '위양성률' 보정은 적용되지 않는다.[15] 분석의 실제 p-값은 0.01로 통계적으로 유의한 수준이다.[16]

그림 11-2는 2013년 《산부인과(*Obstetrics & Gynecology*)》 저널에 실린 〈3가 불활성화 인플루엔자 백신과 자연유산〉 연구 논문 결과를 보여준다.[17] 주 저자는 스테파니 어빙으로, 위스콘신주 마시필드에 있는 마시필드 클리닉의 역학연구센터 소속이다. 이 연구의 공저자는 CDC 예방접종안전국의 프랭크 드스테파노 박사다. 어빙은 임신 첫 3개월 내 백신을 접종받았을 때 출산 전 독감 백신과 임신 5~16주 사이에 경험하는 유산, 의학 용어인 자연유산(SAB) 발생률에 초점을 맞췄다. 연구진은 출산 전 백신을 접종

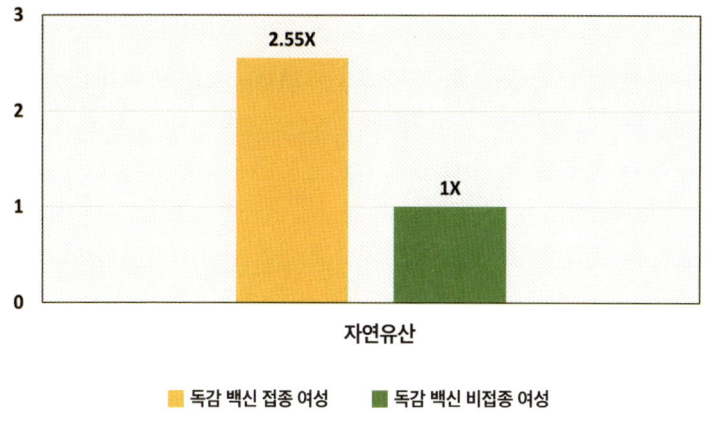

그림 11-2. 임신 전 독감 백신 접종 여성과 비접종 여성의 자연유산 승산비
출처: Irving 외, 2013

받은 여성에서 비접종 여성에 비해 자연유산이 증가하는 것을 관찰하지 못했다. 그러나 임신 전에 독감 백신을 맞은 여성은 통계적으로 유의한 증가를 경험한 것으로 나타났다. 이 경우 백신을 접종받은 여성은 비접종 여성에 비해 자연유산 확률이 2.55배 높았다(p-값〈0.10, 95% CI 0.86~6.33).[18] 이 결과는 약간 유의하며 추가 분석이 필요하다. 이 연구에서 22건의 자연유산 사례와 11건의 대조군이 임신 전에 인플루엔자 백신을 접종받았으며 통계적으로 유의한 비율의 사례는 임신 후 7일 이내에 백신을 접종받은 경우였다.[19] 다른 독감 백신 연구와 달리[20,21] 어빙은 이전 독감 시즌의 인플루엔자 백신 접종의 효과를 고려하지 않았다.[22]

그림 11-3은 2013년《인간과 실험적 독성학(Human and Experimental Toxicology)》저널에 실린 〈세 번 연속 인플루엔자 시즌

동안의 VAERS 태아 손실 보고 비교: 2009/2010 시즌 동안 두 번의 백신 접종이 태아 독성의 상승과 연관이 있었나?〉 연구 논문 결과를 보여준다.[23] 이 논문의 저자 게리 골드먼 박사는 캘리포니아주 피어블로섬에 거주하는 개인 컴퓨터 과학자다. 골드먼 박사는 세 번 연속 독감 시즌 동안 태아 손실률을 조사했다. VAERS에 따르면, 2008년부터 2009년까지 보정되지 않은 태아 손실률은 임신 100만 건당 6.8건이었다.[24] 2009년부터 2010년에는 임신 100만 건당 77.8건으로 증가했으며 2010년부터 2011년에는 12.6건이었다.[25] 태아 손실이 11배나 급격히 증가한 2009~2010년 시즌에 많은 임신부가 계절성 독감 백신(대부분 티메로살 수은 25mcg이 함유된 백신)과 H1N1 대유행 독감 백신(역시 티메로살 수은 25mcg 함

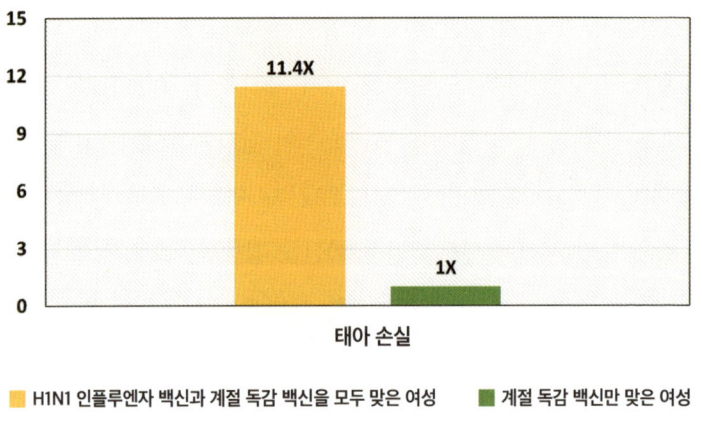

그림 11-3. 임신부가 H1N1과 계절 독감 백신을 모두 맞은 경우와 계절 독감 백신만 맞은 경우의 태아 손실 상대적 위험
출처: Goldman, 2013

유)을 두 번 접종받았다.[26]

반면 2008~2009년에는 임신부가 단 한 번만 계절 독감 백신을 접종받았고, 2010~2011년에는 한 번만 복합 백신을 접종받았다. 또한 2008~2009년에는 임신부의 11.3%만 계절성 독감 백신을 접종받았으나 2009~2010년에는 43%가 H1N1 백신을 접종받았고 2010년부터 2011년에는 32%가 복합 백신을 접종받았다.[27] 골드먼은 태아 손실이 11배 증가한 것은 H1N1 백신 접종으로 티메로살량이 추가되었기 때문일 수 있다고 주장했다.[28]

그림 11-4는 2017년 《백신》 저널에 실린 〈2010~2011년과 2011~2012년 H1N1pdm09가 포함된 불활화 인플루엔자 백신 접종과 자연유산의 연관성〉 연구 논문 결과를 보여준다.[29] 주 저자 제임스 도나휴 박사는 위스콘신주 마시필드 클리닉 연구소의 선임 전염병 학자다. CDC 예방접종안전국은 이 연구를 위해 마시필드 클리닉 연구진과 협력했다. 이 연구에서 2010~2011년과 2011~2012년 두 번의 '독감 시즌'에 H1N1 백신을 접종받은 여성은 비접종 임신부에 비해 백신 접종 후 28일 이내에 태아 손실 승산비가 2.0이었다.[30] 이전 시즌에 H1N1 백신을 접종받은 여성의 승산비는 7.7로 증가했다.[31]

도나휴는 후속 연구에서 계절성 독감 백신 접종으로 인한 자연유산 위험을 조사했다.[32] 연구 저자는 통계적으로 유의한 결과를 발견하지 못했다. 그러나 이 연구는 관찰된 여성 코호트의 수가 적어 그 효과가 미미했다. 연구진은 일관되게 세 번의 인

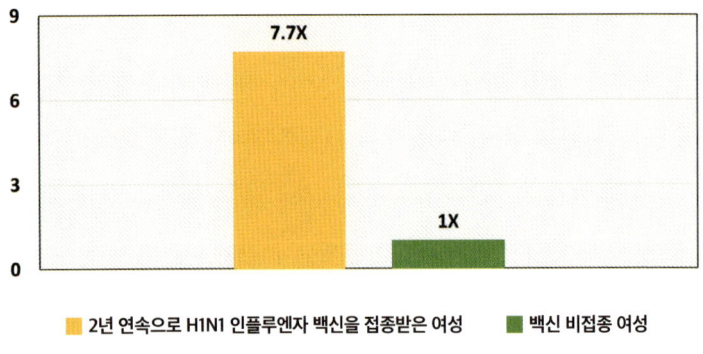

그림 11-4. 2년 연속으로 H1N1 백신을 접종받은 여성과
비접종 여성의 유산 승산비
출처: Donahue 외, 2017

플루엔자 시즌을 통합 분석하기 위해 100개 미만의 사례와 대조군 쌍을 사용했으며 11개 미만의 사례와 대조군 쌍으로부터 개별 시즌의 일부 결과를 도출했다. 또한 연구진은 검정력 분석(power analysis)의 일부로 다음과 같은 분석을 완료했다. 검정력 분석은 연구가 얼마나 연관성을 발견할 수 있는 통계적 힘을 가지고 있는지에 대한 분석이다. 이 연구에서 통계적으로 확실성을 찾을 수 있는 최소 승산비는 3.5이다.[33] 그런데 이 연구 결과에서 보고된 승산비는 모두 2.0 미만이다.[34] 따라서 인플루엔자 백신 접종으로 인해 유산율이 실제로 증가했다는 연구 결과를 연구진이 놓쳤기 때문에 전체 분석이 무의미해진다.

그림 11-5는 2019년 저널 《국제 환경 연구와 공중보건 (*International Journal of Environmental Research and Public Health*)》에 실

린 〈임신부의 인플루엔자 백신 접종과 자손의 심각한 부작용〉 연구 논문 결과를 보여준다.[35] 논문의 저자인 알베르토 돈젤리 박사는 이탈리아 밀라노의 알리네아레 사니타 에 살루테 재단 과학위원회 소속으로, 산모와 태아의 인플루엔자 백신 접종 연구 결과를 발표했다. 그는 이 논문에서 산모 인플루엔자 백신을 연구한 4개의 무작위 대조 임상시험(RCT) 데이터를 재분석했다. 돈젤리는 독감 백신을 맞은 임신부가 수막구균 백신을 맞은 여성보다 심각한 이상반응(SAE) 발생률이 더 높다는 것을 보여주었다. 타피아 등이 완료한 3가 불활화 바이러스 인플루엔자 백신(시험군)과 수막구균 백신(대조군)을 비교한 RCT[36]에서 돈젤리 박사는 백신 접종 그룹과 '대조군'의 총 SAE를 각각 225건 또는 10.90%, 175건 또

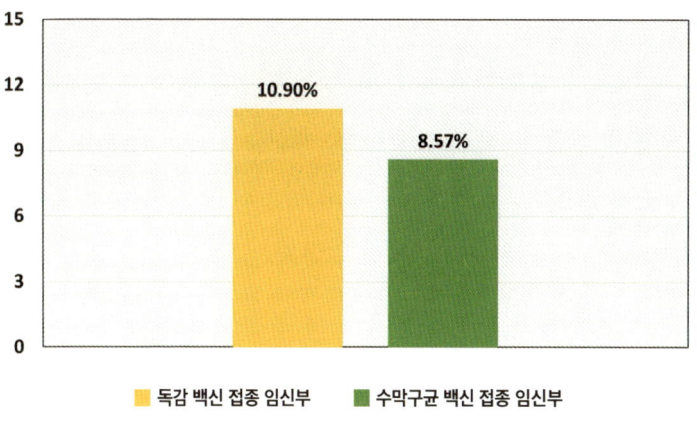

그림 11-5. 임신 중 독감 백신 접종 임신부와
수막구균 백신 접종 임신부를 비교한 중증 이상반응 발생률
출처: Donzelli 외, 2019a

는 8.57%로 계산했다.[37] 돈젤리 박사는 여기서 독감 백신 접종 그룹에서 1.27의 상대 위험도(95% CI 1.05~1.53)를 찾았는데, 이는 통계적으로 유의했다.[38] 한 개인에게 '필요한' 백신 접종 횟수는 42.98회였다.[39] 제1장에서 언급한 것처럼 RCT는 임상 연구의 '최적 표준'이라는 점을 기억하기 바란다.

원래 RCT 연구진은 이런 데이터를 과학 논문의 부록에서 숨겼다. 이 논문의 초록은 인플루엔자 백신을 접종받은 그룹에서 신생아 감염이 통계적으로 유의하게 증가했다고 보고했으며 p-값은 0.02였다.[40] 그러나 돈젤리 박사가 관찰한 것처럼 RCT 연구진은 신생아 감염 외에도 심각한 부작용이 발견되었다는 사실을 언급하지 않았다. 또한 연구진은 인플루엔자 백신을 접종받은 그룹에서 전체 자연유산 사례가 유의하게 높았다는 점을 지적하지 않았다.[41]

원래 RCT 연구진이 대조군에 불활성 식염수 위약 대신 임신부에게 권장되지 않는 수막구균 백신을 접종한 이유는 분명하지 않다. 안타깝게도 이런 선택으로 임신부 대상 3가 불활화 바이러스 인플루엔자 백신의 정확한 안전성 내용은 찾지 못했다. 임상시험 설계자가 이런 선택을 했다는 사실은 그들이 백신의 심각한 부작용 수가 실제 위약 대조군에 비해 받아들일 수 없을 정도로 많을 수 있다는 것을 알고 있다는 의미다.

그림 11-6은 2019년 《인체 백신과 면역 치료(Human Vaccines & Immunotherapeutics)》 저널에 실린 〈모든 임신부를 위한 인플루

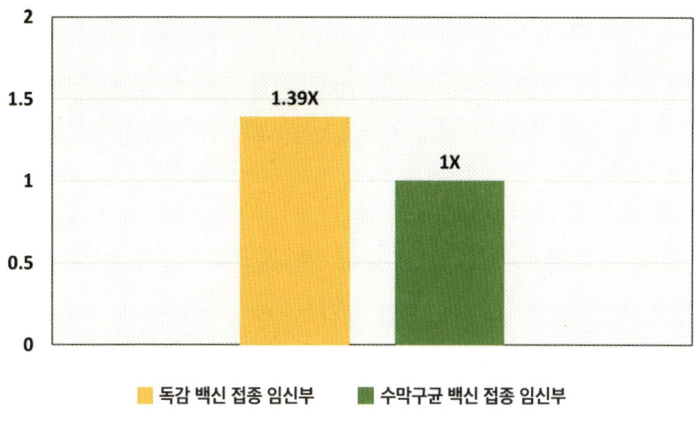

그림 11-6. 독감 백신 접종 임신부와 수막구균 백신 접종 임신부의 자연유산 발생률
출처: Donzelli 외, 2019b

엔자 백신 접종? 지금까지의 편향된 증거는 이를 지지하지 않는다〉 연구 논문 결과를 보여준다.[42] 이 논문의 저자인 알베르토 돈젤리 박사는 타피아 등이 완료한 무작위 대조 시험(RCT)을 계속 재분석했다. 이 RCT에서 독감 백신 접종 그룹의 여성은 52건의 유산을 경험한 반면, 대조군(수막구균 백신 접종 그룹) 여성은 37건의 유산을 경험했다.[43] 이는 독감 백신 접종 그룹의 유산 상대 위험도가 1.39로 약간 유의한 것으로 나타났다(p-값=0.122, 95% CI 0.92~2.11).[44]

그림 11-7은 2017년 《백신》 저널에 실린 〈임신부의 3가 인플루엔자 바이러스 백신의 염증 반응〉 연구 논문 결과를 보여준다.[45] 주 저자는 리사 크리스천 박사로, 콜럼버스에 있는 오하이오 주립대학교 의료센터의 정신과, 행동의학연구소, 심리학과, 산부

인과 소속이다. 연구 논문은 임신부가 3가 백신 접종에 염증 반응을 보인다는 것을 보여준다. 임신중독증과 미숙아 출산 같은 임신 부작용은 높은 수준의 염증 반응과 관련이 있다.[46] 이에 따라 3가 불활화 바이러스 인플루엔자 백신을 접종받은 임신부에서는 백신 접종 이틀 후 p-값이 0.05 미만인 C-반응성 단백질과 p-값이 0.06인 종양 괴사 인자 α(TNF-α)가 증가한 것으로 나타났다.[47]

C-반응성 단백질과 TNF-α는 염증 표지자로, 이 수치가 높으면 체내 염증이 높다는 것을 의미한다. 염증 표지자의 상승은 신체가 급성 감염과 싸울 때는 정상으로 간주된다. 하지만 높은 수준의 염증이 지속되면 자가면역 질환과 같은 만성 질환을 나타

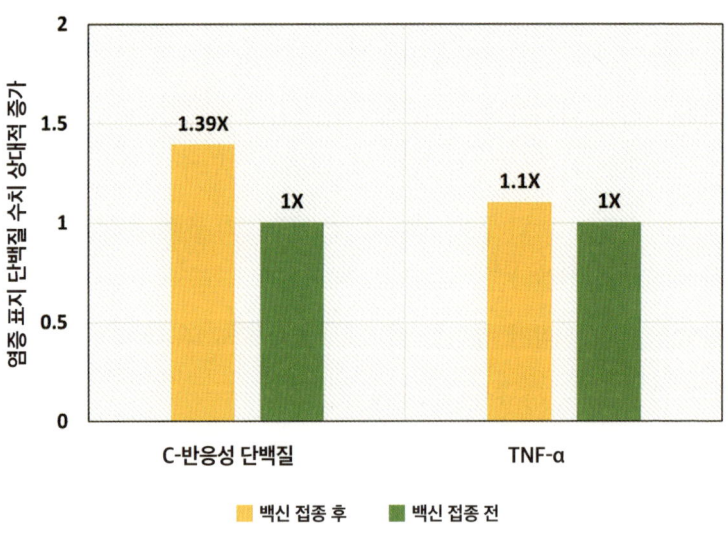

그림 11-7. 인플루엔자 백신 접종 전과 후를 비교한 임신부의 염증 표지자 단백질 증가
출처: Christian 외, 2011

낼 수 있다. 연구 저자는 관찰된 증가가 인플루엔자 감염과 관련된 증가보다 작을 가능성이 있다고 언급했다.[48] 그러나 이 연구에서 조사된 염증 매개변수는 사람마다 상당히 다양했다.[49] 이는 특히 개인 차원에서 염증과 관련된 부작용의 잠재적 심각성을 고려할 때 임신 중 인플루엔자 백신 접종의 이득 손실 비율에 의문을 가지게 된다.

그림 11-8은 2010년 《소아과학(*Pediatrics*)》에 실린 〈백신과 면역 글로불린의 티메로살에 대한 태아와 영아 노출과 자폐증 위험〉 연구 논문 결과를 보여준다.[50] 주 저자는 크리스토퍼 프라이스로, 매사추세츠주 케임브리지에 있는 앱트 단체(Abt Associates)의 역학자다. 조지아주 애틀랜타에 있는 CDC 예방접종안전국 국장을 역임한 프랭크 드스테파노 박사가 교신 저자다. 연구 저자는 임신 중 인플루엔자 백신 또는 Rh 음성 산모에게 투여된 면역 글로불린(예: RhoGAM)의 티메로살 노출이 태아에게 미치는 영향을 조사했다. 연구팀은 대부분의 산모가 독감 백신이나 항rhoD 면역 글로불린을 맞지 않았기 때문에 연구 코호트에서 출생 전 평균 노출량을 약 2~3mcg으로 계산했다.[51]

연구진은 티메로살에서 노출된 수은의 2 표준 편차, 즉 약 16.34mcg의 차이를 분석의 임계값으로 사용했다.[52]

그러나 안타깝게도 독감 백신 1회 접종 시 티메로살의 수은 표준 용량이 25mcg이라는 점을 고려하면 이는 인위적인 지표다.[53] 그럼에도 불구하고 연구 저자는 태아기 티메로살 노출과 자폐 스

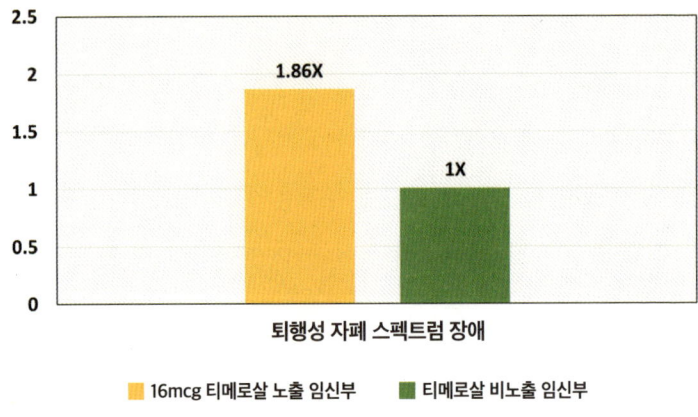

그림 11-8. 평균 16mcg의 티메로살에 노출된 임신부와 티메로살에 노출되지 않은 임신부를 비교한 산전 티메로살 노출로 인한 퇴행성 자폐 스펙트럼 장애의 승산비
출처: Price 외, 2010

펙트럼 장애 사이에 승산비가 1.86, 95% 신뢰구간 0.945~3.660 사이로 대단히 유의한 관계가 있다고 보고했다.[54]

특히 이번 연구 논문의 배경 연구에서 연구진은 태아기 티메로살 노출과 퇴행성 자폐 스펙트럼 장애의 여섯 가지 다른 변수를 실행했다.[55] 연구진은 두 가지 분석에서 통계적으로 매우 유의한 결과를 발견했고, 나머지 네 가지 분석에서는 약간 유의한 결과를 얻었다. 그러나 안타깝게도 CDC는 이 책 뒤의 부록 A와 B에 실린 〈티메로살과 자폐증〉(Abt Associates 작성) 보고서[56]에서 알 수 있듯이 약간 유의한 결과만 강조하고 매우 중요한 결과는 무시했다. CDC는 이 결과의 후속 연구를 완료하지 않았으며, 티메로살 노출과 자폐증 사이의 역할을 계속 부인하고 있다.

그림 11-9는 2014년 《미국 의사협회 저널(*Journal of the American Medical Association*)》에 실린 〈임신 중 백일해 백신 접종과 산과적(產科的) 사건과 출산 결과의 연관성 평가〉 연구 논문 결과를 보여준다.[57] 주 저자인 엘리스 카르반다 박사는 미네소타주 미니애폴리스에 있는 헬스파트너스 교육 및 연구소 소속이다. CDC는 이 연구에 자금을 지원했다. 카르반다는 VSD를 사용하여 산모용 권장 Tdap 백신을 접종받은 여성의 임신 결과를 평가했다. 임신 중 언제라도 Tdap 백신을 접종받은 여성 중 6.1%가 융모양막염을 경험했고, 비접종 여성은 5.5%에 불과했다.[58] 임신 중 접종받은 다른 백신을 고려할 때 Tdap 백신을 접종받은 여성은 융모양막염의 상대적 위험이 1.19이고 95% 신뢰구간은 1.13~1.26으로 통계적으로 유의하게 상승한 것으로 나타났다.[59] 융모양막염은 자

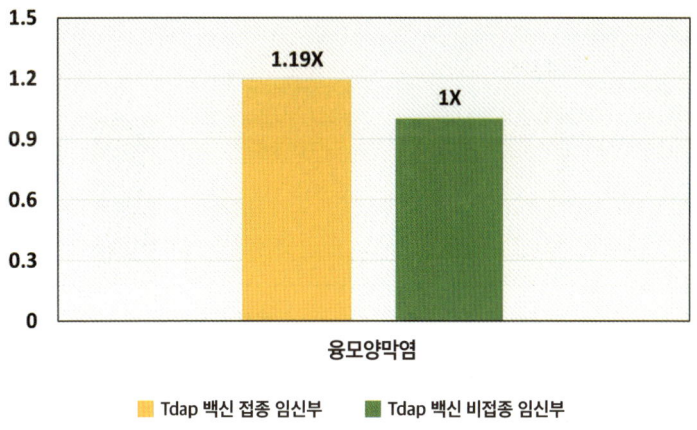

그림 11-9. Tdap 백신 접종 임신부와 비접종 임신부의 융모양막염 상대적 위험도
출처: Kharbanda 외, 2014

궁 내 태아를 감싸는 막에 발생하는 염증으로, 산모와 태아 중 한 사람 또는 둘 다 세균 감염과 관련된 위험한 질환으로 미숙아 출산이나 사산으로 이어질 수 있다.[60]

그림 11-10은 2017년 《백신》 저널에 실린 〈산전 Tdap 백신 접종과 산모 및 신생아 이상반응 위험〉 연구 논문 결과를 보여준다.[61] 주 저자인 J. 브래들리 레이턴 박사는 채플힐에 있는 노스캐롤라이나 대학교 역학과 소속이다. 레이턴 박사는 미국 임신부를 대상으로 한 대규모 코호트 연구에서 산전 Tdap 백신을 접종받지 않은 산모와 비교했을 때 최적 시기(임신 27주 이후)에 Tdap 백신을 접종받은 산모(위험비 1.11, 95% 신뢰구간은 1.07~1.15)와 융모양막염이 통계적으로 매우 유의한 관계임을 발견했다.[62] 산전 Tdap 백신을 조기(임신 27주 이전)에 접종받은 산모는 산전 Tdap

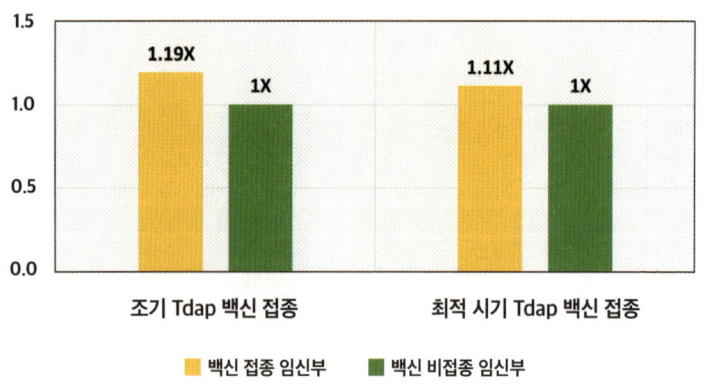

그림 11-10. 조기 또는 최적 시기에 Tdap 백신을 접종한 임신부와 비접종 임신부의 융모양막염 위험 비율
출처: Layton 외, 2017

백신 비접종 산모와 비교했을 때 위험비가 1.19, 95% 신뢰구간이 1.11~1.28로 나타났다.[63] 저자는 임신 중 독감 백신을 접종받은 여성을 고려하여 분석을 보정하지 않았다. 임신 중 Tdap 백신을 접종받은 여성의 약 50%가 인플루엔자 백신도 접종받은 반면, 임신 중 Tdap 백신을 접종받지 않은 여성의 18%만 인플루엔자 백신을 접종받은 것으로 나타났다.

그림 11-11은 2017년《백신》저널에 실린〈산전 Tdap 백신 접종과 산모 및 신생아 이상반응 위험〉연구 논문 결과를 보여준다.[64] 주 저자인 레이턴은 조기(임신 27주 이전) Tdap 접종과 관련된 산후 출혈의 위험비는 1.34, 95% 신뢰구간 1.25~1.44로 더 높다고 보고했다.[65] 산전 Tdap 백신을 접종받은 산모(임신 27주 이후)의 위험비는 1.23, 95% 신뢰구간은 1.18~1.28로 산전 Tdap 백신

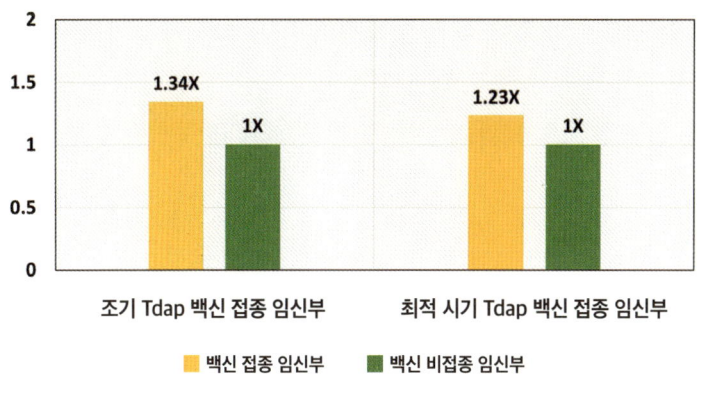

그림 11-11. 조기 또는 최적 시기에 Tdap 백신을 접종한 임신부와 비접종 임신부의 산후 출혈 위험 비율
출처: Layton 외, 2017

비접종 산모[66]와 비교했을 때 위험비가 더 높았다. 이 연구에서 발견된 문제 유형의 규모를 설명하자면 이 위험비는 모든 임신부가 Tdap 백신을 접종할 경우, 미국에서 연간 산후 출혈 사례가 추가로 2만 9,000건 발생할 수 있다는 의미다.

그림 11-12는 2017년 《백신》 저널에 실린 〈산모 Tdap 백신 접종과 영아 사망률 위험성〉 연구 논문 결과를 보여준다.[67] 주 저자인 말리니 드실바 박사는 미네소타주 미니애폴리스에 있는 헬스파트너스 소속이다. CDC는 이 연구에 직접 자금을 지원했으며 VSD 자료를 제공했다. 드실바는 약 20만 명의 임신부로 구성된 코호트에서 Tdap을 접종받은 임신부에서 융모양막염 발생률이 더 높다는 것을 확인했으며, 보정 비율은 1.23, 95% 신뢰구간은 1.17~1.28이다.[68]

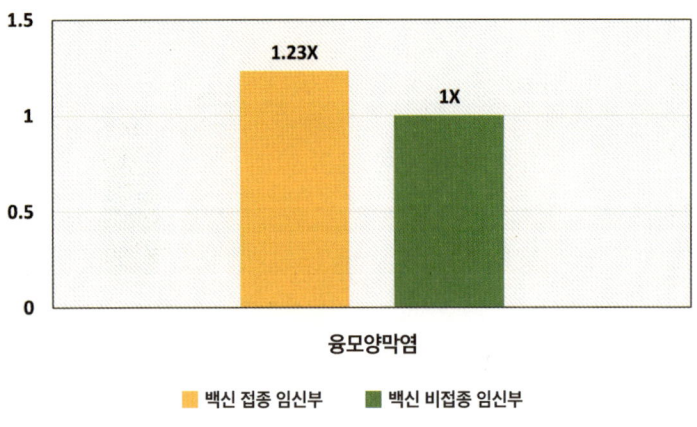

그림 11-12. Tdap 백신 접종 임신부와 비접종 임신부의 융모양막염 위험비
출처: DeSilva 외, 2017

그림 11-13은 2016년《백신》저널에 실린 〈2011~2015 기간 백신 이상반응 보고 시스템(VAERS)에서 임신 중 파상풍 톡소이드, 디프테리아 톡소이드와 백일해(Tdap) 백신의 감시 강화〉 연구 논문 결과를 보여준다.[69] 주 저자인 페드로 모로 박사는 CDC 면역안전실의 역학자다. 모로 박사는 CDC 예방접종자문위원회(ACIP)가 임신 3기에 Tdap 백신 접종을 권고하기 전과 후의 임신 부작용에 관한 VAERS 데이터를 비교했다. 연구 저자는 사산 보고가 전체 임신의 1.5%에서 2.8%로, 심각한 이상반응이 4.5%에서 6.9%로 증가한 것을 관찰했다.[70] 안타깝게도 연구 저자는 이런 결과를 "임신부에게 Tdap을 더 광범위하게 사용하는 것을 감안"하고 "과소 보고, 편견된 보고, 보고 수준의 불일치"라는 한계를 가진 VAERS를 근거로 무시했다.[71]

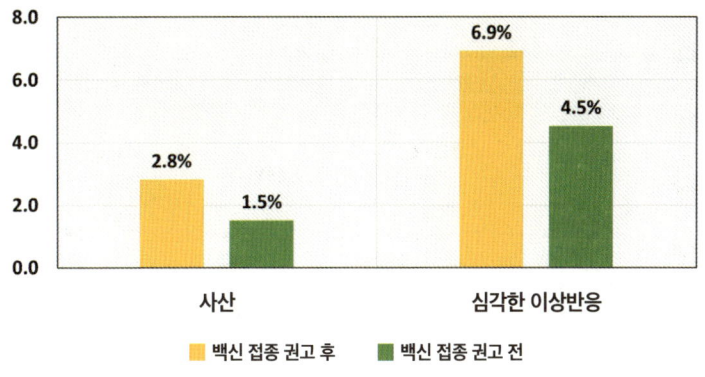

그림 11-13. 산전 Tdap 백신에 대한 ACIP 권고 전후에 VAERS에 보고된 사산과 심각한 이상반응 비율
출처: Moro 외, 2016

그림 11-14는 2022년 《뉴잉글랜드 의학 저널(*New England Journal of Medicine*)》에 실린 〈임신 중 COVID-19 백신 접종 후 급성 부작용 평가〉 연구 논문 결과를 보여준다.[72] 주 저자는 말리니 드실바 박사로 미네소타주 블루밍턴에 있는 헬스파트너스 연구소 소속이다. CDC는 이 연구에 재정을 지원했다. 임상시험에서는 미국에서 사용되는 코로나 백신을 임신부에게 특별히 검사하지 않았다. 코미르나티 백신 제품 설명서[73]는 이를 매우 명확히 밝히고 있다. 그러나 CDC는 "임신 중이거나 모유 수유 중이거나 현재 임신을 시도 중이거나 향후 임신 가능성이 있는 사람에게 코로나 백신 접종을 권장한다"[74]라고 밝혔다. 코로나 백신을 접종받은 임신부는 비접종 임신부와 비교하여 발열을 경험할 가능성이 2.85배, 무기력이나 피로를 경험할 가능성이 2.24배, 국소 반응이 지속될 가능성이 1.89배, 림프절 병증(림프절 부종)을 경험할 가능성이

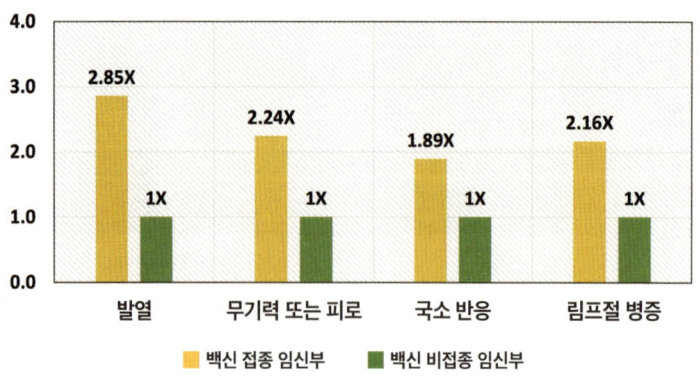

그림 11-14. 코로나 백신 접종 임신부와 비접종 임신부를 비교한 국소 및 전신 반응
출처: DeSilva 외, 2022

2.16배[75] 높았다. 연구 저자는 백신 접종 후 42일간만 코호트를 추적하여 장기 부작용을 평가하지는 못했다.

그림 11-15는 2022년 《미국 산부인과 저널(American Journal of Obstetrics and Gynecology)》에 실린 〈임신 중 3차 SARS-CoV-2 백신(추가 접종)의 안전성〉 연구 논문 결과를 보여준다.[76] 주 저자 아하론 딕 박사는 이스라엘 히브리 대학교 예루살렘 캠퍼스 하다사 의료 기관과 의과대학 산부인과 소속이다. 연구진은 5,618명의 임신부를 대상으로 백신을 접종한 2,305명과 비접종 3,313명을 조사했다. 연구 결과 화이자 BNT162b2 또는 모더나 mRNA-1273 코로나 백신을 완전히 접종받고 추가 접종(즉 3차례 접종)을 받은 임신부는 비접종 임신부보다 산후 출혈(출산 후 심한 출혈)을 경험할 가능성이 3배 높았다.[77] 또한 백신을 3회 접종받은 임신부는 비접

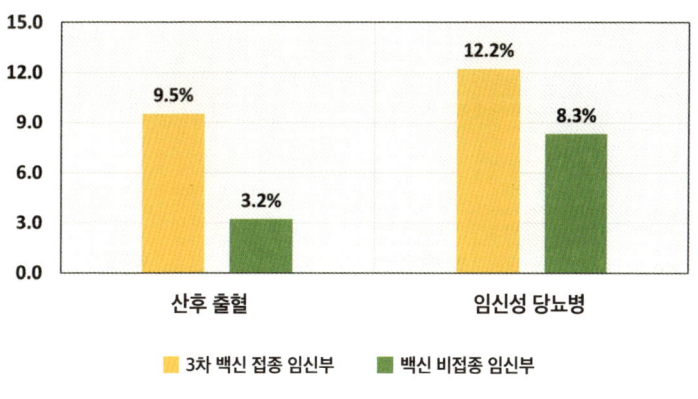

그림 11-15. 3차 코로나 백신 접종 임신부와 비접종 임신부의 산후 출혈 및 임신성 당뇨병 발생률
출처: Dick 외, 2022

종 임신부보다 1.5배 더 많이 임신성 당뇨병(고혈압)을 진단받았다.[78] 임신성 당뇨병은 임신 중 고혈압 위험을 증가시키고 분만 합병증과 미숙아 출산으로 이어질 수 있다.[79]

그림 11-16은 공개되지 않은 VAERS 분석 결과를 보여준다.[80] 2020년 12월 첫 코로나 백신 접종 이후 의사와 환자들은 코로나 백신으로 인한 자연유산 3,576건을 보고했다.[81] 이는 지난 32년 동안 VAERS에 보고된 다른 모든 백신의 자연유산 보고 건수 1,089건과 극명하게 대조되는 수치다. 또한 개인은 코로나 백신 접종 후 1만 9,040건의 불임 장애를 보고한 반면, 다른 모든 백신과 관련된 보고는 1,423건에 그쳤다.[82] 우리는 2023년 4월 7일 기준으로 업데이트된 VAERS 보고를 분석해 이 연구를 마쳤다.

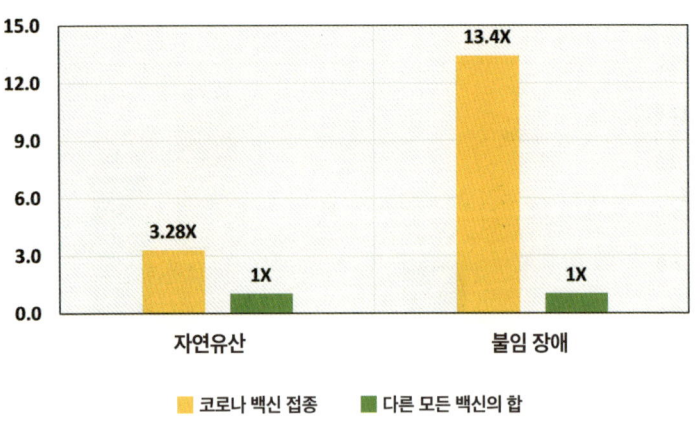

그림 11-16. 코로나 백신과 관련된 VAERS 보고와 다른 모든 백신과 관련된 32년간의 VAERS 보고 비율(2023년 4월 7일 기준)
출처: VAERS

그림 11-17은 2022년 《남성병 학술지(Andrology)》에 실린 〈COVID-19 백신 BNT162b2가 정액 기증자의 정액 농도와 총 운동성 정자 수를 일시적으로 손상시킨다〉 연구 논문의 결과를 보여준다.[83] 주 저자인 이타이 갓 박사는 이스라엘 츠리핀 샤미르 의료센터의 정자 은행과 남성학 부서 소속이다. 남성 기증자의 정액 내 정자 농도는 백신 접종 전부터 접종 후 75~125일 내에 15.4%(p-값=0.01, 95% CI -25.5~3.9) 감소했다.[84] 또한 같은 기간 동안 총 운동성 정자 수는 22.1%(p-값=0.007, 95% CI -35.0~6.6) 감소했다.[85] 이런 감소는 통계적으로 유의한 것으로 나타났다. 정자 농도와 총 운동성 정자 수는 150일 후에도 각각 15.9%와 19.4% 감소하여 감소율이 유지되었다.[86] 그러나 이런 결과는 측정

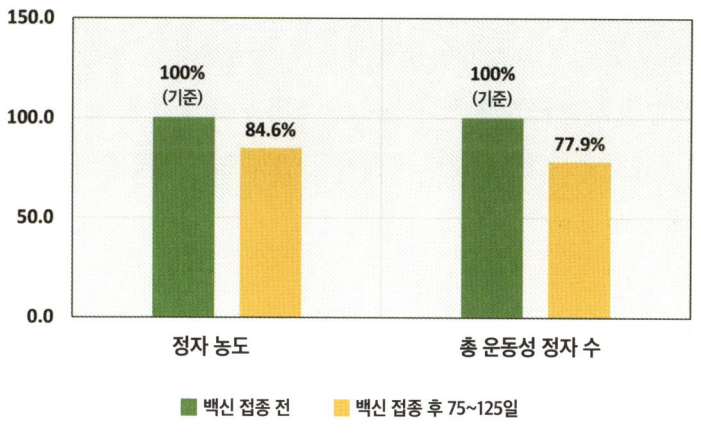

그림 11-17. 코로나 백신 접종 전과 후 75~125일 기간 내 정자 농도와 총 운동성 정자 수의 비율
출처: Gat 외, 2022

의 변동성이 높고 샘플을 제공한 피험자의 수가 적어 통계적으로 유의하지 않았다. 이런 통계력 감소로 인해 150일 후에 정액 매개 변수의 회복이 분명하다는 저자의 주장은 뒷받침되지 않는다.

요약

이 장에 인용된 논문 네 편에서 인플루엔자 백신 접종과 태아 손실의 연관성이 구체적으로 밝혀졌다. 어빙은 의사가 임신 전에 독감 백신을 접종했을 때의 연관성을 발견했다.[87] 골드먼[88]과 도나휴는[89] H1N1 백신과의 연관성을 관찰했고, 돈젤리는[90] 3가 불활화 백신과의 연관성을 보고했다. 저보는 인플루엔자 백신 접종과 자폐 스펙트럼 장애를 연관시켰다.[91] 프라이스는 임신 중 접

	Zerbo 외, 2017	Irving 외, 2013	Goldman, 2013	Donahue 외, 2017	Donzelli 외, 2019a	Donzelli 외, 2019b	Christian 외, 2011	Price 외, 2010	Layton 외, 2017
자폐 스펙트럼 장애	√							√	
태아 손실		√	√	√	√				
심각한 이상반응					√				
염증 인자							√		
융모양막염									√

표 11-1. 인플루엔자 백신 접종 임신부와 비접종 임신부의 건강 결과 비교 요약. 유의하게 높은 승산비, 상대 위험도, 위험 비율 또는 발생률은 √로 표시된다.

종한 인플루엔자 백신을 통한 티메로살 노출과 항RhoD 면역 글로불린의 관계를 관찰했다.[92] 연구진은 각각의 연구에서 심각한 이상반응[93]과 염증 표지자(C-반응성 단백질과 TNF-α) 증가와[94] 융모양막염을 보고했다.[95]

세 개의 연구는 Tdap 백신을 접종받은 임신부가 비접종 임

	Kharbanda 외, 2014	Layton 외, 2017	DeSilva 외, 2017	Moro 외, 2016	DeSilva 외, 2022	Dick 외, 2022	VAERS 2022	Gat 외, 2022
융모양막염	√	√	√					
산후 출혈		√				√		
태아 손실				√			√	
심각한 이상반응				√				
발열					√			
무기력증					√			
국소 반응					√			
림프절 병증					√			
임신 당뇨						√		
불임							√	√

표 11-2. Tdap 백신(흰색) 또는 코로나 백신(노란색) 접종 임신부와 비접종 임신부의 건강 결과 비교 요약. 유의하게 높은 승산비, 상대적 위험, 위험 비율 또는 발생률은 √로 표시된다.

신부에 비해 융모양막염 발생률이 높았음을 보여준다.[96,97,98] 레이턴은[99] 산후 출혈의 높은 발생률을 보고했으며, 모로는[100] ACIP가 임신부를 위한 Tdap 백신을 승인한 후 VAERS에 태아 손실과 심각한 부작용 사례 보고가 늘었음을 보여주었다. 코로나 백신 접종은 태아 손실,[101] 산후 출혈,[102] 임신성 당뇨병,[103] 불임 문제와[104,105] 관련이 있다. 갓은 코로나 백신 접종 후 정자 수가 낮아지는 것을 보고했고,[106] 드실바는 코로나 백신의 장기적인 후유증을 보고하지는 않았지만 발열, 불쾌감, 국소 반응, 림프절 병증 등 단기적인 코로나 백신 이상반응이 증가했다고 보고했다.[107]

'아동 건강 보호' 직원들의 후기

백신 안전 프로젝트-6단계 개요

자폐증, 주의력 결핍 과잉 행동 장애, 간질, 자가면역 질환, 치명적인 알레르기, 영아 돌연사 증후군, 소아 류머티즘 관절염, 당뇨병, 학습 장애 등은 지난 30년 동안 계속 증가하고 있다. 우리 아이들의 50% 이상이 만성 질환을 앓고 있다. NIH 연구에 따르면, 13~18세 청소년의 49.5%가 정신 장애를 앓고 있다. 이는 절대로 용납할 수 없는 일이다.

— 로버트 F. 케네디 주니어

아동 건강 보호(CHD, Children's Health Defense) 단체의 백신 안전

프로젝트는 미국 정부의 백신 승인/권고 절차와 시판 후 안전성 모니터링 조사 검토의 결과다. CHD와 로버트 F. 케네디 주니어는 백신 안전성을 개선하고 백신으로 인한 부작용으로부터 아동을 보호하기 위해 필요한 권장 사항으로 이 6단계를 작성했다. 부모와 안전한 백신 옹호자들은 이 지침을 연방 백신 프로그램, 백신 안전성, 백신 상해 보상 프로그램 등의 내용을 알아야 하는 지역 정책 입안자, 주와 연방 의원, 공중보건 공무원을 교육하는 도구로 활용하길 바란다.

백신 프로그램이 장기적으로 건강에 미치는 영향은 충분히 연구되지 않았으며, 보건 당국은 이해 상충을 가진다. 아동기 전염병이 예방접종 일정과 함께 급증하고 있다. 백신에는 신경 독성, 발암성, 자가면역을 유발하는 것으로 알려진 많은 성분이 포함되어 있다.

백신 부작용은 실제로 발생할 수 있다. 2023년 6월 1일 기준으로 미국 HHS의 국가 백신 상해 보상 프로그램은 1988년 이후 백신 부작용에 약 50억 달러의 보상금을 지급했다.[1]

이 백신 안전 프로젝트 운동은 전 세계 공중보건 정책의 지속적인 변화를 이끌어내기 위해 모든 안전한 백신 옹호자들에게 행동을 촉구하는 것이다. 지금 우리의 노력이 미래 세대의 생명을 보호할 것이다.

— 브라이언 후커 박사

안전한 예방접종을 위한 6단계

1. 백신은 과학적으로 엄격한 승인 절차를 거쳐야 한다.
2. 백신 이상반응 보고를 의무화한다. 연구를 위해 VAERS와 VSD 시스템을 자동화한다.
3. 연방정부의 백신 승인 및 권고와 관련된 모든 당사자에게 이해 상충이 없는지 확인한다.
4. 근거 기반 가이드라인을 채택하기 전에 질병통제센터(CDC) 예방접종자문위원회(ACIP)에서 권장하는 모든 백신을 재평가한다.
5. 일부 개인이 백신 부작용에 더 취약한 이유를 연구한다.
6. 충분한 정보에 입각한 사전 동의와 백신 접종을 거부할 수 있는 개인의 권리를 지원한다.

상식적으로 안전한 예방 접종을 위한 다음 6단계는 반드시 지켜져야 한다.

1. 백신은 과학적으로 엄격한 승인 절차를 거쳐야 한다

백신은 FDA의 생물학적 제제 평가연구센터(CBER)에서 '생물학적 제제(製劑)'[2]로 규정한 대상인데 약물평가연구센터(CDER)에서[3,4] 규제하는 신약에 적용하는 동일한 수준의 안전성 테스트를 항상 거치지는 않는다.

- 건강한 환자에게 접종하는 백신은 기존 질병을 치료하기 위해 접종하는 것이 아니므로 약물보다 더 엄격하게 검사해야 한다.
- 현재 불충분한 검사로 인해 백신의 안전성과 비용의 실제 이득 대비 위험 평가는 정확하게 계산할 수 없다.

이런 백신들이 매년 약 400만 명의 미국 영유아에게 접종된다.

2. 백신 이상반응 보고를 의무화한다. 연구를 위해 VAERS와 VSD 시스템을 자동화한다

현재 백신 접종 후 부작용 보고와 연구는 주먹구구식이고 낡은 방식이다. 이 두 데이터베이스는 미국의 허가 후 감시의 주요 출처이므로 임상시험에서 불분명하거나 미처 발견되지 않은 백신 접종의 심각한 부작용을 놓칠 수 있다.

백신 부작용 보고 시스템(VAERS)은 의사와 환자가 백신 접종 후 부작용을 보고하는 온라인 시스템이다. 미 보건복지부(HHS)는 이 시스템에 실제 부작용의 약 1%만 기록될 가능성이 있다고 인정하지만 3년간의 HHS/AHRQ 연구에서 전자 의료 기록을 사용한 보고 자동화의 가능성이 확실함에도 불구하고[14] 질병통제예방센터(CDC)는 "테스트와 평가를 진행하라는 여러 요청"에 응답하지 않고 있다.

일반적인 의약품 승인 절차	일반적인 백신 승인 절차
부작용에 대한 승인 허가 전 후속 조치에는 수년이 걸리는 경우가 많다. 예를 들어 리피토-4.8년[5] 엔브렐-6.6년[6] 스텔라라-5년[7]	부작용에 대한 승인 허가 전 후속 조치는 짧게는 2~5일 정도 소요될 수 있다. 예를 들어 HepB(엔제릭스-GSK)-4일[8] HepB(리콤비박스-머크)-5일[9] 소아마비(IPOL-사노피 파스퇴르)-2일[10] Hib(페드백스-머크)-3일[11] Hib(하이베릭스-GSK)-4일[12] Hib(ActHib-사노피 파스퇴르)-30일[13]
생명을 위협하는 질병(암 등)의 약물을 제외하고 비활성 위약 임상시험은 일반적으로 현재 표준 치료법이다.	비활성 위약 임상시험은 실시하지 않는다. 백신을 접종한 어린이와 접종하지 않은 어린이를 비교하는 임상시험은 실시하지 않는다.
위약은 주로 다음과 같다. • 식염수 • 활성 알약처럼 보이도록 설계된 설탕 알약 • 다른 비활성 물질 또는 염기	위약은 주로 다음과 같다. • 다른 백신이지만 항상 같은 질병에 대한 백신은 아니다. • 알루미늄이나 수은과 같은 비활성 백신 성분이 아닌 보조제 또는 방부제 • 백신들
교육과 소송을 통해 안전 후속 조치를 장려한다. 더 안전한 의약품을 생산하기 위한 자유 시장의 견제와 균형이 존재한다.	국가 아동 백신 상해법에서 규정하는 백신 제조업체에 대한 제조물 책임이 없기 때문에 안전한 백신을 생산하기 위한 시장 인센티브를 제공하지 않는다.

- 백신 임상시험에는 일반적으로 몇천 명의 환자만 등록한다. 백신이 수백만 명의 건강한 개인을 대상으로 사용하도록 승인된 이후에는 알려진 이상반응의 비율과 새로운 또는 희귀한 이상반응을 모니터링하는 것이 필수적이다.
- 적절한 안전성 후속 조치가 없으면 심각한 부작용을 완전히 놓칠 수도 있어 사람들이 위험에 처할 수 있다(과거 안전성 후속 조치가 중요했던 예로는 호르몬 대체 요법, 바이옥스, 암페타민 등이 있다).
- 백신을 접종한 집단과 접종하지 않은 집단의 광범위한 건강 결과를 비교한 연구는 없었다.

국가 아동 백신 상해법(NCVIA)에 따라 의료 서비스 제공자는[15] 다음과 같은 상황을 보고해야 한다.

- 백신 제조업체가 밝혔던 백신 추가 접종 금기 사항에 관한 모든 이상반응
- 백신 접종 후 지정된 기간 내에 발생하는 백신 부작용 보고 시스템(VAERS) 내 항목에 해당하는 모든 이상반응

하지만 실제로는 이런 일이 일어나지 않는다. 부작용을 보고하지 않아도 아무런 불이익이 없다. 의무적으로 보고해야 하는 규정을 따르지 않아도 법적으로 기소할 명분이 없기 때문에 바쁜 의사

가 백신 안전 문제를 보고해서 받는 이득이 없다.

백신 안전성 데이터링크(VSD)는 CDC 예방접종안전국과 8개 민간 의료 기관 간의 협력 프로젝트다. VSD는 백신의 안전성을 모니터링하고 백신 접종 후 드물고 심각한 부작용 연구를 수행하기 위해 1990년에 시작되었다.[16] 그러나 현재 이런 연구는 공공 자금이 지원되는 자료에 관한 접근성 부족, 보고의 다양성과 데이터베이스의 통계적 구조로 방해를 받고 있다.

3. 연방정부의 백신 승인 및 권고와 관련된 모든 당사자에게 이해상충이 없는지 확인한다

FDA의 백신과 관련하여 생물학적 제제 자문위원회(VRBPAC)는 백신의 허가를 담당한다. CDC 예방접종자문위원회(ACIP)는 기존 예방접종 일정에 백신을 추가하는 일을 담당한다.

- 백신 특허에 자신의 이름이 등재된 CDC 또는 NIH 직원은 기한 제한 없이 연간 최대 15만 달러의 라이선스료를 받을 수 있다.[17]
- VRBPAC와 관련하여 하원 위원회(OGR) 보고서에는 "투표권을 가진 회원과 컨설턴트의 대다수는 제약사와 상당한 관계를 맺고 있다", "제약사와 깊은 관계를 맺는 위원회 회원들도 위원회 절차에 참여할 수 있는 권리를 부여받는다"[18]라고 나온다.

- ACIP와 관련된 유사한 보고서에는 "CDC는 매년 ACIP 회원에게 이해 상충과 상관없이 모든 주제에 대해 1년 내내 심의할 수 있도록 포괄적인 참여권을 부여한다"[19]라고 나온다.
- 2009년 HHS 감사관실 보고서에 실린 내용은 다음과 같다.[20]
    - "CDC는 윤리 프로그램에 관한 체계적인 감독이 부족했다."
    - 위원회 위원의 97%는 이해 상충 공개가 누락되었다.
    - 위원회 위원의 58%는 적어도 한 개 이상 확인되지 않은 잠재적 이해 상충을 가졌다.
    - 위원회 위원의 32%는 적어도 한 개 이상 해결되지 않은 이해 상충을 가졌다.
    - CDC는 이해 상충이 있는 위원에게 계속해서 광범위한 권리 행사를 허용했다.

모든 백신 규제 기관은 윤리 정책을 엄격하게 시행하여 예방접종 프로그램에 재정적 이해 상충이 영향을 주지 못하도록 해야 한다.

4. 근거 기반 가이드라인을 채택하기 전에 ACIP에서 권장하는 모든 백신을 재평가한다

예방접종 시행에 관한 자문위원회의 투표 결과는 다음과 같다.

- 수백만 명의 어린이에게 예방접종 의무화
- 제조업체의 책임 면책
- 아동 프로그램에 백신 포함

그러나 2012년 이전에는 ACIP가 예방접종 권장 사항을 평가할 때 근거 기반 가이드라인을 사용하지 않았다. 근거 기반 진료란 "개별 환자의 치료에 관한 결정을 내릴 때 현재 가장 좋은 근거를 양심적으로 분명하고 신중하게 사용하는 것"이다. 이는 개별 임상 전문 지식과 체계적인 연구를 통해 얻은 최상의 외부 임상 증거를 통합하는 것을 의미한다.[21] 2013년 11월에 발표된 최종 ACIP 지침은 최초로 각 집단에 대한 예방접종 권장 사항의 근거가 되는 연구의 질과 강도를 평가하는 표준화된 계획을 명확하게 제시했다. ACIP의 권장 사항에는 접종 대상, 접종 시기, 접종 간격, 접종 횟수, 부스터와 각 백신을 접종받는 적절한 연령 등이 포함된다.

연간 약 400만 명의 아기에게 제공되는 CDC의 영유아 예방접종 일정은 이런 지침이 시행되기 전에 대부분 채택되었다. 근거 기반 가이드라인이 채택되기 전에 권장된 백신은 '예외 백신'으로 간주되어서는 안 된다. 기존의 ACIP 권고안은 새로운 가이드라인

과 최신 연구에 근거하여 철저히 검토되어야 한다.

5. 일부 개인이 백신 부작용에 더 취약한 이유를 연구한다

현 국립 의학 아카데미(National Academy of Medicine)로 바뀐 미국 의학연구소(The Institute of Medicine)는 1991년, 1993년, 2011년 세 차례에 걸쳐 백신 부작용이 의심되거나 보고된 백신 부작용 증거에 근거한 우려스러운 보고서를 발표했다.

- 2013년 국제보건기구(IOM)는 전체 아동 예방접종 일정을 연구한 결과 다음과 같이 밝혔다.

백신 접종을 완전히 받지 않은 어린이 집단과 완전히 받은 어린이 집단 간의 건강 결과의 차이를 비교한 연구는 없다. (……) 또한 누적 백신 접종 횟수의 장기적인 영향이나 예방접종 일정의 다른 측면을 조사하기 위해 고안된 연구는 수행되지 않았다.[25]

- 백신 상해 보상 프로그램은 예방접종으로 발생한 상해 피해자에게 약 50억 달러의 보상금을 지급했다. 상해 보상을 받은 어린이와 성인을 대상으로 상해 원인을 연구하여 모두에게 더 안전한 백신을 만들기 위한 노력을 기울이고 있다. 감염병 예방에 힘쓰는 것만큼이나 백신 상해 예방에 대해서도 적극적으로 대처해야 한다.

연도	연구한 백신	검토한 부작용 건수	백신과의 인과성을 인정하는 증거	백신과의 인과성을 거부하는 증거	백신과의 인과성을 인정하거나 거부하기에 부족한 증거
1991[22]	디프테리아·백일해·파상풍·홍역·볼거리·풍진	22	6	4	**12**
1993[23]	디프테리아·파상풍·홍역·볼거리·풍진, B형 간염, 헤모필루스 인플루엔자 b형	54	12	4	**38**
2011[24]	수두, 파상풍, B형 간염, 홍역·볼거리·풍진	155	16	5	**134**
합계		231	34	13	**184**

미국 의학연구소에서 발표한 백신 종류와 보고된 부작용 인과성

백신 안전성 연구, 특히 장기간의 안전성 연구는 아동의 안전을 보장하거나 사전 동의를 위한 목적으로 위험성을 정확하게 평가하기에 부족하다.

6. 충분한 정보에 입각한 사전 동의와 백신 접종을 거부할 수 있는 개인의 권리를 지원한다

미국 소아과학회의 사전 동의 윤리에 관한 성명서에는 다음과 같은 규정이 포함되어 있다. "환자는 (……) 백신 접종과 관련된 위험성과 성격, 권장되는 대체 치료법(치료 거부 포함), 잠재적 이득과 위험성을 이해할 수 있는 단어로 설명받아야 한다."[26]

- 백신 접종의 경우 실제 환경에서는 사전 동의가 완전히 무시되는 경우가 많다.

  현행 의료법은 "미국에서 아동이나 성인에게 디프테리아, 파상풍, 백일해, 홍역, 유행성 이하선염, 풍진, 소아마비, A형 간염, B형 간염, 헤모필루스 인플루엔자 b형(Hib), 독감, 단백 결합 폐렴구균, 수막구균, 로타바이러스, 인유두종 바이러스(HPV) 또는 수두 백신을 접종하는 모든 의료 제공자는 이런 백신 중 하나라도 '접종하기 전에' 접종 대상자의 부모나 법정 대리인 또는 접종 대상 성인이 CDC에서 제작한 최신판 백신 정보 자료를 보관할 수 있도록 그들에게 제공해야 한다"라고 명시한다.[27]

- 의료 현장에서는 특히 하루에 여러 백신을 접종받는 경우, 많은 부모가 병원을 나갈 때 백신 정보 문서(VIS, Vaccine Information Sheet)를 받았지만 백신 접종 전에 백신

에 관한 설명은 없었다고 보고한다. 또한 백신의 금기 사항을 확인하기 위해 접종자의 병력을 철저히 알아보는 경우도 드물다. 예를 들어 자가면역 가족력이 있는 환자는 백신 접종 후 자가면역 반응이 발생할 위험이 높다.

다음은 환자가 백신 정보 문서에서 나중에 알게 될 수 있는 정보 유형의 예다.

- "MMR 백신 접종 후 중증 부작용은 매우 드물게 보고되었으며 MMRV 백신 접종 이후에도 발생할 수 있다. 여기에는 청각 장애, 만성 발작, 혼수상태, 의식 저하, 뇌 손상 등의 부작용이 포함된다."
- 또는 소아마비 백신 정보 문서와 다른 여러 문서에 "다른 약과 마찬가지로 백신으로 인해 심각한 부상이나 사망이 발생할 가능성은 매우 희박하다"라고 적혀 있다.

정보에 입각한 사전 동의 부족은 백신 광고에도 적용된다. 텔레비전 의약품 광고는 해당 의약품의 부작용 위험성을 자세히 설명하지만 백신 광고는 그렇지 않다. 환자는 다시 한번 불리한 입장에 처하게 된다.

결론

충분한 정보에 입각한 사전 동의와 백신 접종을 거부할 수 있는 개인의 권리 주장은 장기 추적과 감시가 부족할 뿐 아니라 부작용의 1%만 보고되며,[28] 백신 권장 사항은 규제 당국의 재정적 이해 상충으로 오염되어 있다. 게다가 현재의 아동 예방접종 일정은 증거 기반 과학과 정책을 사용하여 승인되지 않았고, 예방접종 일정은 완전 접종자와 비접종자를 비교하여 검증된 적이 없으며, 어떤 환자에게 어떤 부작용이 발생할 가능성이 있는지에 관한 연구가 드문 상황에서 필수적으로 요구되고 있다. 미국은 현재 많은 아동기 유행병 상황을 맞고 있다. 우리 아이들의 50% 이상이 만성 질환을 앓고 있다.[29] 우리는 가능한 한 빨리 아이들의 건강에 어떤 일이 일어나고 있는지 연구하고 이를 바로잡아야 할 의무가 있다.

부록 A

놓친 기회: 2017년 5월 콜린스, 파우치 등과의 NIH 회의의 여파

2017년 1월, 도널드 트럼프 대통령 당선인이 로버트 F. 케네디 주니어를 백신안전위원회 위원장으로 초빙했다는 소식이 전해지자 안전한 백신 옹호자들과 백신 피해 아동 부모들의 환영과 주류 의학, 공중보건 관계자, 제약 업계의 막대한 이익을 보는 사람들의 분노라는 확연히 다른 두 가지 반응이 전국적으로 나타났다. 미국 소아과학회를 비롯한 350개 이상의 의료 단체는 2월 7일 트럼프 대통령에게 서한을 보내 백신은 안전하며 백신을 조사하는 내신 "모든 인구의 예방접종률을 높이기 위해 백신의 중요성에 관해 환자와 가족 교육에 필요한 투자를 늘려야 한다"고 주장했다.[1] 2017년 3월에 제약 업계의 막강한 친구인 빌 게이츠는 트럼프 대통령에게 백신안전위원회 설립이 "……막다른 길이 될 것이다. 그것은

나쁜 일이 될 것이다. 설립하지 마시라"라고 조언한 것을 자랑했다.²

2017년 5월 NIH와의 회의 이후 케네디와 CHD는 자신들이 불리한 상황에 놓여 있음에도 불구하고 콜린스 박사와 파우치 박사에게 백신 접종자 대 백신 비접종자 연구의 필요성을 알리고, 보다 엄격한 백신 안전성 연구를 수행하기 위해 계속 노력을 기울였다. 앞으로 살펴볼 NIH에 보낸 두 서신과 유일하고 빈약한 그들의 답장을 통해 알 수 있듯이 케네디는 이런 노력을 위한 합리적이고 과학적인 정당성을 분명하게 제시하고 있다. 오늘날 코로나 백신의 '안전성과 효능'에 관한 정부와 업계의 끊임없는 선전을 포함하여 코로나 위기에 대한 미국의 대응으로 인한 파괴적이고 지속적인 영향을 고려할 때 백신안전위원회가 계속 발전했다면 미국 시민들이 고통을 피하거나 개선할 수 있지 않았을까? 라는 질문을 던지게 한다.

부록 B

로버트 F. 케네디 주니어가
NIH 프랜시스 콜린스 박사에게 보낸 이메일[1]

친애하는 프랜시스 박사님께

박사님이 보낸 이메일은 백신 안전성 과학에서 더 커져가는 결함과 이 결함을 메꾸기를 거부하는 HHS의 조치에 대해 회의에서 제기한 핵심 사항의 상징입니다. 저희는 백악관과 HHS 고위 관리들과의 두 시간에 걸친 회의에서 안전성 테스트와 감시(허가 전과 허가 후 모두)의 중대한 결함과 CDC와 FDA에서 벌어지는 이해 상충 자료들을 통해 이 기관들이 다른 모든 약물에는 기본적인 안전성 연구를 의무화하면서 백신만 거부하는 상황을 포함해 이런 문제들을 해결하지 못하는 것을 설명했습니다. 박사님의 답변은 이런 결함의 한 가지라도 해결하려는 대책을 제안하기보다는 기본적인 백신 안전성 과학을 수행할 수 없다는 주장을 정당화하려고 합니다. 이는 박사님이 HHS 장관에게 안전성 테스트와 모니터링을 포함한 백신 안전성 개선 방안을 권고할 책임이 있는 연방정부 태스크 포스의 책임자라는 점에서 특히 문제가 됩니다.

백신 안전성 데이터링크(VSD)에 관한 박사님의 주장은 어떠한 경우에도 잘못된 것이며, 지금부터 차례로 다루고자 하는 여러 가지 중요한 문제를 야기합니다.

1. VSD 백신 접종자 대 비접종자 연구
- 미국 의학연구소(IOM)가 백신 접종 아동과 비접종 아동을 연구하는 데 VSD를 사용할 수 없다는 박사님의 주장은 사실이 아닙니다. 실제로 IOM은 박사님이 인용한 바로 그 보고서에서 그런 연구가 가능하다고 구체적으로 결론을 내렸습니다. "일부 이해관계자들은 백신을 접종받은 어린이와 접종받지 않은 어린이 또는 다른 일정으로 백신을 접종받은 어린이를 비교하는 등 추가 연구를 제안했습니다. VSD 같은 대규모 데이터베이스에 포함된 환자 정보 분석을 통해 이런 비교를 할 수 있습니다."[2] 이 보고서에서도 이를 제시하고 있습니다. "아동 예방접종 일정의 안전성을 연구하는 가장 실현 가능한 접근법은 VSD 데이터를 분석하는 것입니다."[3] 동일한 IOM 보고서에서 박사님이 인용한 내용은 소규모 격리 집단의 잠

재적이고 전향적인 코호트 연구(즉 무작위 대조 시험)에 관한 IOM의 분석을 문제 삼는 것입니다. 박사님이 인용한 내용은 저희가 제안한 VSD를 활용한 후향적 연구와는 아무런 관련이 없습니다.

• 박사님이 다음으로 주장하신 VSD 자료에 백신 비접종자 수가 충분하지 않다는 것도 사실이 아닙니다. 2013년에 CDC가 2004년부터 2008년 사이에 태어나 VSD 자료에 포함된 아동을 대상으로 한 연구에 따르면, 약 50%(약 16만 명)가 백신 접종을 받지 않았으며 약 1%(약 3,200명)는 생후 2년 동안 백신을 하나도 접종받지 않은 것으로 나타났습니다. 이 2013년 연구는 연구 기간이 4년으로 제한되었지만 VSD에는 25년간의 데이터가 있습니다. 따라서 백신 접종을 다 마치지 못했거나, 하나도 접종받지 않은 전체 수는 2013년 연구에서 보고된 수보다 훨씬 많으며 충분한 후향적 연구[4]를 수행할 수 있습니다.

• 외부 연구자가 몇 가지 기본 요건을 충족하면 VSD에 접근할 수 있다는 박사님의 주장 역시 오해의 소지가 있으며 사실이 아닙니다. 개인 정보의 안전과 사생활을 보장하기 위해 데이터 접근을 제한하는 기본 원칙에는 동의하지만 HHS는 독립적인 과학자의 접근을 사실상 불가능하게 만드는 제한적인 기준을 부과했습니다. CDC는 외부 연구자의 VSD 접근을 체계적으로 차단하고 지연시키

며 약화시켰습니다. 실제로 지난 17년 동안 의회의 지속적인 개입이 있은 후에야 CDC와 무관한 연구자 중 단지 두 명만 VSD에 접근 권한을 얻었고, 이후 의회 서한에서 그들이 CDC에서 받은 대우는 "대단히 악랄하고 부끄러운" 것으로 드러났습니다. 또한 VSD에 접근이 허용되는 현실을 좀 더 알아보면 CDC 홈페이지에 "2000년 이전에 생성된 VSD 자료는 새로운 백신 안전성 연구 분석을 위해 연방 연구자료센터(RDC)에 있는 자료 공유 프로그램을 사용하면 접근이 가능합니다"라고 나옵니다.[5] 이런 자의적인 제한 때문에 유효한 종단적 백신 안전성 연구를 수행할 수 없습니다. HHS가 지난 17년 가치에 해당하는 데이터에 접근을 거부할 논리적 이유는 없습니다(외부 연구자의 제한과는 대조적으로 CDC는 VSD 자료를 사용하여 해를 끼치는 특정 백신과 특정 백신 성분에 면죄부를 주기 위해 수백 건의 논문을 발표하고 이런 연구에 문제를 제기할 때 연구의 근거가 되는 원자료 공개를 거부하는데, 이는 모든 과학 프로토콜에 상반되는 일입니다).

- 마지막으로 박사님이 혼동 변수 때문에 VSD에 등록된 백신 접종 상태가 다른 아동의 연구를 수행할 수 없다는 주장이 맞는다면 CDC가 VSD를 근거로 한 모든 티메로살과 MMR 연구를 포함한 200여 건 이상의 연구 상당수가 유효하지 않게 됩니다.[6]

VSD의 목적은 백신의 안전성을 평가하기 위한 정보 저장소를 제공하는 것입니다. 미국 납세자들은 이를 위해 매년 2700만 달러의 비용을 지불하며 VSD를 유지하고 있습니다. 박사님은 지금 정말로 본인이 이끄는 기관에서 사용하는 보관 방법 때문에 VSD가 이런 목적에 부적합하다고 주장하고 계신가요? 또한 NIH의 수뇌부가 모든 약물에 요구되는 것처럼 백신을 접종받은 사람들의 실제 건강 결과와 접종받지 않은 사람들의 건강 결과를 비교하는 안전 예방 조치를 고안할 수 없다고 주장하고 계신가요?

2. 백신 안전성 개선을 권고해야 하는 NIH 국장의 법적 의무

박사님도 충분히 인지하듯이, 미국 법은 아동 백신 안전에 관한 전담팀을 명시적으로 구성하고 있으며, 박사님이 바로 그 위원장을 맡고 있습니다.

보건복지부 장관은 더 안전한 아동용 백신에 관한 태스크포스팀을 구성하며 이 태스크포스팀은 국립보건원 국장, 식약청 청장, 질병통제예방센터 국장으로 구성됩니다. NIH 국장은 태스크포스의 위원장을 맡습니다. 이와 관련하여 [보건복지부] 장관에게 권고안을 준비해야 합니다. [부작용 사례가 적고 덜 심각한 부작용이 발생하는 아동용 백신의 개발을 늘리기 위해] (……) [1987년 12월 22일] 그리고 백신의 품질을 향상하기 위해 그리고 백신의 부작용 위험을 줄이기 위해 백신의 허가, 제조, 처리, 시험, 라벨링, 경고, 사용 지침, 유통, 보관, 관리, 현장 감시, 부작용 보고,

……와 백신 연구와 관련하여 장관을 존중하며 그가 권한을 사용하는 것을 보장하고 개선한다(42 U.S.C. § 300aa-27). 이 법은 백신 안전성 개선을 위해 모든 방식과 형식으로 HHS 장관에게 권고안을 개발할 책임이 박사님에게 있음을 분명히 하고 있습니다. 백신 안전성에 관한 가장 기본적인 연구를 회피하려는 박사님의 답변은 앞서 책임지겠다고 언급한 약속에 의문을 제기합니다. 따라서 NIH 국장으로 재직하는 동안 HHS 장관에게 제출한 백신 안전성 개선을 위한 모든 권고 사항의 서면 사본을 제공해주실 것을 요청합니다.

3. 사전 허가 안전성 검사

저희들은 회의 중에 백신의 사전 허가 안전성 검사와 관련된 몇 가지 문제를 논의했으며 박사님과 직원들이 보관하고 있다는 추가적인 보충 자료와 설명을 기다리고 있습니다. 회의 중에 귀하는 이런 항목의 사본을 제공하겠다고 약속했습니다.

a. 생후 1일 된 아기에게 접종하는 B형 간염 백신의 안전성 데이터: 파우치 박사는 회의에서 미국에서 생후 1일 된 아기에게 접종하는 두 가지 B형 간염 백신(Engerix와 Recombivax)에 대해 제조업체가 공개한 4일과 5일 안전성 검토 외에 허가 전 안전성 테스트가 있었다고 친절하게 설명했습니다. 파우치 박사의 주장이 사실이라면 제조업체가 의약품 설명서와 웹사이트에 이 정보를 공개하지 않

은 이유를 이해하기 어렵습니다. 그럼에도 불구하고 저희는 파우치 박사의 주장을 그대로 받아들이지만 엔제릭스(Engerix)와 리콤비백스(Recombivax)의 허가 전 추가 안전성 데이터를 아직 받지 못했습니다. 언제 해당 정보를 제공할 계획이신가요?

b. HPV 허가 연구 식염수 위약 데이터: 회의에서 논의한 바와 같이 HPV 백신의 허가 전 임상시험에는 (HPV 백신을 접종받은) 피험자 그룹과 (모든 형태의 전신 자가면역 질환과 관련된) 알루미늄 보조제를 접종받은 그룹, 식염수 위약을 접종받은 그룹 등 두 대조군 그룹이 있었습니다. 국소 반응의 경우 세 그룹 간의 차이가 보고되었지만, 전신 자가면역 질환의 경우 알루미늄 보조제와 식염수 위약 그룹의 데이터를 합쳐서 HPV 백신과 식염수 위약 그룹 간의 실제 전신 자가면역 이상반응 비율을 숨겼습니다. 그리고 두 대조군 간의 전신 자가면역 질환 발생률을 세분화해도 차이가 나타나지 않을 것이라고 자신 있게 말씀하셨습니다. 회의 당시에도 답변 드렸듯이, 저희는 의견이나 가정보다는 데이터에 의존하는 것을 선호하기 때문에 데이터를 보고 싶습니다. 박사님께서 데이터를 제공하겠다고 말씀하셨지만 아직까지 받지 못했습니다. 다시 말씀드리면 저희는 피험자, 알루미늄 보조제 대조군과 식염수 대조군 간의 전신 자가면역 질환 발생률을 반영하는 모든 데이터를 포함하여 HPV 백신의 허가 전 임상시험 데이터를 보고 싶습니다. 이 데이터는 언제 제공될 예정인가요?

c. 백신 임상시험에서 식염수 위약 대조군의 부족: 박사님은 허가 전 백신 임상시험에서 알루미늄 보조제 또는 다른 백신을 위약으로 사용하는 것은 부적절하고 과학적으로 유효하지 않다고 강력하게 옹호했습니다. 대조군에 실제 불활성 위약 대신 강력한 신경 독소나 다른 백신을 사용하면 백신의 위험한 부작용을 숨길 수 있다고 지적하자 귀하는 '훌륭한 설계'라고 답하셨습니다. 저는 정중하게 그 말이 놀랍다고 생각합니다. 불활성 식염수 위약(다른 모든 약물의 임상시험에 사용되는) 대신 기껏해야 스파이크 알루미늄 보조제 또는 다른 백신을 위약으로 사용하는 것은 약물 시험 기본 과학 프로토콜의 여러 가지 표준을 위반하는 행위입니다. 식염수 위약 대조군을 사용하지 않는 임상시험에서 백신의 실제 안전성을 어떻게 확인할 수 있는지 설명해주시기 바랍니다.

4. 백신 접종 후 보고된 134건의 심각한 이상반응

IOM은 프레젠테이션에서 논의한 바와 같이 2011년에 백신 법정에 접수된 가장 흔한 155건의 심각한 이상반응을 검토한 결과, 이 중 134건에 대해 백신 접종과 인과관계가 있는지 확인하기 위한 과학적 연구가 HHS에 의해 수행되지 않았다고 결론지었습니다. HHS는 법적으로 이런 과학을 수행해야 할 의무가 있습니다. 이 심각하고 종종 치명적인 134건의 질환이 백신 접종과 인과관계가 있는지 여부를 확인하기 위해 어떤 조치를 취했거나 취하고 있습니까?

5. VAERS 보고 자동화를 위한 CDC의 협조 거부

저희는 회의에서 2010년에 CDC가 백신 부작용 보고를 위한 CDC의 결함이 있는 수동적/자발적 시스템을 향상시키고 자동화하는 백신 부작용 보고 시스템(VAERS)을 개발하자는 데 협조하지 않았다는 사실을 알려드렸습니다.

HHS는 VAERS에 현재 백신 부작용의 1% 미만의 사례만 보고된다는 사실을 인정합니다. 다른 HHS 기관에서는 전자 병원 기록에서 VAERS 보고서를 자동으로 생성하는 시험용 시스템을 만드는 데 거의 100만 달러를 지출한 것으로 나타났습니다. 컨설팅 그룹은 하버드 필그림 헬스 케어(Harvard Pilgrim Health Care)에서 시험용 시스템을 성공적으로 가동했습니다. 이 시험용 시스템의 효과가 입증되고 백신 부작용률이 거의 10%에 달하는 충격적인 결과가 드러나자 CDC는 시험용 시스템 설계자들과의 연락을 끊고 프로그램을 중단해버렸습니다. 박사님은 CDC 조치를 설명해주시겠다고 말씀하셨습니다. 그 설명은 언제쯤 해주실 계획인가요?

6. 티메로살

저희는 회의가 열리기 전 한 달 동안 티메로살의 안전성에 관한 서로 다른 입장을 뒷받침하는 연구 결과를 교환하기로 합의했습니다. 그리고 이 합의에 따라 1989년 백신 프로그램이 크게 확대된 이후 미국 어린이에게 유행하고 있는 다양한 신경 발달 장애 및 만성 질환과 티메로살의 연관성을 보여주는 189건의 연구와 리뷰 자료를 제공했습니다. 또한 티메로살과 자폐증의 연관성을 보여주는 89개의 연구와 리뷰도 추가로 제공했습니다. 반대로 박사님은 백신 업계 옹호 단체에서 작성한 무작위 백신 안전성 연구 목록을 제공해주셨습니다. 이 연구들은 거의 모두 MMR 백신 또는 티메로살을 포함하지 않는 기타 백신과 관련된 것이었습니다. 저희의 거듭된 요청에도 불구하고 박사님은 티메로살의 안전성을 입증하는 연구 결과를 단 한 건도 제출하지 않았습니다. 제가 회의에서 이 문제를 물었을 때 박사님은 이 질문을 NIH 고위급 직원 전체에 전달했습니다. NIH 고위 관리와 과학자들은 매디 호닉의 연구,[7] 단 하나의 연구만을 소개했습니다. 그러나 당시 제가 지적했듯이 쥐에게 티메로살을 주사하면 자폐증과 유사한 행동을 유발할 수 있다는 것을 보여주었습니다. 따라서 이 연구는 박사님의 입장을 거의 뒷받침하지 않습니다. FDA가 아기와 임신부에게 이 신경 독성 물질을 불필요하게 계속 접종하는 것을 정당화하기 위해 근거로 삼는 연구 결과를 제공해주실 것을 다시 한번 요청합니다.

7. 자폐증

a. 백신이 자폐증을 유발하지 않는다는 주장: 대부분의 백신(MMR 제외)과 마찬가지로 DTaP가 자폐증을 유발하는지에 관한 연구는 단 한 건도 없습니다. 예를 들어 2011년 보고서에서 IOM은 DTaP가 자폐증을 유발하는지 여부에 관한 과학적 연구가 없기 때문에 확인할 수 없다고 밝혔습니다. 그럼에도 불구하고 HHS는 "백신

은 자폐증을 유발하지 않는다"⁸라고 주장합니다. 그럼 DTaP가 자폐증을 유발하는지 여부도 모르는데 어떻게 백신이 자폐증을 유발하지 않는다고 주장하는지 설명해주시겠습니까?

b. NIH의 자폐증에 관한 유전학 연구: 자폐증에 관한 NIH의 초점은 자폐증의 환경적 원인이 아닌 유전적 원인을 찾기 위한 노력에 있습니다. 자폐증이 주로 환경의 변화가 아닌 유전의 결과라면 수 세기 동안 자폐증 발병률이 비교적 안정적으로 유지되었을 것으로 예상할 수 있습니다. 지난 몇 세기 동안 자폐증이 비교적 안정적으로 유지되었다는 것이 NIH의 입장인가요?

8. 백신 정책의 이해 상충 줄이기

저희는 회의에서 HHS의 백신 안전의 이해 상충을 기록한 정부 보고서를 검토한 후 다음 사항에 관한 지지를 요청했습니다. (a) HHS의 백신 위원회(ACIP, VRBPAC, NVAC, ACCV) 위원의 이해 상충 면제 금지, (b) HHS의 백신 위원회 위원들이 최소 5년 동안 백신 제조업체로부터 직간접적으로 어떠한 보상도 받지 않기로 동의할 것을 계약하고, (c) 안전한 백신 옹호자가 HHS의 백신 위원회 중 최소 50명을 구성하도록 요청했습니다. HHS 백신 위원회의 이해 상충을 제한하거나 없애기 위한 이런 옵션 또는 다른 옵션을 지지하는지 여부를 알려주시기 바랍니다.

저희의 전반적인 요청은 매우 간단하며, 논란의 여지가 없어야 한다고 생각합니다.

- 백신 안전에 관한 HHS의 이해 상충 해소
- 적절한 사전 허가 안전성 연구 이행
- 허가 후 적절한 안전성 감시 이행
- 예방접종 일정 연구를 이행하여 백신이 아동기 면역과 신경 장애의 급증에 기여하는지 여부와 정도 파악

앞서 언급한 요청에 대한 박사님의 후속 이메일에는 HHS가 백신을 소급하여 테스트할 수 없으며, 전향적으로 모니터링할 수 없다고만 명시되어 있습니다. 허가 전 안전성 검사가 불충분하고 허가 후 감시가 부족한 점을 고려할 때 박사님의 답변은 비밀과 음모가 가득 찬 과학 실험실 속에서 개발되고 투여되는 백신을 가족들이 받아들여야 한다는 불가피한 결론을 제시합니다. 미국인들이 의학계의 소위 '지도자'들이 백신이 전반적인 건강에 어떤 영향을 미칠 수 있는지 살펴보기 위한 연구를 설계할 수 없다는 사실을 알게 된다면 어떻게 생각할까요?

박사님은 백신이 현재 미국 어린이의 50% 이상에게 영향을 미치는 아동기 면역과 신경 장애 급증에 기여하지 않는다는 주장을 위해 가장 빈약하고 불충분한 과학적 근거를 가지고 있음이 분명합니다. 이 문제의 심각성을 고려할 때 IOM과 여러 진지한 단체들이 박사님과 다른 HHS 기관에 끈질기게 요청해온, 보다 강력한

과학적 근거를 마련해야 하지 않을까요?

　백신 안전성에 관한 미국 내 우려와 백신에 관한 HHS에 대한 불신이 커지고 있습니다. 이런 추세는 HHS가 이 분야에서 투명성을 높일 때까지 계속될 것으로 보입니다. 백신 프로그램의 무결성과 신뢰성을 회복하기 위한 첫 단계는 저희가 요청한 백신 안전성에 관한 기본 문서 및 데이터와 함께 앞서 언급한 질문에 사려 깊은 답변을 제공하는 것입니다. 조속한 답변을 기다리겠습니다.

진심으로

로버트 F. 케네디 주니어

부록 C

로버트 F. 케네디 주니어가 NIH 소장 프랜시스 콜린스 박사에게 보낸 편지[1]

콜린스 박사님께

먼저 5월 31일에 시간을 내서 저와 CHD 대표들을 만나주셔서 감사합니다.

그리고 회의를 준비해주신 여러분의 노력과 백신 안전에 관한 저희의 우려를 기꺼이 경청해주셔서 깊이 감사드립니다.

제가 이 편지를 쓰는 주된 이유는 아동 만성 질환의 원인이 될 수 있는 환경 독소(백신에 포함된 독소 포함)를 확인하기 위한 종단 연구를 제안한 보건 당국의 제안을 다루기 위해서입니다. 저희는 지난 5월 31일 회의에서 박사님과 직원들에게 독립 과학자와 구글(Google)의 의학 연구 부서인 베릴리(Verily)에서 VSD를 대상으로 한 자료 분석을 할 수 있도록 요청드렸고, 그 대안으로 다음 연구를 제안하셨습니다.

여러분의 제안에 따라 국립환경보건과학원(NIEHS)의 린다 번바움 박사와 국립아동건강과 인간발달연구소(Ennice Kennedy Shriver NICHD) 국장인 다이애나 비앙키 박사가 대안 연구 프로젝트를 제안했습니다. 번바움과 비앙키 박사는 현재 미국 아동의 거의 절반에서 발병하고 있는 자폐증을 비롯한 만성 질환과 신경 발달 장애 등 건강상의 악영향을 초래할 수 있는 위험 요인을 파악하기 위해 임신 기간 내내 산모와 영유아를 추적하는 종단적 전향적 연구를 계획했습니다.

저희는 이런 연구가 가치 있는 노력이라고 생각합니다. 그러나 회의에서 지적했듯이, 이 계획은 산모들을 등록하고 분석에 필요한 데이터를 수집한 후 결과를 보고하는 데 수년이 걸릴 것이라는 점을 우려하고 있습니다. 이렇게 느린 진행 과정은 당면한 보건 위기를 해결하는 데 아무런 도움이 되지 않습니다. CDC 자료에 따르면, 현재 미국 어린이 6명 중 1명이 신경 발달 장애를 앓고 있습니다.[2] HHS가 자금을 지원하는 연구에 따르면, 43%가 알레르기, 당뇨병, 발작 등 만성 질환을 앓고 있습니다.[3] 우리 아이들이 겪는 치명적인 음식 알레르기의 폭발적 증가를 포함한 이런 발병은 예방접종 일정의 급격한 확대와 동시에 갑자기 유행병으로 번지고 있습니다. 해답을 제시하는 데 최소 10년이 걸리는 이런 연구는 수용 가능한 해결책처럼 보이지 않습니다.

또한 많은 부모들이 NIH와 CDC 같은 연방 기관이 현재 제안하는 것과 거의 동일한 연구를 반복적으로 발표하고 시작했다는 사실에 실망하고 있습니다. 이런 연구들이 시작된다고 엄청나게 요란한 소식으로 발표되지만 이후 대부분의 성과가 미흡했습니다. 저희는 박사님의 최근 제안이 NIH 내에서 또 다른 중복 연구 계획이 되거나 이미 끝나버린 다른 제안이 되지 않을까 우려하고 있습니다.

현재와 과거 연구에는 CHARGE, MARBLES, EARLI, SEED, NCS 그리고 가장 최근의 ECHO가 포함됩니다. 다음은 각 연구의 간략한 요약입니다.

NIH는 자폐증, 정신 지체와 발달 지연의 환경적 원인을 평가하고 광범위한 화학적·생물학적 노출과 감수성 요인을 다루기 위해 2003년에 유전과 환경으로 인한 아동기 자폐증 위험 연구(CHARGE)를 시작했습니다.[4] NIH는 CHARGE가 이런 장애의 원인을 알아보는 최초의 주요 역학 사례 통제 조사라고 선전했습니다. 최대 2,000명의 캘리포니아 어린이를 대상으로 한 이 연구에는 상세한 발달 평가, 의료 정보, 설문지 데이터, 생물학적 표본 수집이 포함되었습니다. 2011년 NIH가 CHARGE에 자금 지원을 중단했을 때 1,000명 이상의 가족이 등록했습니다. CHARGE 연구진은 약 25개의 자폐증 위험 요인 조사 결과를 발표했지만 이 연구 중에서 결정적인 증거나 권고안을 도출한 경우는 없었습니다다. CHARGE는 백신 연구를 생략했습니다.

유아의 자폐증 위험 표지(MARBLES)는 2006년에 시작된, CHARGE의 연장선상에 해당하는 연구입니다.[5] NIH는 자폐 스펙트럼 장애를 가진 자녀를 둔 임신부를 대상으로 한 종단 연구에 750만 달러의 지원금을 제공했습니다. NIH는 기존 연구 제안서와 마찬가지로 자폐증 발병에 영향을 미칠 수 있는 산전 산후의 생물학적·환경적 노출과 위험 요인을 조사하기 위한 것이라고 발표했습니다. MARBLES는 임신 전, 임신 중, 임신 후 산모를 추적하여 출생 전과 출생 후 환경 노출의 정보를 얻었습니다. NIH 연구진은 혈액, 소변, 모발, 타액, 모유, 집 실내 먼지 샘플을 통해 각 참가자의 유전 정보와 환경 정보를 수집하고 각 임신을 둘러싼 환경 요인의 전체적인 윤곽을 얻었습니다. 또한 NIH는 인터뷰와 설문지, 의료 기록 접근을 통해 정보를 얻었습니다. 이 연구에는 450쌍의 어머니와 자녀가 등록되었지만 주목할 만한 성과 없이 2011년에 종료되었습니다. 자금 지원이 중단된 지 6년이 지난 현재 MARBLES에서 발표된 유일한 논문은 두 건의 태반 연구와 프로젝트 개요뿐입니다. U. C. 데이비스는 CHARGE와 MARBLES 연구에서 수집한 표본을 보관했습니다.

NIH는 2008년에 국립환경보건과학원, 국립정신건강연구소, 국립아동건강과 인간발달연구소, 국립신경장애와 뇌졸중연구소에서 수여한 1400만 달러의 자폐증 우수 센터 보조금으로 조기 자폐증 위험 종단 조사(EARLI) 연구를 시작했습니다.[6] 추가로 오티즘 스픽스(Autism Speaks, 미국 내 자폐증 환자, 가족, 여러 분야 연구자들이 모인 비영리 단체 이름-옮긴이) 단체에서 250만 달러를 제공했습니다. MARBLES와 CHARGE와 마찬가지로 EARLI 연구의 목적은 자폐 스펙트럼 장애(ASD) 진단을 받은 1,000명의 산모와 자녀의 환경 및 생물학적 데이터를 수집하여 태아기, 신생아기, 출생 후 초기 자폐증의 위험 요소와 생물학적 지표를 파악함으로써 자폐증의 잠재적 원인을 조사하는 것이었습니다. NIH 연구진은 산모의 임신 기간과 출생 후 산모와 자폐아 그리고 연구 기간에 태어난 아기로부터 MARBLES와 동일한 샘플을 수집했습니다. 또한 NIH 연구팀은 출생 후 3년 동안 아동의 의료 기록에서 데이터를 수집했습니다. EARLI는 백신 접종 이력을 포함한 유일한 연구였습니다. 이 연구에는 약 300명의 어머니가 참여했는데 2년 반 후에 갑자기 자금 지원이 중단되었습니다. EARLI 샘플에서 나온 세 가지 실제 연구는 제대혈 안드로겐, 태변 내 호르몬, 부계 정자 DNA 메틸화를 조사했습니다. 백신 데이터를 살펴보려는 노력은 전혀 없었던 것으로 알고 있습니다. 다시 한번 말씀드리지만 그 모든 노력과 자료들은 쓸 만한 결과를 만들어내지 못했습니다.

미국 질병통제예방센터(CDC)는 2009년에 조기 발달 탐색 연구(SEED)를 시작했습니다.[7] CDC는 SEED를 여러 가지 ASD 종류에 영향을 미치는 여러 유전적·환경적 위험 요인과 인과 경로에 대한 대규모 역학 조사 중 하나라고 선전했습니다. SEED는 부모가 작성한 설문지, 인터뷰, 임상 평가, 생체 표본 샘플링, 산전과 산후 초기에 초점을 맞춰 의료 기록을 통해 2~5세의 ASD 아동과 일반 아동과 ASD가 아닌 발달 문제를 가진 아동을 비교하겠다고 약속했습니다.

연구진은 이전 두 단계에서 5,000명 이상의 어린이를 연구에 등록했습니다. CDC는 2016년에 2021년까지 어린이를 계속 등록할 수 있는 SEED 3상을 추가하기 위해 2700만 달러의 자금을 추가로 지원한다고 발표했습니다. 총 7,000명 이상의 어린이가 SEED에 등록할 예정입니다. 연구 시작 후 8년이 지난 현재까지 SEED를 기반으로 5편의 논문이 발표되었는데, 이 중에서 자폐증의 원인에 관한 가설을 검증한 논문은 없습니다.

의회는 2000년 아동 건강법[8]에 따라 NIH가 전국 아동 연구(NCS)를 설립하도록 승인했습니다. 의회는 아동 건강과 발달에 미치는 환경적 영향을 연구하도록 NIH에 의뢰했습니다. NCS는 미국 어린이 10만 명과 그 부모를 대상으로 한 대규모 장기 연구였습니다. NIH는 2009년에 시험용 연구를 시작했습니다. 연구가 시작된 후 유니스 케네디 슈라이버 국립아동건강과 인간발달연구소(NICHD) 소장인 듀에인 알렉산더 박사는 공개적으로 백신이 연구에 공변량으로 포함될 것을 촉구했습니다.[9] 이 발언 직후 알렉산더 박사는 NIH 내 자문직으로 자리를 옮겼습니다.[10] 2014년 7월 갑자기 모집이 종료될 무렵[11] 5,000명의 어린이만 40곳에 등록했습니다.[12] PubMed에서 NCS와 관련된 54건의 인용 문헌 중 실제로 어린이 건강을 조사하려고 시도한 연구는 7건에 불과했습니다. 나머지 47건은 연구 설계, 샘플 수집 방법, 모집 방법, 연구 수행의 어려움을 밝혔습니다. NCS는 빈약한 운영과 막대한 비용 초과로 시작부터 어려움을 겪었습니다. NCS 샘플은 NICHD에 보관되어 있습니다.

NIH는 2016년 말, 환경이 아동 건강 결과에 미치는 영향(ECHO) 연구를 시작한다고 발표했습니다.[13] NIH 보도 자료에 따르면, 7년간의 계획에 1억 5700만 달러를 투자할 것이라고 합니다.[14] ECHO는 임신부터 발달 초기까지 다양한 환경 요인에 노출되는 것이 어린이와 청소년의 건강에 어떤 영향을 미치는지 조사할 예정입니다. NIH는 보도 자료에서 "모든 아기는 어린 시절 내내 건강을 유지하고 성장할 수 있는 최상의 기회를 제공받아야 하며, ECHO는 우리가 아동들의 최상의 건강에 기여하는 요인을 더 잘 이해하는 데 도움이 될 것"이라고 밝혔습니다. 보도 자료에서는 "임신 시기, 임신 후기, 영아기와 유아기 등 민감한 발달 시기에 맞는 경험은 아동 건강에 기여하는 요인을 파악하는 데 중요한 역할을 합니다"라고 나옵니다.

어린 시절의 경험은 아이들의 건강에 오래 지속되는 영향을 미칠 수 있습니다. 이런 경험은 우리 주변의 대기 오염과 화학 물질부터 스트레스와 같은 사회적 요인, 수면과 식습관 같은 개인 행동에 이르기까지 광범위한 노출을 포함합니다. 이런 요인들은 유전자 발현의 변화나 면역 체계의 발달 등 다양한 생물학적 과정을 통해 작용할 수 있습니다. 그러나 이상하게도 백신이 이런 '민감한 발달 시기'에 투여되고 동물 모델에서 신경 발달을 변화시키는 것으로 밝혀졌으며, 유전자 발현과 면역 체계에 확실히 영향을 미친다는 사실에도 불구하고 조사 대상에 포함되지 않았다는 점은 이해하기 힘듭니다. 미국 의학연구소(IOM)는 이런 맥락에서 백신의 역할을 제대로 연구하지 않은 NIH, FDA, CDC를 여러 차례 질책한 바 있습니다.

ECHO는 영향력이 큰 소아 건강 결과 연구를 수행하기 위해 다양한 인종, 지리적, 사회경제적 배경을 가진 5만 명 이상의 어린이를 등록하는 것을 목표로 기존의 대규모 소아 코호트에 자금을 지원할 것을 약속합니다. 이런 코호트 연구는 기존 데이터를 분석하고 어린이들을 장기간 추적하여 ECHO의 건강 결과 영역의 초기 환경적 기원을 규명할 것입니다. ECHO의 건강 결과 항목은 상기도와 하기도, 비만, 출산 전후와 출생 후 결과, 신경 발달 등입니다.[15]

ECHO의 야심 찬 목표는 높이 평가하지만 백신 데이터가 눈에 띄게 누락된 점은 우려스럽습니다. 또한 이 연구가 NIH가 시작만 하고 끝내지 않는 또 다른 장기 연구가 될 수 있다는 점도 우려됩니다. 공개된 데이터에 따르면, 위에서 언급한 연구에 미국 납세자가 수억 달러의 비용을 지불했거나 지불할 것으로 추정됩니다. 저희는 이런 유형의 또 다른 연구가 미국의 치명적인 만성 질환 유행의 원인에 대해 미국이 필요로 하는 빠른 해답에 이르는 가장 직접적인 경로라고 생각하지 않습니다.

회의에서 밝힌 바와 같이 저희는 백신과 백신 안전에 관련된 특정 기존 데이터베이스 접근을 요청하고 있습니다. 여기에는 1000만 명의 아동 백신과 건강 기록이 담긴 백신 안전 데이터링크가 포함됩니다. 제가 제공한 정보와 여러분 스스로 검색한 정보를 통해 아시다시피, CDC는 이 데이터베이스를 기반으로 유효한 독립적인 연구를 수행하기 매우 어렵게 만들었습니다. 이전의 노력을 반복하는 대신, 아동 백신 안전에 관한 기관 간 태스크포스의 법정 위원장으로서 박사님의 명확한 권한을 사용하여 VSD를 개방하고 독립적인 자격을 갖춘 과학자들과 세계 최고의 데이터 분석 전문가들이 백신이 오늘날 우리 아이들을 괴롭히는 건강 장애의 유행과 관련이 있는지 조사하기 위해 기존의 생물학적 샘플, 설문지와 이전 종단 연구의 의료 기록을 사용할 수 있도록 요청합니다. 또한 구글의 의료 기록 부서인 베릴리가 현재 백신 부작용의 1% 미만을 포착하는 한심한 백신 부작용 보고 시스템(VAERS)을 자동화할 수 있도록 허용해줄 것을 요청합니다.

저희의 요청을 검토해주서서 감사합니다.
진심으로 감사드립니다.

                                로버트 F. 케네디 주니어

부록 D

NIH 국장 프랜시스 콜린스 박사가 로버트 F. 케네디 주니어에게 보낸 편지[1]

케네디 귀하에게

2017년 5월 31일 NIH 회의 후속 조치로 6월 21일에 보내주신 이메일과 7월 3일에 보내주신 서신에 감사드립니다. 저희는 귀하의 질문과 요청을 검토하고 고려했지만 유감스럽게도 이런 논의에서 더 이상의 진전이 이루어질 것으로 낙관하지 않습니다. 귀하와 귀하의 동료들이 옹호하는 접근 방식은 백신이 안전하지 않다는 가정에 기초하고 있습니다. 저희와 대다수의 객관적인 의학 전문가와 공중보건 전문가들의 견해에 따르면, 백신 접종의 안전성과 탁월한 가치를 뒷받침하는 압도적인 과학적 증거가 있습니다. 귀하는 이런 결론에 반하는 연구를 인용하기 위해 많은 노력을 기울였지만 그중 대부분은 권위가 낮은 학술지에 발표된 소규모의 반복되지 않은 연구이며, 백신의 위험(특히 티메로살 관련)에 관한 귀하의 이전 결론을 반영하는 방식으로 귀하가 선택한 것이지, 진실을 발견하려는 진정성을 가지고 객관적인 노력으로 선택한 것이 아닙니다.

또한 귀하와 귀하의 동료들은 백신의 법적 판결을 신중하게 설계된 연구 결과와 동등한 것으로 동일시하여 결론을 뒷받침합니다. 이 두 가지 프로세스에는 매우 다른 기준과 표준이 적용되며 법적 판결이 연구 결과를 대체할 수 없습니다.

이 같은 근본적인 차이를 고려할 때 저희는 이런 논의를 생산적으로 진전시킬 수 있는 방법을 찾지 못했습니다. 백신의 혜택/위험 비율이 매우 높다는 강력한 증거가 있습니다. 저희는 수많은 아동에게 백신 접종을 보류함으로써 인구의 상당수가 감염병 위험에 노출되는 연구를 더 이상 묵과할 수 없습니다. 최근 미네소타와 이탈리아에서 발생한 홍역 발병 사례에서 알 수 있듯이 홍역은 생명을 위협할 수 있습니다. 아동용 백신과 자폐증 사이의 인과관계에 대한 주장은 영국의 초기 연구에 근거해 조작된 것으로 밝혀졌고, 수십만 명의 아동을 대상으로 한 철저한 연구 결과, 명백히 거부되었습니다.

저희는 귀하가 증거에 기반해 근본적인 입장을 재고할 의향이 있다면 다시 참여할 준비가 되어 있습니다. 저희는 질병을 예방하기 위해 많은 도전에 직면해 있습니다. 그러나 백신은 문제가 아니라 해결책입니다.

프랜시스 S. 콜린스, M.D., Ph. D
국립보건원 국장

주

델 빅트리의 서문

1 "FEC Form 13, Reports of Accepted Donations For Inaugural Committee," Federal Election Commission, April 18, 2018, https://docquery.fec.gov/pdf/286/201704180300150286/201704180300150286.pdf, p. 163.

제1장 백신 접종자 vs 비접종자 - 왜 적절한 연구가 진행되지 않았나?

1 "Vaccine History," The Children's Hospital of Philadelphia, accessed September 18, 2022, https://www.chop.edu/centers-programs/vaccine-education-center/vaccine-history/developments-by-year.
2 "Birth-18 Years Immunization Schedule," Centers for Disease Control and Prevention, accessed on September 15, 2022, https://www.cdc.gov/vaccines/schedules/hcp/imz/child-adolescent.html.
3 Nova, PBS, "Surviving AIDS," air date, February 2, 1999. Video link: https://www.youtube.com/watch?v=gpaUH5RK4eI&t=395s.
4 US Food and Drug Administration, *ENGERIX-B: Package Insert*, US

	License No. 1617 (Research Triangle Park, NC: GlaxoSmithKline, 1989), https://www.fda.gov/media/119403/download.
5	US Food and Drug Administration, *INFANRIX: Package Insert*, US License No. 1617 (Research Triangle Park, NC: GlaxoSmithKline, 1997), https://www.fda.gov/media/75157/download.
6	US Food and Drug Administration, *ActHIB: Package Insert* (Swiftwater, PA: Sanofi Pasteur Inc., 1993), https://www.fda.gov/media/74395/download.
7	Kathleen Stratton et al., *Adverse Effects of Vaccines: Evidence and Causality* (Washington, DC: National Academies Press, 2011), doi:10.17226/13164.
8	Ibid.
9	Ibid.
10	Ibid.
11	Centers for Disease Control and Prevention, "Autism and Vaccines: Questions and Concerns," Vaccine Safety, accessed September 16, 2022, https://www.cdc.gov/vaccinesafety/concerns/autism.html.
12	Committee on the Assessment of Studies of Health Outcomes Related to the Recommended Childhood Immunization Schedule, Board on Population Health and Public Health Practice, & Institute of Medicine, *The Childhood Immunization Schedule and Safety: Stakeholder Concerns, Scientific Evidence, and Future Studies* (Washington, DC: National Academies Press, 2013).
13	Ibid. pg. 5.
14	Ibid. pg. 6.
15	Ibid. pg. 12.
16	Ibid. pg. 14.
17	A.J. Wakefield et al., "Ileal-Lymphoid-Nodular Hyperplasia, Non-Specific Colitis, and Pervasive Developmental Disorder in Children," *The Lancet* 351, no. 9103 (2018): 637–641. doi:10.1016/s0140-6736(97)11096-0.
18	Tonya Bittner, "Wakefield'ed," *Urban Dictionary*, accessed on September 16, 2022, https://www.urbandictionary.com/define.php?term=Wakefield%27ed.
19	Hannah Ritchie et al., "Coronavirus (COVID-19) Vaccinations," Our World in Data, accessed on April 15, 2023, https://ourworldindata.org/covid-vaccinations.
20	MedAlerts.org, "Search the U.S. Government's VAERS Data," National Vaccine Information Center, accessed on April 15, 2023, https://

medalerts.org/index.php.
21 Anna Halkidis, "Vaccine Injuries Are Rare, Just Look at the Numbers," *Parents*, accessed September 12, 2022, https://www.parents.com/health/vaccines/vaccine-compensation-program-shows-vaccination-injuries-are-rare/.
22 Fanny Wong, "Vaccine Injury Program Goes Unknown," ABA for Law Students, 2018, accessed September 12, 2022, https://abaforlawstudents.com/2016/04/11/the-largely-unknown-national-vaccine-injury-compensation-program/.
23 Ross Lazarus et al., *Electronic Support for Public Health–Vaccine Adverse Event Reporting System (ESP: VAERS)*, Grant ID: R18 HS 017045, Rockville, MD, The Agency for Healthcare Research and Quality (AHRQ), Mech2011, https://digital.ahrq.gov/sites/default/files/docs/publication/r18hs017045-lazarus-final-report-2011.pdf.
24 Adjuvants are substances used in combination with vaccine antigens to "produce a more robust immune response than the antigen alone." Adjuvants stimulate cells in the innate immune system to "create a local immunocompetent environment at the injection site." Sunita Awate et al., "Mechanism of Action of Adjuvants," *Frontiers in Immunology* 4 (2013) 114, doi: 10.3389/fimmu.2013.00114.
25 FUTURE II Study Group, "Quadrivalent Vaccine Against Human Papillomavirus to Prevent High-Grade Cervical Lesions," *The New England Journal of Medicine* 356, no. 19 (2007): 1915–1927, doi:10.1056/NEJMoa061741.
26 US Food and Drug Administration, *Gardasil 9: Package Insert*, USPI-v503-i-2008r012 (Whitehouse Station, NJ: Merck Sharp & Dohme Corp., 2020), https://www.fda.gov/media/90064/download.
27 Milagritos D. Tapia et al., "Maternal Immunisation with Trivalent Inactivated Influenza Vaccine for Prevention of Influenza in Infants in Mali: A Prospective, Active-Controlled, Observer-Blind, Randomised Phase 4 Trial," *The Lancet: Infectious Diseases* 16, no. 9 (2016): 1026-1035. doi:10.1016/S1473-3099(16)30054-8.
28 The College of Physicians of Philadelphia, "Vaccines 101: Ethical Issues and Vaccines," The College of Physicians of Philadelphia, accessed September 19, 2022, https://cpp-hov.netlify.app/vaccines-101/ethical-issues-and-vaccines.
29 Food and Drug Administration, "Placebos and Blinding in Randomized Controlled Cancer Clinical Trials for Drug and Biological Products:

30 Guidance for Industry," August 2019, https://www.fda.gov/media/130326/download.

30 Clovis Oncology, Inc., "A Study in Ovarian Cancer Patients Evaluating Rucaparib and Nivolumab as Maintenance Treatment Following Response to Front-Line Platinum-Based Chemotherapy (ATHENA)," (Clinicaltrials.gov Identifier NCT03522246), updated November 5, 2021, https://clinicaltrials.gov/ct2/show/NCT03522246.

31 American Regent Inc., 2021. "Randomized Placebo-controlled Trial of FCM as Treatment for Heart Failure with Iron Deficiency (HEART-FID)," (ClinicalTrials.gov Identifier: NCT03037931), updated November 16, 2021, https://clinicaltrials.gov/ct2/show/NCT03037931.

32 National Institute of Allergy and Infectious Diseases (NIAID), "Placebo-Controlled Trial of Antibiotic Therapy in Adults With Suspect Lower Respiratory Tract Infection (LRTI) and a Procalcitonin Level," (ClinicalTrials.gov Identifier: NCT03341273), updated August 24, 2021, https://www.clinicaltrials.gov/ct2/show/NCT03341273.

33 Priyanka Boghani, "Dr. Paul Offit: 'A Choice Not to Get a Vaccine Is Not a Risk-Free Choice,' *Frontline," Public Broadcasting Service*, November 20, 2015, https://www.pbs.org/wgbh/frontline/article/paul-offit-a-choice-not-to-get-a-vaccine-is-not-a-risk-free-choice/.

34 Ibid.

35 The College of Physicians of Philadelphia, "Vaccines 101: Ethical Issues and Vaccines," The College of Physicians of Philadelphia, accessed September 19, 2022, https://cpp-hov.netlify.app/vaccines-101/ethical-issues-and-vaccines.

36 The Cochrane Collaboration is an international network of researchers and health professionals headquartered in the UK and produces information for making healthcare decisions. They do not receive any commercial funding. Their mission is to be "an independent, diverse, global organization that collaborates to produce trusted synthesized evidence, make it accessible to all, and advocate for its use." https://www.cochrane.org/about-us accessed May 7, 2023.

37 Andrew Anglemyer et al., "Healthcare Outcomes Assessed with Observational Study Designs Compared with Those Assessed in Randomized Trials," *Cochrane Database of Systematic Reviews* (2014). doi:10.1002/14651858.MR000034.pub2.

38 Frank DeStefano et al., "Age at First Measles-Mumps-Rubella Vaccination in Children with Autism and School-Matched Control Subjects: A

Population-Based Study in Metropolitan Atlanta," *Pediatrics* 113, no. 2 (2004): 259–266, doi:10.1542/peds.113.2.259.
39 Thomas Verstraeten et al., "Safety of Thimerosal-Containing Vaccines: A Two-Phased Study of Computerized Health Maintenance Organization Databases," *Pediatrics* 112, no. 5 (2003): 1039–1048. doi:10.1542/peds.112.5.1039.
40 Cristofer S. Price et al., "Prenatal and Infant Exposure to Thimerosal from Vaccines and Immunoglobulins and Risk of Autism," *Pediatrics* 126, no. 4 (2010): 656–664. doi:10.1542/peds.2010-0309.
41 Frank DeStefano et al., "Increasing Exposure to Antibody-Stimulating Proteins and Polysaccharides in Vaccines Is Not Associated with Risk of Autism," *The Journal of Pediatrics* 163, no. 2 (2013): 561–567. doi:10.1016/j.jpeds.2013.02.001.
42 Priyanka Boghani, "Dr. Paul Offit: 'A Choice Not to Get a Vaccine Is Not a Risk-Free Choice,' *Frontline*," *Public Broadcasting Service*, November 20, 2015, https://www.pbs.org/wgbh/frontline/article/paul-offit-a-choice-not-to-get-a-vaccine-is-not-a-risk-free-choice/.
43 Dan Olmsted, "The Age of Autism: The Amish Elephant," *UPI*, October 29, 2005, https://www.upi.com/Health_News/2005/10/29/The-Age-of-Autism-The-Amish-Elephant/44901130610898/.
44 Holly A. Hill et al., "Vaccination Coverage Among Children Aged 19–35 Months—United States, 2017," *Morbidity Mortality Weekly Report* 67, no. 40 (2018): 1123–1128. doi:10.15585/mmwr.mm6740a4.
45 "Amish in America, *American Experience*," *Public Broadcasting Service*, accessed July 15, 2022, https://www.pbs.org/wgbh/americanexperience/features/amish-in-america/.
46 Children's Health Defense, "Vaxxed-Unvaxxed: Parts I-XII," accessed on September 15, 2022, https://childrenshealthdefense.org/wp-content/uploads/Vaxxed-Unvaxxed-Parts-I-XII.pdf.

제2장 예방접종 일정과 관련된 건강 결과

1 Committee on the Assessment of Studies of Health Outcomes Related to the Recommended Childhood Immunization Schedule, Board on Population Health and Public Health Practice, & Institute of Medicine, *The Childhood Immunization Schedule and Safety; Stakeholder Concerns, Scientific Evidence, and Future Studies* (Washington, DC: National

	Academies Press, 2013).
2	Anthony R. Mawson, et al., "Pilot Comparative Study on the Health of Vaccinated and Unvaccinated 6- to 12-year-old U.S. Children," *Journal of Translational Science* 3, no. 3 (2017): 1-12, doi:10.15761/JTS.1000186.
3	Ibid.
4	Ibid.
5	Ibid.
6	Ibid.
7	Ibid.
8	Anthony R. Mawson et al., "Preterm Birth, Vaccination and Neurodevelopmental Disorders: A Cross-Sectional Study of 6- to 12-Year-Old Vaccinated and Unvaccinated Children," *Journal of Translational Science* 3, no. 3 (2017): 1-8, doi:10.15761/JTS.1000187.
9	Ibid.
10	Ibid
11	Committee on the Assessment of Studies of Health Outcomes Related to the Recommended Childhood Immunization Schedule, Board on Population Health and Public Health Practice, & Institute of Medicine, The Childhood Immunization Schedule and Safety; Stakeholder Concerns, Scientific Evidence, and Future Studies, (Washington, DC: National Academies Press, 2013), 12.
12	"Frontiers in Public Health," *Frontiers in Public Health*, accessed September 13, 2022, https://www.frontiersin.org/journals/public-health.
13	National Library of Medicine, *PubMed.gov.*, PubMed Overview, accessed September 13, 2022, https://pubmed.ncbi.nlm.nih.gov/about/.
14	COPE Council, *Guidelines: Retraction Guidelines—English*, Publicationetchics.org, November 19, 2019, https://www.medknow.com/documents/COPE%20-Retraction%20Guidelines.pdf.
15	Ibid.
16	Anthony R. Mawson et al., "Preterm Birth, Vaccination and Neurodevelopmental Disorders: A Cross-Sectional Study of 6- to 12-Year-Old Vaccinated and Unvaccinated Children," *Journal of Translational Science* 3, no. 3 (2017): 1-8, doi:10.15761/JTS.1000187.
17	Anthony R. Mawson, et al., "Pilot Comparative Study on the Health of Vaccinated and Unvaccinated 6- to 12-year-old U.S. Children," *Journal of Translational Science* 3, no. 3 (2017): 1-12, doi:10.15761/JTS.1000186.
18	Brian Hooker and Neil Z. Miller, "Analysis of Health Outcomes in Vaccinated and Unvaccinated Children: Developmental Delays, Asthma,

	Ear Infections and Gastrointestinal Disorders," *SAGE Open Medicine* 8, (2020): 2050312120925344, doi:10.1177/2050312120925344.
19	Ibid.
20	Ibid.
21	Ibid.
22	Ibid.
23	Flora Teoh, "Significant Methodological Flaws in a 2020 Study Claiming to Show Unvaccinated Children are Healthier," Health Feedback, December 10, 2020, accessed September 13, 2022, https://healthfeedback.org/claimreview/significant-methodological-flaws-in-a-2020-study-claiming-to-show-unvaccinated-children-are-healthier-brian-hooker-childrens-health-defense/.
24	Brian Hooker and Neil Z. Miller, "Health Effects in Vaccinated versus Unvaccinated Children," *Journal of Translational Science* 7 (2021): 1–11, doi:10.15761/JTS.1000459.
25	Ibid.
26	Ibid.
27	Brian Hooker and Neil Z. Miller, "Analysis of Health Outcomes in Vaccinated and Unvaccinated Children: Developmental Delays, Asthma, Ear Infections and Gastrointestinal Disorders," *SAGE Open Medicine* 8, (2020): 2050312120925344, doi:10.1177/2050312120925344.
28	Brian Hooker and Neil Z. Miller, "Health Effects in Vaccinated versus Unvaccinated Children," *Journal of Translational Science* 7 (2021): 1–11, doi:10.15761/JTS.1000459.
29	Ibid.
30	Brian Hooker and Neil Z. Miller, "Analysis of Health Outcomes in Vaccinated and Unvaccinated Children: Developmental Delays, Asthma, Ear Infections and Gastrointestinal Disorders," *SAGE Open Medicine* 8, (2020): 2050312120925344, doi:10.1177/2050312120925344.
31	Brian Hooker and Neil Z. Miller, "Health Effects in Vaccinated versus Unvaccinated Children," *Journal of Translational Science* 7 (2021): 1–11, doi:10.15761/JTS.1000459.
32	Ibid.
33	Ibid.
34	Ibid.
35	Ibid.
36	James Lyons-Weiler and Paul Thomas, "Relative Incidence of Office Visits and Cumulative Rates of Billed Diagnoses along the Axis of Vaccination,"

	International Journal of Environmental Research and Public Health 17, no. 22 (2020): 8674, doi:10.3390/ijerph17228674.
37	Ibid.
38	Ibid.
39	Ibid.
40	Ibid.
41	Ibid.
42	"Integrative Pediatrics: A Safe Passage in a Changing World," Integrative Pediatrics, accessed September 13, 2022, https://www.integrativepediatrics-online.com/.
43	Paul Thomas and Jennifer Margulis, *The Vaccine-Friendly Plan: Dr. Paul's Safe and Effective Approach to Immunity and Health-from Pregnancy through Your Child's Teen Years* (New York City: Ballantine Books, 2016).
44	Robert F. Kennedy Jr., "Join Me in Supporting Dr. Paul Thomas, a Hero Defending Children's Health," *The Defender*, December 17, 2020, https://childrenshealthdefense.org/defender/support-dr-paul-thomas/.
45	Brian Hooker, interview with Dr. Paul Thomas, "Paul Thomas, and the Vaccine Friendly Plan," October 21, 2021, *Doctors and Scientists*, CHD.TV, https://live.childrenshealthdefense.org/shows/doctors-and-scientists-with-brian-hooker-phd/l8YY41rHQE.
46	Alix Mayer, "Groundbreaking Study Shows Unvaccinated Children Are Healthier than Vaccinated Children," *The Defender*, April 10, 2021, https://childrenshealthdefense.org/defender/unvaccinated-children-healthier-than-vaccinated-children/.
47	Robert F. Kennedy Jr., "Join Me in Supporting Dr. Paul Thomas, a Hero Defending Children's Health," *The Defender*, December 17, 2020, https://childrenshealthdefense.org/defender/support-dr-paul-thomas/.
48	Ibid.
49	Ibid.
50	"In the Matter of: Paul Norman Thomas, MD. License Number MD15689: Order of Emergency Suspension," Court Proceeding, Oregon Medical Board, 2020, https://omb.oregon.gov/Clients/ORMB/OrderDocuments/e579dd35-7e1b-471f-a69a-3a800317ed4c.pdf.
51	Ibid.
52	Alix Mayer, "Groundbreaking Study Shows Unvaccinated Children Are Healthier than Vaccinated Children," *The Defender*, April 10, 2021, https://childrenshealthdefense.org/defender/unvaccinated-children-healthier-than-vaccinated-children/.

53 Ibid.
54 Jeremy R. Hammond, *The War on Informed Consent: The Persecution of Dr. Paul Thomas by the Oregon Medical Board* (New York, NY: Skyhorse Publishing, 2021).
55 "In the Matter of: Paul Norman Thomas, MD. License Number MD15689: Interim Stipulated Order," Court Proceeding, Oregon Medical Board, 2021, https://omb.oregon.gov/Clients/ORMB/OrderDocuments/edf7724a-1cbb-46a7-a6c8-6f28fa2b337a.pdf.
56 Robert F. Kennedy Jr., "Join Me in Supporting Dr. Paul Thomas, a Hero Defending Children's Health," *The Defender*, December 17, 2020, https://childrenshealthdefense.org/defender/support-dr-paul-thomas/.
57 "In the Matter of Paul Normal Thomas, MD, License Number MD15689: Stipulated Order," Court Proceeding, Oregon Medical Board, 2022, https://omb.oregon.gov/clients/ormb/OrderDocuments/3f4010d3-92d5-43bb-bd1b-2c16b24260f0.pdf
58 International Journal of Environmental Research and Public Health Editorial Office, "Retraction: Lyons-Weiler, J.; Thomas, P. Relative Incidence of Office Visits and Cumulative Rates of Billed Diagnoses Along the Axis of Vaccination," *International Journal of Environmental Research and Public Health* 18, no. 15: 7754, doi:10.3390/ijerph18157754.
59 Ibid.
60 James Lyons-Weiler and Russell Blaylock, "Revisiting Excess Diagnoses of Illnesses and Conditions in Children Whose Parents Provided Informed Permission to Vaccinate Them," *International Journal of Vaccine Theory, Practice, and Research* 2, no. 2: 603-618, doi:10.56098/ijvtpr.v2i2.59.
61 NVKP, "Diseases and Vaccines: NVKP Survey Results," Nederlandse Vereniging Kritisch Prikken, 2006, accessed July 1, 2022, https://www.nvkp.nl/ziekten-en-vaccins/overzicht/enquete-2006/.
62 "Dutch National Immunisation Programme," accessed March 30, 2023, https://rijksvaccinatieprogramma.nl/english.
63 Ibid.
64 Ibid.
65 James Lyons-Weiler and Paul Thomas, "Relative Incidence of Office Visits and Cumulative Rates of Billed Diagnoses along the Axis of Vaccination," *International Journal of Environmental Research and Public Health* 17, no. 22 (2020): 8674, doi:10.3390/ijerph17228674.
66 Brian Hooker and Neil Z. Miller, "Health Effects in Vaccinated versus Unvaccinated Children," *Journal of Translational Science* 7, (2021): 1–11,

doi:10.15761/JTS.1000459.
67 Brian Hooker and Neil Z. Miller, "Analysis of Health Outcomes in Vaccinated and Unvaccinated Children: Developmental Delays, Asthma, Ear Infections and Gastrointestinal Disorders," *SAGE Open Medicine* 8, (2020): 2050312120925344, doi:10.1177/2050312120925344.
68 Anthony R. Mawson et al., "Pilot Comparative Study on the Health of Vaccinated and Unvaccinated 6- to 12-year-old U.S. Children," *Journal of Translational Science* 3, no. 3 (2017): 1-12, doi:10.15761/JTS.1000186.
69 "Dutch National Immunisation Programme," accessed March 30, 2023, https://rijksvaccinatieprogramma.nl/english.
70 Anthony R. Mawson et al., "Pilot Comparative Study on the Health of Vaccinated and Unvaccinated 6- to 12-year-old U.S. Children," *Journal of Translational Science* 3, no. 3 (2017): 1-12, doi:10.15761/JTS.1000186.
71 Brian Hooker and Neil Z. Miller, "Health Effects in Vaccinated versus Unvaccinated Children," *Journal of Translational Science* 7, (2021): 1–11, doi:10.15761/JTS.1000459.
72 James Lyons-Weiler and Paul Thomas, "Relative Incidence of Office Visits and Cumulative Rates of Billed Diagnoses along the Axis of Vaccination," *International Journal of Environmental Research and Public Health* 17, no. 22 (2020): 8674, doi:10.3390/ijerph17228674.
73 Ibid.
74 Brian Hooker and Neil Z. Miller, "Health Effects in Vaccinated versus Unvaccinated Children," *Journal of Translational Science* 7, (2021): 1–11, doi:10.15761/JTS.1000459.
75 Brian Hooker and Neil Z. Miller, "Analysis of Health Outcomes in Vaccinated and Unvaccinated Children: Developmental Delays, Asthma, Ear Infections and Gastrointestinal Disorders," *SAGE Open Medicine* 8, (2020): 2050312120925344, doi:10.1177/2050312120925344.
76 Brian Hooker and Neil Z. Miller, "Health Effects in Vaccinated versus Unvaccinated Children," *Journal of Translational Science* 7, (2021): 1–11, doi:10.15761/JTS.1000459.
77 Anthony R. Mawson et al., "Pilot Comparative Study on the Health of Vaccinated and Unvaccinated 6- to 12-year-old U.S. Children," *Journal of Translational Science* 3, no. 3 (2017): 1-12, doi:10.15761/JTS.1000186.
78 James Lyons-Weiler and Paul Thomas, "Relative Incidence of Office Visits and Cumulative Rates of Billed Diagnoses along the Axis of Vaccination," *International Journal of Environmental Research and Public Health* 17, no. 22 (2020): 8674, doi:10.3390/ijerph17228674.

79 Anthony R. Mawson et al., "Pilot Comparative Study on the Health of Vaccinated and Unvaccinated 6- to 12-year-old U.S. Children," *Journal of Translational Science* 3, no. 3 (2017): 1-12, doi:10.15761/JTS.1000186.
80 Joy Garner, "Statistical Evaluation of Health Outcomes in the Unvaccinated: Full Report," The Control Group: Pilot Survey of Unvaccinated Americans, November 19, 2020. https://truthpeep.com/wp-content/uploads/STATISTICAL-EVALUATION-OF-HEALTH-OUTCOMES-IN-THE-UNVACCINATED.pdf.
81 Ibid.
82 Michael E. Rezaee and Martha Pollock, "Multiple Chronic Conditions among Outpatient Pediatric Patients, Southeastern Michigan, 2008–2013," *Preventing Chronic Disease* 12, (2015): E18, doi:10.5888/pcd12.140397.
83 Joy Garner, "Statistical Evaluation of Health Outcomes in the Unvaccinated: Full Report," The Control Group: Pilot Survey of Unvaccinated Americans, November 19, 2020. https://truthpeep.com/wp-content/uploads/STATISTICAL-EVALUATION-OF-HEALTH-OUTCOMES-IN-THE-UNVACCINATED.pdf.
84 Ibid.
85 Brian Hooker and Neil Z. Miller, "Health Effects in Vaccinated versus Unvaccinated Children," *Journal of Translational Science* 7, (2021): 1–11, doi:10.15761/JTS.1000459.
86 Carmela Avena-Woods, "Overview of Atopic Dermatitis," *American Journal of Managed Care* 23, no. 8 (2017): S115-S123. https://cdn.sanity.io/files/0vv8moc6/ajmc/e73485ac3035c1ff8cd31af0ba409136270ee250.pdf/AJMC_ACE0068_06_2017_AtopicDermatitis_Overview_of_Atopic_Dermatitis.pdf.
87 "Most Recent National Asthma Data," Asthma, Centers for Disease Control and Prevention, May 25, 2022, accessed September 16, 2022, https://www.cdc.gov/asthma/most_recent_national_asthma_data.htm.
88 "Age-Adjusted Percentages (with Standard Errors) of Ever Having Been Told of Having a Learning Disability or Attention Deficit/Hyperactivity Disorder for Children Aged 3–17 Years, by Selected Characteristics: United States, 2018," National Health Interview Survey, Centers for Disease Control and Prevention, 2018, accessed September 16, 2022, https://ftp.cdc.gov/pub/Health_Statistics/NCHS/NHIS/SHS/2018_SHS_Table_C-3.pdf.
89 "Data and Statistics about ADHD," Attention-Deficit/Hyperactivity

Disorder (ADHD), Centers for Disease Control and Prevention, August 2, 2022, accessed September 16, 2022, https://www.cdc.gov/ncbddd/adhd/data.html.
90   Benjamin Zablotsky et al., "Prevalence and Trends of Developmental Disabilities among Children in the United States: 2009–2017," *Pediatrics* 144, no.4 (2019): e20190811, doi:10.1542/peds.2019-0811.
91   Lindsey I. Black et al., "Communication Disorders and Use of Intervention Services among Children Aged 3–17 Years: United States, 2012," NCHS Data Brief, No. 205 (Hyattsville, MD: National Center for Health Statistics, 2015), https://www.cdc.gov/nchs/products/databriefs/db205.htm.
92   "Birth Defects," Centers for Disease Control and Prevention, August 29, 2022, accessed September 13, 2022, https://www.cdc.gov/ncbddd/birthdefects/index.html.
93   Michael D. Kogan et al., "The Prevalence of Parent-Reported Autism Spectrum Disorder among US Children," *Pediatrics* 142, no. 6 (2018): e20174161, doi:10.1542/peds.2017-4161.
94   Anthony R. Mawson et al., "Pilot Comparative Study on the Health of Vaccinated and Unvaccinated 6- to 12-year-old U.S. Children," *Journal of Translational Science* 3, no. 3 (2017): 1-12, doi:10.15761/JTS.1000186.
95   Rachel Enriquez et al., "The Relationship Between Vaccine Refusal and Self-Report of Atopic Disease in Children," *The Journal of Allergy and Clinical Immunology* 115, no. 4 (2005): 737–744, doi:10.1016/j.jaci.2004.12.1128.
96   Ibid.
97   Anthony R. Mawson et al., "Pilot Comparative Study on the Health of Vaccinated and Unvaccinated 6- to 12-year-old U.S. Children," *Journal of Translational Science* 3, no. 3 (2017): 1-12, doi:10.15761/JTS.1000186.
98   Brian Hooker and Neil Z. Miller, "Health Effects in Vaccinated versus Unvaccinated Children," *Journal of Translational Science* 7, (2021): 1–11, doi:10.15761/JTS.1000459.
99   NVKP, "Diseases and Vaccines: NVKP Survey Results," Nederlandse Vereniging Kritisch Prikken, 2006, accessed July 1, 2022, https://www.nvkp.nl/ziekten-en-vaccins/overzicht/enquete-2006/.
100 Rachel Enriquez et al., "The Relationship Between Vaccine Refusal and Self-Report of Atopic Disease in Children," *The Journal of Allergy and Clinical Immunology* 115, no. 4 (2005): 737–744, doi:10.1016/j.jaci.2004.12.1128.

101 Matthew F. Daley et al., "Association Between Aluminum Exposure from Vaccines Before Age 24 Months and Persistent Asthma at Age 24 to 59 Months," *Academic Pediatrics* 23, no. 1 (2023); 37–46, doi:10.1016/j.acap.2022.08.006.
102 Ibid.
103 Ibid.
104 Ibid.
105 Rachel Enriquez et al., "The Relationship Between Vaccine Refusal and Self-Report of Atopic Disease in Children," *The Journal of Allergy and Clinical Immunology* 115, no. 4 (2005): 737–744, doi:10.1016/j.jaci.2004.12.1128.
106 Joy Garner, "Statistical Evaluation of Health Outcomes in the Unvaccinated: Full Report," The Control Group: Pilot Survey of Unvaccinated Americans, November 19, 2020. https://truthpeep.com/wp-content/uploads/STATISTICAL-EVALUATION-OF-HEALTH-OUTCOMES-IN-THE-UNVACCINATED.pdf.
107 NVKP, "Diseases and Vaccines: NVKP Survey Results," Nederlandse Vereniging Kritisch Prikken, 2006, accessed July 1, 2022, https://www.nvkp.nl/ziekten-en-vaccins/overzicht/enquete-2006/.
108 James Lyons-Weiler and Paul Thomas, "Relative Incidence of Office Visits and Cumulative Rates of Billed Diagnoses along the Axis of Vaccination," *International Journal of Environmental Research and Public Health* 17, no. 22 (2020): 8674, doi:10.3390/ijerph17228674.
109 Brian Hooker and Neil Z. Miller, "Health Effects in Vaccinated versus Unvaccinated Children," *Journal of Translational Science* 7, (2021): 1–11, doi:10.15761/JTS.1000459.
110 Brian Hooker and Neil Z. Miller, "Analysis of Health Outcomes in Vaccinated and Unvaccinated Children: Developmental Delays, Asthma, Ear Infections and Gastrointestinal Disorders," *SAGE Open Medicine* 8, (2020): 2050312120925344, doi:10.1177/2050312120925344.
111 James Lyons-Weiler and Paul Thomas, "Relative Incidence of Office Visits and Cumulative Rates of Billed Diagnoses along the Axis of Vaccination," *International Journal of Environmental Research and Public Health* 17, no. 22 (2020): 8674, doi:10.3390/ijerph17228674.
112 NVKP, "Diseases and Vaccines: NVKP Survey Results," Nederlandse Vereniging Kritisch Prikken, 2006, accessed July 1, 2022, https://www.nvkp.nl/ziekten-en-vaccins/overzicht/enquete-2006/.
113 Annika Klopp et al., "Modes of Infant Feeding and the Risk of Childhood

Asthma: A Prospective Birth Cohort Study," *The Journal of Pediatrics* 190, (2017): 192-199.e2. doi:10.1016/j.jpeds.2017.07.012.
114 NVKP, "Diseases and Vaccines: NVKP Survey Results," Nederlandse Vereniging Kritisch Prikken, 2006, accessed July 1, 2022, https://www.nvkp.nl/ziekten-en-vaccins/overzicht/enquete-2006/.

제3장 백신의 티메로살

1 David Kirby, *Evidence of Harm Mercury in Vaccines and the Autism Epidemic: A Medical Controversy* (New York, NY: St. Martin's Griffin, 2005).
2 Robert F. Kennedy Jr. et al., *Thimerosal: Let the Science Speak: The Evidence Supporting the Immediate Removal of Mercury—a Known Neurotoxin—from Vaccines* (New York, NY: Skyhorse, 2015).
3 *Trace Amounts: Autism, Mercury, and the Hidden Truth*, directed by Eric Gladen and Shiloh Levine (West Hollywood, CA: Gathr Films, 2014), DVD.
4 "Historical Development of the Mercury Based Preservative Thimerosal," Children's Health Defense, accessed September 12, 2022, https://childrenshealthdefense.org/known-culprits/mercury/thimerosal-history/.
5 David A. Geier et al., "Thimerosal: Clinical, Epidemiologic and Biochemical Studies," *Clinica Chimica Acta*, 444 (2015): 212–20, doi:10.1016/j.cca.2015.02.030.
6 Neal A. Halsey, "Limiting Infant Exposure to Thimerosal in Vaccines and Other Sources of Mercury," *Journal of the American Medical Association* 282, no. 18 (1999): 1763–1766, doi:10.1001/jama.282.18.1763.
7 Put Children First, "Thimerosal Timeline," accessed on September 19, 2022, https://childrenshealthdefense.org/wp-content/uploads/THIMEROSAL-TIMELINE-PRE-1999-TO-2004.pdf.
8 Ibid.
9 Thomas M. Verstraeten et al., "Increased Risk of Developmental Neurological Impairment After High Exposure to Thimerosal-Containing Vaccine in First Month of Life," Epidemic Intelligence Service, accessed on September 24, 2022, https://childrenshealthdefense.org/wp-content/uploads/1999-eis-conference-abstract-presentation-verstraeten-et-al.pdf.
10 Ibid.
11 Ibid.

12 Ibid.
13 Ibid.
14 Thomas M. Verstraeten et al., "Scientific Review of Vaccine Safety Datalink Information," (transcript, Simpsonwood Retreat Center, Norcross, Georgia, June 7–8, 2000), https://www.putchildrenfirst.org/media/2.9.pdf.
15 Ibid.
16 Ibid.
17 Thomas M. Verstraeten et al., "Safety of Thimerosal-Containing Vaccines: A Two-Phased Study of Computerized Health Maintenance Organization Databases," *Pediatrics* 112, no. 5 (2003): 1039–1048, doi:10.1542/peds.112.5.1039.
18 Ibid.
19 Thomas M. Verstraeten "Thimerosal, the Centers for Disease Control and Prevention, and GlaxoSmithKline," *Pediatrics* 113, no. 4 (2004): 932, doi:10.1542./peds.113.4.932.
20 Institute of Medicine (US) Immunization Safety Review Committee, *Immunization Safety Review: Vaccines and Autism* (Washington, DC: National Academies Press, 2004), doi:10.17226/10997.
21 Brian Hooker et al., "Methodological Issues and Evidence of Malfeasance in Research Purporting to Show Thimerosal in Vaccines is Safe," *BioMed Research International* 2014, (2014): 247218, doi:10.1155/2014/247218.
22 Kreesten M. Madsen et al. 2003. "Thimerosal and the Occurrence of Autism:Negative Ecological Evidence from Danish Population-Based Data," *American Academy of Pediatrics* 112, no. 3 Pt 1: 604-606. doi:10.1542/peds.112.3.604.
23 Ibid.
24 Put Children First, "Thimerosal Timeline," accessed on September 19, 2022, https://childrenshealthdefense.org/wp-content/uploads/THIMEROSAL-TIMELINE-PRE-1999-TO-2004.pdf.
25 Ibid.
26 Ibid.
27 Heather A. Young, David A. Geier, and Mark R. Geier, "Thimerosal Exposure in Infants and Neurodevelopmental Disorders: An Assessment of Computerized Medical Records in the Vaccine Safety Datalink," *Journal of the Neurological Sciences* 271, no. 1–2 (2008): 110–118. doi:10.1016/j.jns.2008.04.002.
28 Ibid.

29 David A. Geier et al., "A Two-Phase Study Evaluating the Relationship Between Thimerosal-Containing Vaccine Administration and the Risk for an Autism Spectrum Disorder Diagnosis in the United States," *Translational Neurodegeneration* 2, no. 1 (2013): 25, doi:10.1186/2047-9158-2-25.
30 David A. Geier et al., "Thimerosal-Containing Hepatitis B Vaccination and the Risk for Diagnosed Specific Delays in Development in the United States: A Case-Control Study in the Vaccine Safety Datalink," *North American Journal of Medical Sciences* 6, no. 10 (2014): 519–531, doi:10.4103/1947-2714.143284.
31 David A. Geier et al., "Thimerosal Exposure and Disturbance of Emotions Specific to Childhood and Adolescence: A Case-Control Study in the Vaccine Safety Datalink (VSD) Database," *Brain Injury* 31, no. 2 (2017): 272–278. doi:10.1080/02699052.2016.1250950.
32 David A. Geier, Janet K. Kern, and Mark R. Geier, "Premature Puberty and Thimerosal-Containing Hepatitis B Vaccination: A Case-Control Study in the Vaccine Safety Datalink," *Toxics* 6, no. 4 (2018): 67, doi:10.3390/toxics6040067.
33 David A. Geier et al., "Thimerosal: Clinical, Epidemiologic and Biochemical Studies," *Clinica Chimica Acta*, 444 (2015): 212–20, doi:10.1016/j.cca.2015.02.030.
34 Put Children First, "Thimerosal Timeline," accessed on September 19, 2022, https://childrenshealthdefense.org/wp-content/uploads/THIMEROSAL-TIMELINE-PRE-1999-TO-2004.pdf.
35 Heather A. Young, David A. Geier, and Mark R. Geier, "Thimerosal Exposure in Infants and Neurodevelopmental Disorders: An Assessment of Computerized Medical Records in the Vaccine Safety Datalink," *Journal of the Neurological Sciences* 271, no. 1–2 (2008): 110–118. doi:10.1016/j.jns.2008.04.002.
36 Ibid.
37 David A. Geier et al., "A Two-Phase Study Evaluating the Relationship Between Thimerosal-Containing Vaccine Administration and the Risk for an Autism Spectrum Disorder Diagnosis in the United States," *Translational Neurodegeneration* 2, no. 1 (2013): 25, doi:10.1186/2047-9158-2-25.
38 Ibid.
39 Ibid.
40 Ibid.

41　Ibid.
42　David A. Geier et al., "Thimerosal-Containing Hepatitis B Vaccination and the Risk for Diagnosed Specific Delays in Development in the United States: A Case-Control Study in the Vaccine Safety Datalink," *North American Journal of Medical Sciences* 6, no. 10 (2014): 519–531, doi:10.4103/1947-2714.143284.
43　David A. Geier et al., "Thimerosal Exposure and Increased Risk for Diagnosed Tic Disorder in the United States: A Case-Control Study," *Interdisciplinary Toxicology* 8, no. 2 (2015): 68–76, doi: 10.1515/intox-2015-0011.
44　David A. Geier et al., "Thimerosal-Containing Hepatitis B Vaccination and the Risk for Diagnosed Specific Delays in Development in the United States: A Case-Control Study in the Vaccine Safety Datalink," *North American Journal of Medical Sciences* 6, no. 10 (2014): 519–531, doi:10.4103/1947-2714.143284.
45　David A. Geier et al., "Thimerosal Exposure and Increased Risk for Diagnosed Tic Disorder in the United States: A Case-Control Study," *Interdisciplinary Toxicology* 8, no. 2 (2015): 68–76, doi:10.1515/intox-2015-0011.
46　David A. Geier et al., "Thimerosal-Containing Hepatitis B Vaccination and the Risk for Diagnosed Specific Delays in Development in the United States: A Case-Control Study in the Vaccine Safety Datalink," *North American Journal of Medical Sciences* 6, no. 10 (2014): 519–531, doi:10.4103/1947-2714.143284.
47　David A. Geier et al., "Thimerosal Exposure and Increased Risk for Diagnosed Tic Disorder in the United States: A Case-Control Study," *Interdisciplinary Toxicology* 8, no. 2 (2015): 68–76, doi:10.1515/intox-2015-0011.
48　Ibid.
49　David A. Geier et al., "Thimerosal-Containing Hepatitis B Vaccination and the Risk for Diagnosed Specific Delays in Development in the United States: A Case-Control Study in the Vaccine Safety Datalink," *North American Journal of Medical Sciences* 6, no. 10 (2014): 519–531, doi:10.4103/1947-2714.143284.
50　David A. Geier et al., "Thimerosal Exposure and Disturbance of Emotions Specific to Childhood and Adolescence: A Case-Control Study in the Vaccine Safety Datalink (VSD) Database," *Brain Injury* 31, no. 2 (2017): 272–278. doi:10.1080/02699052.2016.1250950.

51 David A. Geier, Janet K. Kern, and Mark R. Geier, "Premature Puberty and Thimerosal-Containing Hepatitis B Vaccination: A Case-Control Study in the Vaccine Safety Datalink," *Toxics* 6, no. 4 (2018): 67, doi:10.3390/toxics6040067.
52 David A. Geier et al., "Thimerosal Exposure and Disturbance of Emotions Specific to Childhood and Adolescence: A Case-Control Study in the Vaccine Safety Datalink (VSD) Database," *Brain Injury* 31, no. 2 (2017): 272–278. doi:10.1080/02699052.2016.1250950.
53 David A. Geier, Janet K. Kern, and Mark R. Geier, "Premature Puberty and Thimerosal-Containing Hepatitis B Vaccination: A Case-Control Study in the Vaccine Safety Datalink," *Toxics* 6, no. 4 (2018): 67, doi:10.3390/toxics6040067.
54 Ibid.
55 Ibid.
56 David A. Geier et al., "Thimerosal Exposure and Disturbance of Emotions Specific to Childhood and Adolescence: A Case-Control Study in the Vaccine Safety Datalink (VSD) Database," *Brain Injury* 31, no. 2 (2017): 272–278. doi:10.1080/02699052.2016.1250950.
57 Paul E. M. Fine and Robert T. Chen, "Confounding in Studies of Adverse Reactions to Vaccines," *American Journal of Epidemiology* 136, no. 2 (1992): 121–135, doi:10.1093/oxfordjournals.aje.a116479.
58 David A. Geier et al., "Thimerosal-Containing Hepatitis B Vaccination and the Risk for Diagnosed Specific Delays in Development in the United States: A Case-Control Study in the Vaccine Safety Datalink," *North American Journal of Medical Sciences* 6, no. 10 (2014): 519–531, doi:10.4103/1947-2714.143284.
59 Carolyn M. Gallagher and Melody S. Goodman, "Hepatitis B Vaccination of Male Neonates and Autism Diagnosis, NHIS 1997–2002," *Journal of Toxicology and Environmental Health Part A* 73, no. 24 (2010): 1665–1677, doi:10.1080/15287394.2010.519317.
60 Ibid.
61 Ibid.
62 Ibid.
63 Carolyn M. Gallagher and Melody S. Goodman, "Hepatitis B Triple Series Vaccine and Developmental Disability in US Children Aged 1–9 Years," *Toxicology and Environmental Chemistry* 90, no. 5 (2008): 997–1008, doi:10.1080/02772240701806501.
64 Ibid.

65 Ibid.
66 Thomas M. Verstraeten et al., "Increased Risk of Developmental Neurological Impairment After High Exposure to Thimerosal-Containing Vaccine in First Month of Life," Epidemic Intelligence Service, accessed on September 24,2022, https://childrenshealthdefense.org/wp-content/uploads/1999-eis-conference-abstract-presentation-verstraeten-et-al.pdf.
67 William W. Thompson et al., "Early Thimerosal Exposure and Neuropsychological Outcomes at 7 to 10 Years," *The New England Journal of Medicine* 357, no. 13 (2007): 1281–1292. doi:10.1056/NEJMoa071434.
68 Ibid.
69 Ibid.
70 Ibid.
71 Ibid.
72 Ibid.
73 Ibid.
74 John P. Barile et al., "Thimerosal Exposure in Early Life and Neuropsychological Outcomes 7–10 Years Later," *Journal of Pediatric Psychology* 37, no. 1 (2012): 106–118. doi:10.1093/jpepsy/jsr048.
75 Nick Andrews et al., "Thimerosal Exposure in Infants and Developmental Disorders: A Retrospective Cohort Study in the United Kingdom Does Not Support a Causal Association," *Pediatrics* 114, no. 3 (2004): 584–591, doi:10.1542/peds.2003-1177-L.
76 Ibid.
77 William W. Thompson et al., "Early Thimerosal Exposure and Neuropsychological Outcomes at 7 to 10 Years," *The New England Journal of Medicine* 357, no. 13 (2007): 1281–1292. doi:10.1056/NEJMoa071434.
78 Ibid.
79 Ibid.
80 Nick Andrews et al., "Thimerosal Exposure in Infants and Developmental Disorders: A Retrospective Cohort Study in the United Kingdom Does Not Support a Causal Association," *Pediatrics* 114, no. 3 (2004): 584–591, doi:10.1542/peds.2003-1177-L.
81 Ibid.
82 Ibid.
83 Thomas M. Verstraeten et al., "Increased Risk of Developmental Neurological Impairment After High Exposure to Thimerosal-Containing

Vaccine in First Month of Life," Epidemic Intelligence Service, accessed on September 24, 2022, https://childrenshealthdefense.org/wp-content/uploads/1999-eis-conference-abstract-presentation-verstraeten-et-al.pdf.
84   Ibid.
85   Ibid.
86   US Food and Drug Administration, *FLUVIRIN®: Package Insert*, 2007–2018 formulation (Summit, NJ: Seqirus, Inc., updated 2017), https://www.fda.gov/files/vaccines%2C%20blood%20%26%20biologics/published/Package-Insert—Fluvirin.pdf.
87   Centers for Disease Control and Prevention, "Seasonal Influenza Vaccine Supply for the U.S. 2022-2023 Influenza Season," accessed on April 13, 2023, https://www.cdc.gov/flu/prevent/vaxsupply.htm.
88   Pan American Health Organization, "Health in the Minamata Convention on Mercury," accessed on April 13, 2023, https://www3.paho.org/hq/index.php?option=com_content&view=article&id=8162:2013-health-minamata-convention-on-mercury&Itemid=0&lang=en#gsc.tab=0.
89   Carolyn M. Gallagher and Melody S. Goodman. 2010. "Hepatitis B Vaccination of Male Neonates and Autism Diagnosis, NHIS 1997-2002," *Journal of Toxicology and Environmental Health Part A* 73, no. 24 (2010): 1665-167, doi:10.1080/15287394.2010.519317.
90   David A. Geier, Janet K. Kern and Mark R. Geier, "Premature Puberty and Thimerosal-Containing Hepatitis B Vaccination: A Case-Control Study in the Vaccine Safety Datalink," *Toxics* 6, no. 4 (2018): 67, doi:10.3390/toxics6040067.
91   David A. Geier et al., "Thimerosal Exposure and Disturbance of Emotions Specific to Childhood and Adolescence: A Case-Control Study in the Vaccine Safety Datalink (VSD) Database," *Brain Injury* 31, no. 2 (2017): 272-278. doi:10.1080/02699052.2016.1250950.
92   David A. Geier et al., "Thimerosal-Containing Hepatitis B Vaccination and the Risk for Diagnosed Specific Delays in Development in the United States: A Case-Control Study in the Vaccine Safety Datalink," *North American Journal of Medical Sciences* 6, no. 10 (2014): 519-531, doi:10.4103/1947-2714.143284.
93   David A. Geier et al., "A Two-Phase Study Evaluating the Relationship Between Thimerosal-Containing Vaccine Administration and the Risk for an Autism Spectrum Disorder Diagnosis in the United States," *Translational Neurodegeneration* 2, no. 1 (2013): 25, doi:10.1186/2047-9158-2-25.

94　Heather A. Young, David A. Geier and Mark R. Geier, "Thimerosal Exposure in Infants and Neurodevelopmental Disorders: An Assessment of Computerized Medical Records in the Vaccine Safety Datalink," *Journal of the Neurological Sciences* 271, no. 1-2 (2008): 110-118. doi:10.1016/j.jns.2008.04.002.

95　Thomas M. Verstraeten et al., "Increased Risk of Developmental Neurological Impairment After High Exposure to Thimerosal-Containing Vaccine in First Month of Life," Epidemic Intelligence Service, accessed on September 24, 2022, https://childrenshealthdefense.org/wp-content/uploads/1999-eis-conference-abstract-presentation-verstraeten-et-al.pdf.

96　Heather A. Young, David A. Geier and Mark R. Geier, "Thimerosal Exposure in Infants and Neurodevelopmental Disorders: An Assessment of Computerized Medical Records in the Vaccine Safety Datalink," *Journal of the Neurological Sciences* 271, no. 1-2 (2008): 110-118. doi:10.1016/j.jns.2008.04.002.

97　Ibid.

98　David A. Geier et al., "Thimerosal Exposure and Increased Risk for Diagnosed Tic Disorder in the United States: A Case-Control Study," *Interdisciplinary Toxicology* 8, no. 2 (2015): 68–76, doi:10.1515/intox-2015-0011.

99　William W. Thompson et al., "Early Thimerosal Exposure and Neuropsychological Outcomes at 7 to 10 Years," *The New England Journal of Medicine* 357, no. 13 (2007): 1281–1292. doi:10.1056/NEJMoa071434.

100　Nick Andrews et al., "Thimerosal Exposure in Infants and Developmental Disorders: A Retrospective Cohort Study in the United Kingdom Does Not Support a Causal Association," *Pediatrics* 114, no. 3 (2004): 584–591, doi:10.1542/peds.2003-1177-L.

101　William W. Thompson et al., "Early Thimerosal Exposure and Neuropsychological Outcomes at 7 to 10 Years," *The New England Journal of Medicine* 357, no. 13 (2007): 1281–1292. doi:10.1056/NEJMoa071434.

102　Carolyn M. Gallagher and Melody S. Goodman, 2010, "Hepatitis B Vaccination of Male Neonates and Autism Diagnosis, NHIS 1997–2002," *Journal of Toxicology and Environmental Health Part A* 73, no. 24 (2010): 1665–1677, doi:10.1080/15287394.2010.519317.

103　David A. Geier, Janet K. Kern and Mark R. Geier, "Premature Puberty and Thimerosal-Containing Hepatitis B Vaccination: A Case-Control

Study in the Vaccine Safety Datalink," *Toxics* 6, no. 4 (2018): 67, doi:10.3390/toxics6040067.
104 David A. Geier et al., "Thimerosal Exposure and Disturbance of Emotions Specific to Childhood and Adolescence: A Case-Control Study in the Vaccine Safety Datalink (VSD) Database," *Brain Injury* 31, no. 2 (2017): 272–278. doi:10.1080/02699052.2016.1250950.
105 David A. Geier et al., "Thimerosal-Containing Hepatitis B Vaccination and the Risk for Diagnosed Specific Delays in Development in the United States: A Case-Control Study in the Vaccine Safety Datalink," *North American Journal of Medical Sciences* 6, no. 10 (2014): 519–531, doi:10.4103/1947-2714.143284.
106 David A. Geier et al., "A Two-Phase Study Evaluating the Relationship Between Thimerosal-Containing Vaccine Administration and the Risk for an Autism Spectrum Disorder Diagnosis in the United States," *Translational Neurodegeneration* 2, no. 1 (2013): 25, doi:10.1186/2047-9158-2-25.
107 David A. Geier, Janet K. Kern, and Mark R. Geier, "Premature Puberty and Thimerosal-Containing Hepatitis B Vaccination: A Case-Control Study in the Vaccine Safety Datalink," *Toxics* 6, no. 4 (2018): 67, doi:10.3390/toxics6040067.
108 David A. Geier et al., "Thimerosal Exposure and Disturbance of Emotions Specific to Childhood and Adolescence: A Case-Control Study in the Vaccine Safety Datalink (VSD) Database," *Brain Injury* 31, no. 2 (2017): 272–278. doi:10.1080/02699052.2016.1250950.
109 David A. Geier et al., "Thimerosal-Containing Hepatitis B Vaccination and the Risk for Diagnosed Specific Delays in Development in the United States: A Case-Control Study in the Vaccine Safety Datalink," *North American Journal of Medical Sciences* 6, no. 10 (2014): 519–531, doi:10.4103/1947-2714.143284.
110 David A. Geier et al., "A Two-Phase Study Evaluating the Relationship Between Thimerosal-Containing Vaccine Administration and the Risk for an Autism Spectrum Disorder Diagnosis in the United States," *Translational Neurodegeneration* 2, no. 1 (2013): 25, doi:10.1186/2047-9158-2-25.

제4장 생백신: 홍역·볼거리·풍진(MMR), 소아마비, 로타바이러스

1   Andrew J. Wakefield et al., "Ileal-Lymphoid-Nodular Hyperplasia, Non-Specific Colitis, and Pervasive Developmental Disorder in Children," *The Lancet* 351, no. 9103 (1998): 637–641, doi:10.1016/S0140-6736(97)11096-0.
2   Andrew J. Wakefield, *Callous Regard: Autism and Vaccines—The Truth Behind a Tragedy* (New York: Skyhorse Publishing, 2017), ISBN: 9781510729667.
3   Frank DeStefano et al., "Age at First Measles-Mumps-Rubella Vaccination in Children with Autism and School-Matched Control Subjects: A Population-Based Study in Metropolitan Atlanta," *Pediatrics* 113, no. 2 (2004): 259–266, doi:10.1542/peds.113.2.259.
4   Ibid.
5   Ibid.
6   Ibid.
7   Brian S. Hooker, "Reanalysis of CDC Data on Autism Incidence and Time of First MMR Vaccination," *Journal of American Physicians and Surgeons* 23, no. 4 (2018): 105–109, https://www.jpands.org/vol23no4/hooker.pdf.
8   Ibid.
9   Ibid.
10 Ibid.
11 Frank DeStefano et al., "Age at First Measles-Mumps-Rubella Vaccination in Children with Autism and School-Matched Control Subjects: A Population-Based Study in Metropolitan Atlanta," *Pediatrics* 113, no. 2 (2004): 259–266, doi:10.1542/peds.113.2.259.
12 Nick P. Thompson et al., "Is Measles Vaccination a Risk Factor for Inflammatory Bowel Disease?," *The Lancet* 345, no. 8947 (1995): 1071–1074, doi:10.1016/S0140-6736(95)90816-1.
13 Ibid.
14 Seif O. Shaheen et al., "Measles and Atopy in Guinea-Bissau," *The Lancet* 347, no. 9018 (1996): 1792–1796, doi:10.1016/s0140-6736(96)91617-7.
15 Ibid.
16 American Academy of Allergy, Asthma and Immunology, "Atopy Defined," accessed May 17, 2023, https://www.aaaai.org/tools-for-the-public/allergy-asthma-immunology-glossary/atopy-defined.
17 John Barthelow Classen, "Risk of Vaccine Induced Diabetes in Children

with a Family History of Type 1 Diabetes," *The Open Pediatric Medicine Journal* 2, (2008): 7–10, doi:10.2174/1874309900802010007.
18 Ibid.
19 Ibid.
20 Guillaume Pineton de Chambrun et al., "Vaccination and Risk for Developing Inflammatory Bowel Disease: A Meta-Analysis of Case-Control and Cohort Studies," *Clinical Gastroenterology and Hepatology* 13, no. 8 (2015): 1405–1415 e1, doi:10.1016/j.cgh.2015.04.179.
21 Ibid.
22 Manish M. Patel et al., "Intussusception Risk and Health Benefits of Rotavirus Vaccination in Mexico and Brazil," *The New England Journal of Medicine* 364, (2011): 2283–2292, doi:10.1056/NEJMoa1012952.
23 Ibid.
24 Children's Hospital of Philadelphia, "Intussusception," accessed on April 13, 2023, https://www.chop.edu/conditions-diseases/intussusception.
25 Medscape, "Intussusception," accessed on April 13, 2023, https://emedicine.medscape.com/article/930708-overview.
26 US Food and Drug Administration, Rotarix®: Package Insert, US License 1617 (Triangle Park, NC: GlaxoSmithKline, 2008), https://www.fda.gov/media/75726/download.
27 Priya Kassin and Guy D. Eslick, "Risk of Intussusception Following Rotavirus Vaccination: An Evidence Based Meta-Analysis of Cohort and Case-Control Studies," *Vaccine* 35, no. 33 (2017): 4276–4286, doi:10.1016/j.vaccine.2017.05.064.
28 Ibid.
29 US Food and Drug Administration, RotaTeq®: Package Insert, STN: BL125122 (Whitehouse Station, NJ: Merck & Co. Inc., 2006), https://www.fda.gov/media/75718/download.
30 Children's Hospital of Philadelphia, "Intussusception," accessed on April 13, 2023, https://www.chop.edu/conditions-diseases/intussusception.
31 Medscape, "Intussusception," accessed on April 13, 2023, https://emedicine.medscape.com/article/930708-overview.
32 US Centers for Disease Control and Prevention, "Rotavirus Vaccine (Rotashield®) and Intussusception," accessed on April 13, 2023, https://www.cdc.gov/vaccines/vpd-vac/rotavirus/vac-rotashield-historical.htm.

제5장 인유두종 바이러스 백신

1   Lynette Luria and Gabriella Cardoza-Favarato, *Human Papillomavirus* (Treasure Island: Stat Pearls Publishing, 2022), Bookshelf ID: NBK448132.
2   Ibid.
3   The American College of Obstetricians and Gynecologists, "Loop Electrosurgical Excision Procedure (LEEP)," updated February, 2022, https://www.acog.org/womens-health/faqs/loop-electrosurgical-excision-procedure.
4   US Food and Drug Administration, "June 8, 2006 Approval Letter—Human Papillomavirus Quadrivalent (Types 6, 11, 16, 18) Vaccine, Recombinant," updated April 30, 2009, https://wayback.archive-it.org/7993/20170722145339/https://www.fda.gov/BiologicsBloodVaccines/Vaccines/ApprovedProducts/ucm111283.htm.
5   BioSpace, "Merck & Co., Inc. Submits Biologics License Application To FDA For GARDASIL(R), The Company's Investigational Vaccine For Cervical Cancer," December 5, 2005, https://www.biospace.com/article/releases/merck-and-co-inc-submits-biologics-license-application-to-fda-for-gardasil-r-the-company-s-investigational-vaccine-for-cervical-cancer-/.
6   US Food and Drug Administration, "Prescription Drug User Fee Amendments," updated September 13, 2022, https://www.fda.gov/industry/fda-user-fee-programs/prescription-drug-user-fee-amendments.
7   US Food and Drug Administration, "Establishment of Prescription Drug User Fee Rates for Fiscal Year 2006," *Federal Register: The Daily Journal of the United States Government* 70, no. 146 (2005): 44106–44109, Document Number: 05-15159.
8   "Gardasil," US Food and Drug Administration, Current content as of Oct. 24, 2019, https://www.fda.gov/vaccines-blood-biologics/vaccines/gardasil. *Document available to download: Supporting Documents "Approval History, Letters, Reviews and Related Documents-Gardasil."
9   European Medicines Agency, *PROCOMVAX: Package Insert* (West Point, PA: Merck & Co. Inc., 1999), https://www.ema.europa.eu/en/documents/product-information/procomvax-epar-product-information_en.pdf.
10 Sesilje B. Petersen and Christian Gluud, "Was Amorphous Aluminium Hydroxyphosphate Sulfate Adequately Evaluated Before Authorisation in Europe?" *The BMJ: Evidence-Based Medicine* 26, no. 6 (2021): 285–289, doi:10.1136/bmjebm-2020-111419.

11 US Food and Drug Administration, *GARDASIL: Package Insert* (Whitehouse Station, NJ: Merck Sharp & Dohme Corp., a subsidiary of Merck & Co., Inc., 2006), https://www.fda.gov/files/vaccines,%20blood-%20&%20biologics/published/Package-Insert—Gardasil.pdf.
12 US Food and Drug Administration, *GARDASIL 9: Package Insert* (Whitehouse Station, NJ: Merck Sharp & Dohme Corp., a subsidiary of Merck & Co., Inc., updated 2016), https://www.immunizationinfo.com/wp-content/uploads/Gardasil-9-Prescribing-Information.pdf.
13 Ibid.
14 Trefis Team and Great Speculations, "Merck's $3 Billion Drug Jumped to 4X Growth Over Previous Year," *Forbes*, October 4, 2019, https://www.forbes.com/sites/greatspeculations/2019/10/04/mercks-3-billion-drug-jumped-to-4x-growth-over-previous-year/.
15 US Food and Drug Administration, *CERVAVIX: Package Insert* (Triangle Park, NC: GlaxoSmithKline, 2009), https://www.fda.gov/media/78013/download.
16 Ibid.
17 Ibid.
18 Ibid.
19 US Food and Drug Administration, *GARDASIL 9: Package Insert* (Whitehouse Station, NJ: Merck Sharp & Dohme Corp., a subsidiary of Merck & Co., Inc., updated 2016), https://www.immunizationinfo.com/wp-content/uploads/Gardasil-9-Prescribing-Information.pdf.
20 Ibid.
21 Ibid.
22 Lucija Tomljenovic and Christopher A. Shaw, "Who Profits from Uncritical Acceptance of Biased Estimates of Vaccine Efficacy and Safety?," *American Journal of Public Health* 102, no. 9 (2012): e13, doi:10.2105/AJPH.2012.300837.
23 Ibid.
24 Ibid.
25 Yukari Yaju and Hiroe Tsubaki, "Safety Concerns with Human Papilloma Virus Immunization in Japan: Analysis and Evaluation of Nagoya City's Surveillance Data for Adverse Events," *Japan Journal of Nursing Science* 16, no.4 (2019): 433–449, doi:10.1111/jjns.12252.
26 Ibid.
27 Ibid.
28 Rotem Inbar et al., "Behavioral Abnormalities in Female Mice Following

	Administration of Aluminum Adjuvants and the Human Papillomavirus (HPV) Vaccine Gardasil," *Immunologic Research* 65, (2017):136–149, doi:10.1007/s12026-016-8826-6.
29	Ibid.
30	Ibid.
31	Anders Hviid et al., "Human Papillomavirus Vaccination of Adult Women and Risk of Autoimmune and Neurological Diseases," *Journal of Internal Medicine* 283, no. 2 (2018): 154–165, doi:10.1111/joim.12694.
32	David A. Geier, Janet K. Kern, and Mark R. Geier, "A Cross-Sectional Study of the Relationship Between Reported Human Papillomavirus Vaccine Exposure and the Incidence of Reported Asthma in the United States," *SAGE Open Medicine* 7, (2019): 2050312118822650, doi:10.1177/2050312118822650.
33	Ibid.
34	Lucija Tomljenovic and Christopher A. Shaw, "Who Profits from Uncritical Acceptance of Biased Estimates of Vaccine Efficacy and Safety?," *American Journal of Public Health* 102, no. 9 (2012): e13, doi:10.2105/AJPH.2012.300837.
35	Yukari Yaju and Hiroe Tsubaki, "Safety Concerns with Human Papilloma Virus Immunization in Japan: Analysis and Evaluation of Nagoya City's Surveillance Data for Adverse Events," *Japan Journal of Nursing Science* 16, no.4 (2019): 433–449, doi:10.1111/jjns.12252.
36	Rotem Inbar et al., "Behavioral Abnormalities in Female Mice Following Administration of Aluminum Adjuvants and the Human Papillomavirus (HPV) Vaccine Gardasil," *Immunologic Research* 65, (2017):136–149, doi:10.1007/s12026-016-8826-6.
37	Anders Hviid et al., "Human Papillomavirus Vaccination of Adult Women and Risk of Autoimmune and Neurological Diseases," *Journal of Internal Medicine* 283, no. 2 (2018): 154–165, doi:10.1111/joim.12694.
38	David A. Geier, Janet K. Kern, and Mark R. Geier, "A Cross-Sectional Study of the Relationship Between Reported Human Papillomavirus Vaccine Exposure and the Incidence of Reported Asthma in the United States," *SAGE Open Medicine* 7, (2019): 2050312118822650, doi:10.1177/2050312118822650.

제6장 백신과 걸프전 질병

1. Lea Steele, "Prevalence and Patterns of Gulf War Illness in Kansas Veterans: Association of Symptoms with Characteristics of Person, Place, and Time of Military Service," *American Journal of Epidemiology* 152, no. 10 (2000): 992–1002, doi:10.1093/aje/152.10.992.
2. Ibid.
3. Catherine Unwin et al., "Health of UK Servicemen Who Served in Persian Gulf War," *The Lancet* 353, no. 9148 (1999): 169–178, doi:10.1016/S0140-6736(98)11338-7.
4. Ibid.
5. Ibid.
6. Matthew Hotopf et al., "Role of Vaccinations as Risk Factors for Ill Health in Veterans of the Gulf War: Cross Sectional Study," *BMJ* 320, no. 7246 (2000): 1363–1367, doi:10.1136/bmj.320.7246.1363.
7. Ibid.
8. H.L. Kelsall et al., "Symptoms and Medical Conditions in Australian Veterans of the 1991 Gulf War: Relation to Immunisations and Other Gulf War Exposures," *Occupational & Environmental Medicine* 61, no.12 (2004): 1006–1013, doi:10.1136/oem.2003.009258.
9. Ibid.
10. Lea Steele, "Prevalence and Patterns of Gulf War Illness in Kansas Veterans: Association of Symptoms with Characteristics of Person, Place, and Time of Military Service," *American Journal of Epidemiology* 152, no. 10 (2000): 992– 1002, doi:10.1093/aje/152.10.992.
11. Catherine Unwin et al., "Health of UK Servicemen Who Served in Persian Gulf War," *The Lancet* 353, no. 9148 (1999): 169–178, doi:10.1016/S0140-6736(98)11338-7.
12. Matthew Hotopf et al., "Role of Vaccinations as Risk Factors for Ill Health in Veterans of the Gulf War: Cross Sectional Study," *BMJ* 320, no. 7246 (2000): 1363–1367, doi:10.1136/bmj.320.7246.1363.
13. H.L. Kelsall et al., "Symptoms and Medical Conditions in Australian Veterans of the 1991 Gulf War: Relation to Immunisations and Other Gulf War Exposures," *Occupational & Environmental Medicine* 61, no.12 (2004): 1006–1013, doi:10.1136/oem.2003.009258.
14. Lea Steele, "Prevalence and Patterns of Gulf War Illness in Kansas Veterans: Association of Symptoms with Characteristics of Person, Place, and Time of Military Service," *American Journal of Epidemiology* 152, no.

15 10 (2000): 992– 1002, doi:10.1093/aje/152.10.992.
15 Matthew Hotopf et al., "Role of Vaccinations as Risk Factors for Ill Health in Veterans of the Gulf War: Cross Sectional Study," *BMJ* 320, no. 7246 (2000): 1363–1367, doi:10.1136/bmj.320.7246.1363.
16 Catherine Unwin et al., "Health of UK Servicemen Who Served in Persian Gulf War," *The Lancet* 353, no. 9148 (1999): 169–178, doi:10.1016/S0140-6736(98)11338-7.
17 Lea Steele, "Prevalence and Patterns of Gulf War Illness in Kansas Veterans: Association of Symptoms with Characteristics of Person, Place, and Time of Military Service," *American Journal of Epidemiology* 152, no. 10 (2000): 992– 1002, doi:10.1093/aje/152.10.992.
18 Catherine Unwin et al., "Health of UK Servicemen Who Served in Persian Gulf War," *The Lancet* 353, no. 9148 (1999): 169–178, doi:10.1016/S0140-6736(98)11338-7.
19 Matthew Hotopf et al., "Role of Vaccinations as Risk Factors for Ill Health in Veterans of the Gulf War: Cross Sectional Study," *BMJ* 320, no. 7246 (2000): 1363–1367, doi:10.1136/bmj.320.7246.1363.
20 H.L. Kelsall et al., "Symptoms and Medical Conditions in Australian Veterans of the 1991 Gulf War: Relation to Immunisations and Other Gulf War Exposures," *Occupational & Environmental Medicine* 61, no.12 (2004): 1006–1013, doi:10.1136/oem.2003.009258.

제7장 인플루엔자(독감) 백신

1 "Who Needs a Flu Vaccine?," Centers for Disease Control and Prevention, updated September 13, 2022, https://www.cdc.gov/flu/prevent/vaccinations.htm.
2 "Influenza (Flu) Vaccine and Pregnancy," Centers for Disease Control and Prevention, updated December 12, 2019, https://www.cdc.gov/vaccines/pregnancy/hcp-toolkit/flu-vaccine-pregnancy.html.
3 US Food and Drug Administration, AFLURIA® QUADRIVALENT: Package Insert, STN BL 125254 (Summit, NJ: Seqirus USA Inc., 2016), https://www.fda.gov/media/117022/download.
4 Ibid.
5 US Food and Drug Administration, Influenza A (H1N1) 2009 Monovalent Vaccine: Package Insert, US License 1739 (Research Triangle Park, NC: GlaxoSmithKline, updated January 2010), https://www.fda.

gov/media/77835/download.
6   Elizabeth Miller et al., "Risk of Narcolepsy in Children and Young People Receiving AS03 Adjuvanted Pandemic A/H1N1 2009 Influenza Vaccine: Retrospective Analysis," *BMJ* 346 (2013): f794, doi:10.1136/bmj.f794.
7   Ibid.
8   Mayo Clinic, "Narcolepsy," accessed on April 13, 2023, https://www.mayoclinic.org/diseases-conditions/narcolepsy/symptoms-causes/syc-20375497.
9   Melodie Bonvalet et al., "Autoimmunity in Narcolepsy," *Current Opinion in Pulmonary Medicine*, 23, no. 6 (2017): 522–529, doi:10.1097/MCP.0000000000000426.
10 Ibid.
11 Ibid.
12 Attila Szakács, Niklas Darin, and Tove Hallböök, "Increased Childhood Incidence of Narcolepsy in Western Sweden After H1N1 Influenza Vaccination," *Neurology* 80, no. 14 (2013): 1315–1321, doi:10.1212/WNL.0b013e31828ab26f.
13 Ibid.
14 Ibid.
15 Markku Partinen et al., "Increased Incidence and Clinical Picture of Childhood Narcolepsy Following the 2009 H1N1 Pandemic Vaccination Campaign in Finland," *PLoS ONE* 7, no. 3 (2012): e33723, doi:10.1371/journal.pone.0033723.
16 Ibid.
17 Carola Bardage et al., "Neurological and Autoimmune Disorders After Vaccination Against Pandemic Influenza A (H1N1) with a Monovalent Adjuvanted Vaccine: Population Based Cohort Study in Stockholm, Sweden," *BMJ* 343, (2011): d5956, doi:10.1136/bmj.d5956.
18 Ibid.
19 Jeff Kwong et al., "Risk of Guillain-Barré Syndrome after Seasonal Influenza Vaccination and Influenza Health-Care Encounters: A Self-Controlled Study," *The Lancet: Infectious Diseases* 13, no.9: 769–776, doi:10.1016/S1473-3099(13)70104-X.
20 Mayo Clinic, "Guillain-Barré syndrome," accessed on April 15, 2023, https://www.mayoclinic.org/diseases-conditions/guillain-barre-syndrome/symptoms-causes/syc-20362793
21 Jeff Kwong et al., "Risk of Guillain-Barré Syndrome after Seasonal Influenza Vaccination and Influenza Health-Care Encounters: A Self-

Controlled Study," *The Lancet: Infectious Diseases* 13, no.9: 769-776, doi:10.1016/S1473-3099(13)70104-X.
22   Ibid.
23   David Juurlink et al., "Guillain-Barré Syndrome after Influenza Vaccination in Adults: A Population-Based Study," *Journal of the American Medical Association* 166, no. 20 (2006): 2217–2221, doi:10.1001/archinte.166.20.2217.
24   Jeff Kwong et al., "Risk of Guillain-Barré Syndrome After Seasonal Influenza Vaccination and Influenza Health-Care Encounters: A Self-Controlled Study," *The Lancet: Infectious Diseases* 13, no.9: 769–776, doi:10.1016/S1473-3099(13)70104-X.
25   David Juurlink et al., "Guillain-Barré Syndrome after Influenza Vaccination in Adults: A Population-Based Study," *Journal of the American Medical Association* 166, no. 20 (2006): 2217–2221, doi:10.1001/archinte.166.20.2217.
26   Ibid.
27   Tamar Lasky et al., "The Guillain–Barré Syndrome and the 1992–1993 and 1993–1994 Influenza Vaccines," *The New England Journal of Medicine* 339, no. 25 (1998): 1797–1802, doi:10.1056/NEJM199812173392501.
28   Ibid.
29   Matthew Wise et al., "Guillain-Barre Syndrome during the 2009–2010 H1N1 Influenza Vaccination Campaign: Population-Based Surveillance Among 45 Million Americans," *American Journal of Epidemiology* 175, no. 11 (2012): 1110–1119, doi:10.1093/aje/kws196.
30   Ibid.
31   Ibid.
32   Daniel A. Salmon et al., "Association Between Guillain-Barré Syndrome and Influenza A (H1N1) 2009 Monovalent Inactivated Vaccines in the USA: A Meta-Analysis," *Lancet* 381, no. 9876 (2013): 1461–1468, doi:10.1016/S0140-6736(12)62189-8.
33   Ibid.
34   Sharon Rikin et al., "Assessment of Temporally-Related Acute Respiratory Illness following Influenza Vaccination," *Vaccine* 36, no. 15 (2018): 1958–1964, doi:10.1016/j.vaccine.2018.02.105.
35   Ibid.
36   Ibid.
37   Ibid.
38   Greg G. Wolff, "Influenza Vaccination and Respiratory Virus Interference

	Among Department of Defense Personnel during the 2017–2018 Influenza Season," *Vaccine* 38, no. 2 (2020): 350–354, doi:10.1016/j.vaccine.2019.10.005.
39	Ibid.
40	Benjamin J. Cowling et al., "Increased Risk of Noninfluenza Respiratory Virus Infections Associated with Receipt of Inactivated Influenza Vaccine," *Clinical Infectious Diseases: An Official Publication of the Infectious Diseases Society of America* 54, no. 12 (2012): 1778–1783, doi:10.1093/cid/cis307.
41	Ibid.
42	Ibid.
43	Alexa Dierig et al., "Epidemiology of Respiratory Viral Infections in Children Enrolled in a Study of Influenza Vaccine Effectiveness," *Influenza and Other Respiratory Viruses* 8, no. 3 (2014): 293–301, doi:10.1111/irv.12229.
44	Ibid.
45	Ibid.
46	Avni Y. Joshi et al., "Effectiveness of Trivalent Inactivated Influenza Vaccine in Influenza-Related Hospitalization in Children: A Case-Control Study," *Allergy and Asthma Proceedings* 33, no. 2 (2012): e23–e27, doi:10.2500/aap.2012.33.3513.
47	Ibid.
48	Ibid.
49	Gaetano A. Lanza et al., "Inflammation-Related Effects of Adjuvant Influenza A Vaccination on Platelet Activation and Cardiac Autonomic Function," *Journal of Internal Medicine* 269 no.1 (2011): 118–125. doi:10.1111/j.1365-2796.2010.02285.x.
50	Ibid.
51	MedAlerts.org., "Search Results From the 6/10/2022 release of VAERS data: Found 17,929 cases where Vaccine targets Influenza (FLU(H1N1) or FLU3 or FLU4 or FLUA3 or FLUA4 or FLUC3 or FLUC4 or FLUN(H1N1) or FLUN3 or FLUN4 or FLUR3 or FLUR4 or FLUX or FLUX(H1N1) or H5N1) and Standard-MedDRA-Query broadly-matches 'Cardiomyopathy,'" National Vaccine Information Center, Retrieved from: https://medalerts.org/vaersdb/findfield.php?TABLE=ON&GROUP1=AGE&EVENTS=ON&SYMPTOMSSMQ=150&VAX[]=FLU(H1N1)&VAX[]=FLU3&VAX[]=FLU4&VAX[]=FLUA3&VAX[]=FLUA4&VAX[]=FLUC3&VAX[]=FLUC4&VAX[]=FLUN(H1N1)&VAX[]=FLUN3&a

mp;VAX[]=FLUN4&VAX[]=FLUR3&VAX[]=FLUR4&VAX[]=FLUX&VAX[]=FLUX(H1N1)&VAX[]=H5N1&VAXTYPES=Influenza.

52 Jeff Kwong et al., "Risk of Guillain-Barré Syndrome after Seasonal Influenza Vaccination and Influenza Health-Care Encounters: A Self-Controlled Study," *The Lancet: Infectious Diseases* 13, no.9: 769–776, doi:10.1016/S1473-3099(13)70104-X.

53 David Juurlink et al., "Guillain-Barré Syndrome after Influenza Vaccination in Adults: A Population-Based Study," *Journal of the American Medical Association* 166, no. 20 (2006): 2217–2221, doi:10.1001/archinte.166.20.2217.

54 Tamar Lasky et al., "The Guillain–Barré Syndrome and the 1992–1993 and 1993–1994 Influenza Vaccines," *The New England Journal of Medicine* 339, no. 25 (1998): 1797–1802, doi:10.1056/NEJM199812173392501.

55 Sharon Rikin et al., "Assessment of Temporally-Related Acute Respiratory Illness following Influenza Vaccination," *Vaccine* 36, no. 15 (2018): 1958–1964, doi:10.1016/j.vaccine.2018.02.105.

56 Greg G. Wolff, "Influenza Vaccination and Respiratory Virus Interference among Department of Defense Personnel During the 2017–2018 Influenza Season," *Vaccine* 38, no. 2 (2020): 350–354, doi:10.1016/j.vaccine.2019.10.005.

57 Sharon Rikin et al., "Assessment of Temporally-Related Acute Respiratory Illness following Influenza Vaccination," *Vaccine* 36, no. 15 (2018): 1958–1964, doi:10.1016/j.vaccine.2018.02.105.

58 Greg G. Wolff, "Influenza Vaccination and Respiratory Virus Interference Among Department of Defense Personnel During the 2017–2018 Influenza Season," *Vaccine* 38, no. 2 (2020): 350–354, doi:10.1016/j.vaccine.2019.10.005.

59 Ibid.

60 Avni Y. Joshi et al., "Effectiveness of Trivalent Inactivated Influenza Vaccine in Influenza-Related Hospitalization in Children: A Case-Control Study," *Allergy and Asthma Proceedings* 33, no. 2 (2012): e23–e27, doi:10.2500/aap.2012.33.3513.

61 Gaetano A. Lanza et al., "Inflammation-Related Effects of Adjuvant Influenza A Vaccination on Platelet Activation and Cardiac Autonomic Function," *Journal of Internal Medicine* 269 no.1 (2011): 118–125. doi:10.1111/j.1365-2796.2010.02285.x.

62 Elizabeth Miller et al., "Risk of Narcolepsy in Children and Young People

Receiving AS03 Adjuvanted Pandemic A/H1N1 2009 Influenza Vaccine: Retrospective Analysis," *BMJ* 346, (2013): f794, doi:10.1136/bmj.f794.

63   Attila Szakács, Niklas Darin, and Tove Hallböök, "Increased Childhood Incidence of Narcolepsy in Western Sweden After H1N1 Influenza Vaccination," *Neurology* 80, no. 14 (2013): 1315–1321, doi:10.1212/WNL.0b013e31828ab26f.

64   Markku Partinen et al., "Increased Incidence and Clinical Picture of Childhood Narcolepsy Following the 2009 H1N1 Pandemic Vaccination Campaign in Finland," *PLoS ONE* 7, no. 3 (2012): e33723, doi:10.1371/journal.pone.0033723.

65   Matthew Wise et al., "Guillain-Barré Syndrome during the 2009–2010 H1N1 Influenza Vaccination Campaign: Population-Based Surveillance Among 45 Million Americans," *American Journal of Epidemiology* 175, no. 11 (2012): 1110–1119, doi:10.1093/aje/kws196.

66   Jerome I. Tokars et al., "The Risk of Guillain-Barré Syndrome Associated with Influenza A (H1N1) 2009 Monovalent Vaccine and 2009–2010 Seasonal Influenza Vaccines: Results from Self-Controlled Analyses," *Pharmacoepidemiology and Drug Safety* 21, no. 5 (2012): 546–552, doi:10.1002/pds.3220.

67   Daniel A. Salmon et al., "Association Between Guillain-Barré Syndrome and Influenza A (H1N1) 2009 Monovalent Inactivated Vaccines in the USA: A Meta-Analysis," *Lancet* 381, no. 9876 (2013): 1461–1468, doi:10.1016/S0140-6736(12)62189-8.

68   Elizabeth Miller et al., "Risk of Narcolepsy in Children and Young People Receiving AS03 Adjuvanted Pandemic A/H1N1 2009 Influenza Vaccine: Retrospective Analysis," *BMJ* 346, (2013): f794, doi:10.1136/bmj.f794.

69   Attila Szakács, Niklas Darin, and Tove Hallböök, "Increased Childhood Incidence of Narcolepsy in Western Sweden After H1N1 Influenza Vaccination," *Neurology* 80, no. 14 (2013): 1315–1321, doi:10.1212/WNL.0b013e31828ab26f.

70   Markku Partinen et al., "Increased Incidence and Clinical Picture of Childhood Narcolepsy following the 2009 H1N1 Pandemic Vaccination Campaign in Finland," *PLoS ONE* 7, no. 3 (2012): e33723, doi:10.1371/journal.pone.0033723.

71   Carola Bardage et al., "Neurological and Autoimmune Disorders after Vaccination against Pandemic Influenza A (H1N1) with a Monovalent Adjuvanted Vaccine: Population Based Cohort Study in Stockholm, Sweden," *BMJ* 343, (2011): d5956, doi:10.1136/bmj.d5956.

72 Ibid.
73 Ibid.
74 Alexa Dierig et al., "Epidemiology of Respiratory Viral Infections in Children Enrolled in a Study of Influenza Vaccine Effectiveness," Influenza and Other Respiratory Viruses 8, no. 3 (2014): 293–301, doi:10.1111/irv.12229.

제8장 디프테리아·파상풍·백일해(DTP) 백신

1 Nicola P. Klein, "Licensed Pertussis Vaccines in the United States," Human Vaccines and Immunotherapeutics 10 no. 9: 2684–2690, doi:10.4161/hv.29576.
2 UpToDate® by Wolters Kluwer, "Diphtheria, Tetanus, and Pertussis Immunization in Children 6 weeks through 6 years of age," accessed on April 16, 2023, https://www.uptodate.com/contents/diphtheria-tetanus-and-pertussis-immunization-in-children-6-weeks-through-6-years-of-age/print.
3 Alberto Donzelli, Alessandro Schivalocchi, and Giulia Giudicatti, "Non-specific effects of vaccinations in high-income settings: How to address the issue?," Human Vaccines & Immunotherapeutics 14, no. 12 (2018): 2904–2910, doi:10.1080/21645515.2018.1502520.
4 Peter Aaby et al., "Evidence of Increase in Mortality after the Introduction of Diphtheria-Tetanus-Pertussis Vaccine to Children Aged 6–35 Months in Guinea-Bissau: A Time for Reflection?," Frontiers in Public Health 6, no. 79 (2018), doi:10.3389/fpubh.2018.00079.
5 Peter Aaby et al., "DTP with or after Measles Vaccination Is Associated with Increased In-Hospital Mortality in Guinea-Bissau," Vaccine 25, no. 7 (2007): 1265–1269, doi:10.1016/j.vaccine.2006.10.007.
6 "SAGE Working Group on non-specific effects of vaccines (March 2013–June 2013)," World Health Organization, accessed March 25, 2023, https://www.who.int/groups/strategic-advisory-group-of-experts-on-immunization/working-groups/non-specific-effects-of-vaccines-(march-2013—june-2013).
7 Julian P.T. Higgins et al., "Association of BCG, DTP, and Measles Containing Vaccines with Childhood Mortality: Systematic Review," The BMJ 355 (2016): i5170, doi:10.1136/bmj.i5170.
8 Søren Wengel Mogensen et al., "The Introduction of Diphtheria-Tetanus-

	Pertussis and Oral Polio Vaccine among Young Infants in an Urban African Community: A Natural Experiment," *eBioMedicine* 17 (2017): 192–198, doi:10.1016/j.ebiom.2017.01.041.
9	Ibid.
10	Peter Aaby et al., "Early Diphtheria-Tetanus-Pertussis Vaccination Associated with Higher Female Mortality and No Difference in Male Mortality in a Cohort of Low Birthweight Children: An Observational Study within a Randomised Trial," *Archives of Disease in Childhood* 97, no. 8 (2012): 685–691, doi:10.1136/archdischild-2011-300646.
11	Ibid.
12	Ibid.
13	Peter Aaby, et al., "The Introduction of Diphtheria-Tetanus-Pertussis Vaccine and Child Mortality in Rural Guinea-Bissau: An Observational Study," *International Journal of Epidemiology* 33, no. 2 (2004): 374–380, doi:10.1093/ije/dyh005.
14	Ibid.
15	Ibid.
16	Peter Aaby et al., "Is Diphtheria-Tetanus-Pertussis (DTP) Associated with Increased Female Mortality? A Meta-Analysis Testing the Hypotheses of Sex-Differential Non-Specific Effects of DTP Vaccine," *Transactions of the Royal Society of Tropical Medicine and Hygiene* 110, no. 10 (2016): 570–581, doi:10.1093/trstmh/trw073.
17	Ibid.
18	Global Advisory Committee on Vaccine Safety, 10–11 June 2004, Le; *Relevé épidémiologique hebdomadaire* 79, no. 29 (2004): 269–272, https://apps.who.int/iris/bitstream/handle/10665/232535/WER7929_269-272.PDF?sequence=1&isAllowed=y.
19	Ines Kristensen, Peter Aaby, and Henrik Jensen, "Routine Vaccinations and Child Survival: Follow Up Study in Guinea-Bissau, West Africa," *BMJ* 321, no. 7274 (2000): 1435–1438, doi:10.1136/bmj.321.7274.1435.
20	Ibid.
21	Ibid.
22	Peter Aaby et al., "Sex-Differential and Non-Specific Effects of Routine Vaccinations in a Rural Area with Low Vaccination Coverage: An Observational Study from Senegal," *Transactions of the Royal Society of Tropical Medicine and Hygiene* 109, no. 1 (2015): 77–84, doi:10.1093/trstmh/tru186.
23	Ibid.

24 Lawrence H. Moulton et al., "Evaluation of Non-Specific Effects of Infant Immunizations on Early Infant Mortality in a Southern Indian Population," *Tropical Medicine and International Health* 10, no. 10 (2005): 947–955, doi:10.1111/j.1365-3156.2005.01434.x.
25 Ibid.
26 Alexander M. Walker et al., "Diphtheria-Tetanus-Pertussis Immunization and Sudden Infant Death Syndrome," *American Journal of Public Health* 77, no. 8 (1987): 945–951, doi:10.2105/ajph.77.8.945.
27 Ibid.
28 William C. Torch, "Diphtheria-Pertussis-Tetanus (DPT) Immunization: A Potential Cause of Sudden Infant Death Syndrome," *Neurology* 32, no. 4 part 2 (1982): A169-A170.
29 Ibid.
30 Ibid.
31 Eric L. Hurwitz and Hal Morgenstern, "Effects of Diphtheria-Tetanus-Pertussis or Tetanus Vaccination on Allergies and Allergy-Related Respiratory Symptoms Among Children and Adolescents in the United States," *Journal of Manipulative and Physiological Therapeutics* 23, no. 2 (2000): 81–90, doi:10.1016/S0161-4754(00)90072-1.
32 Ibid.
33 Ibid.
34 Kara L. McDonald et al., "Delay in Diphtheria, Pertussis, Tetanus Vaccination Is Associated with a Reduced Risk of Childhood Asthma," *The Journal of Allergy and Clinical Immunology* 121, no. 3 (2008): 626–631, doi:10.1016/j.jaci.2007.11.034.
35 Ibid.
36 Ibid.
37 Ibid.
38 Tricia M. McKeever et al. "Vaccination and Allergic Disease: A Birth Cohort Study," *American Journal of Public Health* 94 (2004) 985–989, doi:10.2105/ajph.94.6.985.
39 Ibid.
40 Ibid.
41 Jason M. Glanz et al., "A Population-Based Cohort Study of Undervaccination in 8 Managed Care Organizations across the United States," *JAMA Pediatrics* 167 no. 1 (2013): 274–281, doi: 10.1001/jamapediatrics.2013.502.
42 Ibid.

43 Tricia M. McKeever et al., "Vaccination and Allergic Disease: A Birth Cohort Study," *American Journal of Public Health* 94 (2004) 985–989, doi:10.2105/ajph.94.6.985.

44 Søren Wengel Mogensen et al., "The Introduction of Diphtheria-Tetanus-Pertussis and Oral Polio Vaccine Among Young Infants in an Urban African Community: A Natural Experiment," *eBioMedicine* 17 (2017): 192–198, doi:10.1016/j.ebiom.2017.01.041.

45 Peter Aaby et al., "Early Diphtheria-Tetanus-Pertussis Vaccination Associated with Higher Female Mortality and No Difference in Male Mortality in a Cohort of Low Birthweight Children: An Observational Study within a Randomised Trial," *Archives of Disease in Childhood* 97, no. 8 (2012): 685–691, doi:10.1136/archdischild-2011-300646.

46 Peter Aaby, et al., "The Introduction of Diphtheria-Tetanus-Pertussis Vaccine and Child Mortality in Rural Guinea-Bissau: An Observational Study," *International Journal of Epidemiology* 33, no. 2 (2004): 374–380, doi:10.1093/ije/dyh005.

47 Peter Aaby et al., "Is Diphtheria-Tetanus-Pertussis (DTP) Associated with Increased Female Mortality? A Meta-Analysis Testing the Hypotheses of Sex-Differential Non-Specific Effects of DTP Vaccine," *Transactions of the Royal Society of Tropical Medicine and Hygiene* 110, no. 10 (2016): 570–581, doi:10.1093/trstmh/trw073.

48 Ines Kristensen, Peter Aaby, and Henrik Jensen, "Routine Vaccinations and Child Survival: Follow-Up Study in Guinea-Bissau, West Africa," *BMJ* 321, no. 7274 (2000): 1435–1438, doi:10.1136/bmj.321.7274.1435.

49 Peter Aaby et al., "Sex-Differential and Non-Specific Effects of Routine Vaccinations in a Rural Area with Low Vaccination Coverage: An Observational Study from Senegal," *Transactions of the Royal Society of Tropical Medicine and Hygiene* 109, no. 1 (2015): 77–84, doi:10.1093/trstmh/tru186.

50 Lawrence H. Moulton et al., "Evaluation of Non-Specific Effects of Infant Immunizations on Early Infant Mortality in a Southern Indian Population," *Tropical Medicine and International Health* 10, no. 10 (2005): 947–955, doi:10.1111/j.1365-3156.2005.01434.x.

51 Ines Kristensen, Peter Aaby, and Henrik Jensen, "Routine Vaccinations and Child Survival: Follow-Up Study in Guinea-Bissau, West Africa," *BMJ* 321, no. 7274 (2000): 1435–1438, doi:10.1136/bmj.321.7274.1435.

52 Peter Aaby et al., "Is Diphtheria-Tetanus-Pertussis (DTP) Associated with Increased Female Mortality? A Meta-Analysis Testing the Hypotheses of

Sex-Differential Non-Specific Effects of DTP Vaccine," *Transactions of the Royal Society of Tropical Medicine and Hygiene* 110, no. 10 (2016): 570–581, doi:10.1093/trstmh/trw073.

53   Peter Aaby et al., "The Introduction of Diphtheria-Tetanus-Pertussis Vaccine and Child Mortality in Rural Guinea-Bissau: An Observational Study," *International Journal of Epidemiology* 33, no. 2 (2004): 374–380, doi:10.1093/ije/dyh005.

54   Peter Aaby et al., "Early Diphtheria-Tetanus-Pertussis Vaccination Associated with Higher Female Mortality and No Difference in Male Mortality in a Cohort of Low Birthweight Children: An Observational Study within a Randomised Trial," *Archives of Disease in Childhood* 97, no. 8 (2012): 685–691, doi:10.1136/archdischild-2011-300646.

55   Søren Wengel Mogensen et al., "The Introduction of Diphtheria-Tetanus-Pertussis and Oral Polio Vaccine among Young Infants in an Urban African Community: A Natural Experiment," *eBioMedicine* 17 (2017): 192–198, doi:10.1016/j.ebiom.2017.01.041.

56   Peter Aaby et al., "DTP With or After Measles Vaccination is Associated with Increased In-Hospital Mortality in Guinea-Bissau," *Vaccine* 25, no. 7 (2007): 1265–1269, doi:10.1016/j.vaccine.2006.10.007.

57   Peter Aaby et al., "Sex-Differential and Non-Specific Effects of Routine Vaccinations in a Rural Area with Low Vaccination Coverage: An Observational Study from Senegal," *Transactions of the Royal Society of Tropical Medicine and Hygiene* 109, no. 1 (2015): 77–84, doi:10.1093/trstmh/tru186.

58   Alexander M. Walker et al., "Diphtheria-Tetanus-Pertussis Immunization and Sudden Infant Death Syndrome," *American Journal of Public Health* 77, no. 8 (1987): 945–951, doi:10.2105/ajph.77.8.945.

59   William C. Torch, "Diphtheria-Pertussis-Tetanus (DPT) Immunization: A Potential Cause of Sudden Infant Death Syndrome," *Neurology* 32, no. 4 part 2 (1982): A169-A170.

60   Eric L. Hurwitz and Hal Morgenstern, "Effects of Diphtheria-Tetanus-Pertussis or Tetanus Vaccination on Allergies and Allergy-Related Respiratory Symptoms Among Children and Adolescents in the United States," *Journal of Manipulative and Physiological Therapeutics* 23, no. 2 (2000): 81–90, doi:10.1016/S0161-4754(00)90072-1.

61   Kara L. McDonald et al., "Delay in Diphtheria, Pertussis, Tetanus Vaccination Is Associated with a Reduced Risk of Childhood Asthma," *The Journal of Allergy and Clinical Immunology* 121, no. 3 (2008): 626–

631, doi:10.1016/j.jaci.2007.11.034.
62 Tricia M. McKeever et al. "Vaccination and Allergic Disease: A Birth Cohort Study," *American Journal of Public Health* 94 (2004) 985–989, doi:10.2105/ajph.94.6.985.
63 Ibid.

제9장 B형 간염 백신

1 "Hepatitis B Vaccination of Infants, Children, and Adolescents," U.S. Centers for Disease Control, accessed March 26, 2023, https://www.cdc.gov/hepatitis/hbv/vaccchildren.htm.
2 Monica A. Fisher and Stephen A. Eklund, "Hepatitis B Vaccine and Liver Problems in U.S. Children Less than 6 Years Old, 1993 and 1994," *Epidemiology* 10, no. 3 (1999): 337–339, https://journals.lww.com/epidem/Abstract/1999/05000/Hepatitis_B_Vaccine_and_Liver_Problems_in_U_S_.24.aspx.
3 Ibid.
4 Ibid.
5 Ibid.
6 Nancy Agmon-Levin et al., "Immunization with Hepatitis B Vaccine Accelerates SLE-Like Disease in a Murine Model," *Journal of Autoimmunity* 54, (2014): 21–32, doi:10.1016/j.jaut.2014.06.006.
7 Ibid.
8 Ibid.
9 David C. Classen and John Barthelow Classen, "The Timing of Pediatric Immunization and the Risk of Insulin-Dependent Diabetes Mellitus," *Infectious Diseases in Clinical Practice* 6, no. 7 (1997): 449–454, https://journals.lww.com/infectdis/citation/1997/06070/the_timing_of_pediatric_immunization_and_the_risk.7.aspx.
10 Ibid.
11 Ibid.
12 Miguel A. Hernán et al., "Recombinant Hepatitis B Vaccine and the Risk of Multiple Sclerosis: A Prospective Study," *Neurology* 63, no. 5 (2004): 838–842, doi:10.1212/01.wnl.0000138433.61870.82.
13 Ibid.
14 Ibid.
15 Dong Keon Yon et al., "Hepatitis B Immunogenicity After a Primary

Vaccination Course Associated with Childhood Asthma, Allergic Rhinitis, and Allergen Sensitization," *Pediatric Allergy and Immunology: Official Publication of the European Society of Pediatric Allergy and Immunology* 29, no. 2 (2018): 221–224, doi:10.1111/pai.12850.
16 Ibid.
17 Ibid.
18 Ibid.
19 "VAERS Data," VAERS, accessed September 23, 2022, https://vaers.hhs.gov/data.html.
20 Ibid.
21 Penina Haber et al., "Safety of Currently Licensed Hepatitis B Surface Antigen Vaccines in the United States, Vaccine Adverse Event Reporting System (VAERS), 2005–2015," *Vaccine* 36, no. 4 (2018): 559–564, doi:10.1016/j.vaccine.2017.11.079.
22 Ibid.
23 Ibid.
24 Ibid.
25 Young June Choe et al., "Sudden Death in the First 2 Years of Life following Immunization in the Republic of Korea," *Pediatrics international: Official Journal of the Japan Pediatric Society* 54, no.6 (2012): 905–910, doi:10.1111/j.1442-200X.2012.03697.x.
26 Monica A. Fisher and Stephen A. Eklund, "Hepatitis B Vaccine and Liver Problems in U.S. Children Less than 6 Years Old, 1993 and 1994," *Epidemiology* 10, no. 3 (1999): 337–339, https://journals.lww.com/epidem/Abstract/1999/05000/Hepatitis_B_Vaccine_and_Liver_Problems_in_U_S_.24.aspx
27 Nancy Agmon-Levin et al., "Immunization with Hepatitis B Vaccine Accelerates SLE-Like Disease in a Murine Model," *Journal of Autoimmunity* 54, (2014): 21–32, doi:10.1016/j.jaut.2014.06.006.
28 David C. Classen and John Barthelow Classen, "The Timing of Pediatric Immunization and the Risk of Insulin-Dependent Diabetes Mellitus," *Infectious Diseases in Clinical Practice* 6, no. 7 (1997): 449–454, https://journals.lww.com/infectdis/citation/1997/06070/the_timing_of_pediatric_immunization_and_the_risk.7.aspx.
29 Miguel A. Hernán et al., "Recombinant Hepatitis B Vaccine and the Risk of Multiple Sclerosis: A Prospective Study," *Neurology* 63, no. 5 (2004): 838–842, doi:10.1212/01.wnl.0000138433.61870.82.
30 Dong Keon Yon et al., "Hepatitis B Immunogenicity after a Primary

Vaccination Course Associated with Childhood Asthma, Allergic Rhinitis, and Allergen Sensitization," *Pediatric Allergy and Immunology: Official Publication of the European Society of Pediatric Allergy and Immunology* 29, no. 2 (2018): 221–224, doi:10.1111/pai.12850.

31 "VAERS Data," VAERS, accessed September 23, 2022, https://vaers.hhs.gov/data.html.

32 Nancy Agmon-Levin et al., "Immunization with Hepatitis B Vaccine Accelerates SLE-Like Disease in a Murine Model," *Journal of Autoimmunity* 54, (2014): 21–32, doi:10.1016/j.jaut.2014.06.006.

제10장 코로나 백신

1 Kenichiro Sato et al., "Facial Nerve Palsy Following the Administration of COVID-19 mRNA Vaccines: Analysis of a Self-Reporting Database," *International Journal of Infectious Diseases : IJID : Official Publication of the International Society for Infectious Diseases* 111, (2021): 310–312, doi:10.1016/j.ijid.2021.08.071.

2 Ibid.

3 National Institute of Neurological Disorders and Stroke, "Bell's Palsy," accessed on April 16, 2023, https://www.ninds.nih.gov/health-information/disorders/bells-palsy.

4 Erik Y. F. Wan et al., "Bell's Palsy Following Vaccination with mRNA (BNT162b2) and Inactivated (CoronaVac) SARS-CoV-2 Vaccines: A Case Series and Nested Case-Control Study," *The Lancet Infectious Diseases* 22, no. 1 (2022): 64–72, doi:10.1016/S1473-3099(21)00451-5.

5 Ibid.

6 Rana Shibili et al., "Association Between Vaccination with the BNT162b2 mRNA COVID-19 Vaccine and Bell's Palsy: A Population-Based Study," *The Lancet Regional Health. Europe* 11 (2021); 100236, doi:10.1016/j.lanepe.2021.100236.

7 Ibid.

8 Ibid.

9 Ibid.

10 Eric Yuk Fai Wan et al., "Messenger RNA Coronavirus Disease 2019 (COVID-19) Vaccination With BNT162b2 Increased Risk of Bell's Palsy: A Nested Case-Control and Self-Controlled Case Series Study," *Clinical Infectious Diseases: An Official Publication of the Infectious Diseases Society of*

	America 76, no. 3 (2023); e291–e298, doi:10.1093/cid/ciac460.
11	Ibid.
12	Ibid.
13	Min S. Kim et al., "Comparative Safety of mRNA COVID-19 Vaccines to Influenza Vaccines: A Pharmacovigilance Analysis Using WHO International Database," *Journal of Medical Virology* 94, no. 3 (2022), doi:10.1002/jmv.27424.
14	Ibid.
15	Francisco T. T. Lai et al., "Adverse Events of Special Interest Following the Use of BNT162b2 in Adolescents: A Population-Based Retrospective Cohort Study," *Emerging Microbes and Infections* 11, no.1 (2022): 885–893, doi:10.1080/22221751.2022.2050952.
16	Ibid.
17	Ibid.
18	Ibid.
19	Cleveland Clinic, "Myocarditis," accessed on April 16, 2023, https://my.clevelandclinic.org/health/diseases/22129-myocarditis.
20	Ibid.
21	Øystein Karlstad et al., "SARS-CoV-2 Vaccination and Myocarditis in a Nordic Cohort Study of 23 Million Residents," *Journal of American Medical Association Cardiology* 7, no. 6 (2022): 600–612, doi:10.1001/jamacardio.2022.0583.
22	Ibid.
23	Martina Patone et al., "Risk of Myocarditis After Sequential Doses of COVID-19 Vaccine and SARS-CoV-2 Infection by Age and Sex," *Circulation* 146, no. 10: 743–754, doi:10.1161/CIRCULATIONAHA.122.059970.
24	Ibid.
25	Anthony Simone et al., "Acute Myocarditis Following a Third Dose of COVID-19 mRNA Vaccination in Adults," *International Journal of Cardiology* 365 (2022): 41–43, doi:10.1016/j.ijcard.2022.07.031.
26	Ibid.
27	Ibid.
28	Francisco Tsz Tsun Lai et al., "Carditis After COVID-19 Vaccination With a Messenger RNA Vaccine and an Inactivated Virus Vaccine: A Case-Control Study," *Annals of Internal Medicine* 175, no. 3 (2022); 362–370, doi:10.7326/M21-3700.
29	Ibid.

30 Ibid.
31 Ibid.
32 Dror Mevorach et al., "Myocarditis after BNT162b2 mRNA Vaccine against Covid-19 in Israel," *The New England Journal of Medicine* 385, no. 23 (2021); 2140–2149, doi:10.1056/NEJMoa2109730.
33 Ibid.
34 Ibid.
35 Marco Massari et al., "Postmarketing Active Surveillance of Myocarditis and Pericarditis Following Vaccination with COVID-19 mRNA Vaccines in Persons Aged 12 to 39 years in Italy: A Multi-Database, Self-Controlled Case Series Study," *PLoS Medicine* 19, no. 7 (2022): e1004056, doi:10.1371/journal.pmed.1004056.
36 Ibid.
37 Kristin Goddard et al., "Risk of Myocarditis and Pericarditis following BNT162b2 and mRNA-1273 COVID-19 Vaccination," *Vaccine* 40, no. 35 (2022): 5153–5159, doi:10.1016/j.vaccine.2022.07.007.
38 Ibid.
39 C.R. Simpson et al., "First-Dose ChAdOx1 and BNT162b2 COVID-19 Vaccines and Thrombocytopenic, Thromboembolic and Hemorrhagic Events in Scotland," *Nature Medicine* 27, no. 7 (2021); 1290–1297, doi:10.1038/s41591-021-01408-4.
40 Ibid.
41 Ibid.
42 Jacob D. Berild et al., "Analysis of Thromboembolic and Thrombocytopenic Events After the AZD1222, BNT162b2, and MRNA-1273 COVID-19 Vaccines in 3 Nordic Countries," *Journal of the American Medical Association Network Open* 5, no. 6: e2217375, doi:10.1001/jamanetworkopen.2022.17375.
43 Ibid.
44 Erik Y.F. Wan et al., "Herpes Zoster Related Hospitalization after Inactivated (CoronaVac) and mRNA (BNT162b2) SARS-CoV-2 Vaccination: A Self-Controlled Case Series and Nested Case-Control Study," *The Lancet Regional Health: Western Pacific* 21, no. 100393 (2022), doi:10.1016/j.lanwpc.2022.100393.
45 Ibid.
46 Ibid.
47 Yoav Yanir et al., "Association Between the BNT162b2 Messenger RNA COVID-19 Vaccine and the Risk of Sudden Sensorineural Hearing

48 Loss," *Journal of the American Medical Association–Otolaryngology— Head and Neck Surgery* 148, no. 4 (2022): 299–306, doi:10.1001/jamaoto.2021.4278.
48 Ibid.
49 Diego Montano, "Frequency and Associations of Adverse Reactions of COVID-19 Vaccines Reported to Pharmacovigilance Systems in the European Union and the United States," *Frontiers in Public Health* 9 (2022): 756633, doi:10.3389/fpubh.2021.756633.
50 Ibid.
51 Ibid.
52 Hui-Lee Wong et al., "Surveillance of COVID-19 Vaccine Safety among Elderly Persons Aged 65 Years and Older," *Vaccine* 41, no. 2 (2023): 532–539, doi:10.1016/j.vaccine.2022.11.069.
53 Ibid.
54 Joseph Fraiman et al., "Serious Adverse Events of Special Interest following mRNA COVID-19 Vaccination in Randomized Trials in Adults," *Vaccine* 40, no. 40 (2022): 5798–5805, doi:10.1016/j.vaccine.2022.08.036.
55 Ibid.
56 Ibid.
57 Ibid.
58 Kristin Goddard et al., Risk of Myocarditis and Pericarditis Following BNT162b2 and mRNA-1273 COVID-19 Vaccination," *Vaccine* 40, no. 35 (2022): 5153–5159, doi:10.1016/j.vaccine.2022.07.007.
59 Francisco T. T. Lai et al., "Adverse Events of Special Interest Following the Use of BNT162b2 in Adolescents: A Population-Based Retrospective Cohort Study," *Emerging Microbes and Infections* 11, no.1 (2022): 885–893, doi:10.1080/22221751.2022.2050952.
60 Marco Massari et al., "Postmarketing Active Surveillance of Myocarditis and Pericarditis following Vaccination with COVID-19 mRNA Vaccines in Persons Aged 12 to 39 years in Italy: A Multi-Database, Self-Controlled Case Series Study," *PLoS Medicine* 19, no. 7 (2022): e1004056, doi:10.1371/journal.pmed.1004056.
61 Anthony Simone et al., "Acute Myocarditis Following a Third Dose of COVID-19 mRNA Vaccination in Adults," *International Journal of Cardiology* 365 (2022): 41–43, doi:10.1016/j.ijcard.2022.07.031.
62 Øystein Karlstad et al., "SARS-CoV-2 Vaccination and Myocarditis in a Nordic Cohort Study of 23 Million Residents," *Journal of American Medical Association Cardiology* 7, no. 6 (2022): 600–612, doi:10.1001/

jamacardio.2022.0583.

63 Martina Patone et al., "Risk of Myocarditis After Sequential Doses of COVID-19 Vaccine and SARS-CoV-2 Infection by Age and Sex," *Circulation* 146, no. 10: 743–754, doi:10.1161/CIRCULATIONAHA.122.059970.

64 Hui-Lee Wong et al., "Surveillance of COVID-19 Vaccine Safety Among Elderly Persons Aged 65 Years and Older," *Vaccine* 41, no. 2 (2023): 532–539, doi:10.1016/j.vaccine.2022.11.069.

65 Dror Mevorach et al., "Myocarditis after BNT162b2 mRNA Vaccine against Covid-19 in Israel," *The New England Journal of Medicine* 385, no. 23 (2021); 2140–2149, doi:10.1056/NEJMoa2109730.

66 Eric Yuk Fai Wan et al., "Messenger RNA Coronavirus Disease 2019 (COVID-19) Vaccination with BNT162b2 Increased Risk of Bell's Palsy: A Nested Case-Control and Self-Controlled Case Series Study," *Clinical Infectious Diseases: An Official Publication of the Infectious Diseases Society of America* 76, no. 3 (2023); e291–e298, doi:10.1093/cid/ciac460.

67 Kenichiro Sato et al., "Facial Nerve Palsy following the Administration of COVID-19 mRNA Vaccines: Analysis of a Self-Reporting Database," *International Journal of Infectious Diseases : IJID : Official Publication of the International Society for Infectious Diseases* 111, (2021): 310–312, doi:10.1016/j.ijid.2021.08.071.

68 Rana Shibili et al., "Association between Vaccination with the BNT162b2 mRNA COVID-19 Vaccine and Bell's Palsy: A Population-Based Study," *The Lancet Regional Health. Europe* 11 (2021); 100236, doi:10.1016/j.lanepe.2021.100236.

69 Erik Y.F. Wan et al., "Herpes Zoster Related Hospitalization after Inactivated (CoronaVac) and mRNA (BNT162b2) SARS-CoV-2 Vaccination: A Self-Controlled Case Series and Nested Case-Control Study," *The Lancet Regional Health: Western Pacific* 21, no. 100393 (2022), doi:10.1016/j.lanwpc.2022.100393.

제11장 임신 중 백신 접종

1 Medicines Adverse Reactions Committee, "Use of Boostrix (Combined Diphtheria, Tetanus and Pertussis Vaccine) in Pregnancy: Confidential," report (2020), https://www.medsafe.govt.nz/committees/marc/reports/181-Use-of-Boostrix.pdf.

2   US Food and Drug Administration, *Fluvirin®: Package Insert* (Summit, NJ: Seqirus USA Inc., Revised 2017), https://www.fda.gov/files/vaccines%2C%20-blood%20%26%20biologics/published/Package-Insert—Fluvirin.pdf.
3   US Food and Drug Administration, *Comirnaty®: Package Insert* (New York, NY: Pfizer Inc., 2022), https://www.fda.gov/media/151707/download.
4   US Food and Drug Administration, *Spikevax®: Package Insert* (New York, NY: Moderna Inc., 2022), https://www.fda.gov/media/155675/download.
5   "Pregnancy Guidelines and Recommendations by Vaccine," Centers for Disease Control and Prevention, August 31, 2016, https://www.cdc.gov/vaccines/pregnancy/hcp-toolkit/guidelines.html.
6   "Covid-19 Vaccines While Pregnant or Breastfeeding," Centers for Disease Control and Prevention, Updated June 16, 2022, https://www.cdc.gov/coronavirus/2019-ncov/vaccines/recommendations/pregnancy.html.
7   Centers for Disease Control and Prevention (2021), "COVID-19 Vaccine Pregnancy Registry," Vaccine Safety, accessed May 3, 2023. https://www.cdc.gov/vaccinesafety/ensuringsafety/monitoring/v-safe/covid-preg-reg.html.
8   Ousseny Zerbo et al., "Association between Influenza Infection and Vaccination During Pregnancy and Risk of Autism Spectrum Disorder," *JAMA Pediatrics* 171, no. 1 (2017): e163609, doi:10.1001/jamapediatrics.2016.3609.
9   Ibid.
10 Ibid.
11 Juliet Popper Shaffer, "Multiple Hypothesis Testing," *Annual Review of Psychology* 46, (1995): 561–584, http://wexler.free.fr/library/files/shaffer%20-(1995)%20multiple%20hypothesis%20testing.pdf.
12 Alberto Donzelli, Alessandro Schivalocchi, and Alessandro Battaggia, "Influenza Vaccination in the First Trimester of Pregnancy and Risk of Autism Spectrum Disorder," *JAMA Pediatrics* 171, (2017): 601, doi:10.1001/jamapediatrics.2017.0753.
13 Brian S. Hooker, "Influenza Vaccination in the First Trimester of Pregnancy and Risk of Autism Spectrum Disorder," *JAMA Pediatrics* 171, no. 6 (2007): 600, doi:10.1001/jamapediatrics.2017.0734.
14 Ousseny Zerbo et al., "Association between Influenza Infection and Vaccination During Pregnancy and Risk of Autism Spectrum Disorder," *JAMA Pediatrics* 171, no. 1 (2017): e163609, doi:10.1001/jamapediatrics.2016.3609.

15 Ibid.
16 Brian S. Hooker, "Influenza Vaccination in the First Trimester of Pregnancy and Risk of Autism Spectrum Disorder," *JAMA Pediatrics* 171, no. 6 (2007): 600, doi:10.1001/jamapediatrics.2017.0734.
17 Stephanie A. Irving et al., "Trivalent Inactivated Influenza Vaccine and Spontaneous Abortion," *Obstetrics and Gynecology* 121, no. 1 (2013): 159–165, doi:10.1097/aog.0b013e318279f56f.
18 Ibid.
19 Ibid.
20 James G. Donahue et al., "Association of Spontaneous Abortion with Receipt of Inactivated Influenza Vaccine Containing H1N1pdm09 in 2010-11 and 2011-12," *Vaccine* 35, no. 40 (2017): 5314–5322, doi:10.1016/j.vaccine.2017.06.069.
21 James G. Donahue et al., "Inactivated Influenza Vaccine and Spontaneous Abortion in the Vaccine Safety Datalink in 2012–13, 2013–14, and 2014–15," *Vaccine* 37, no.44 (2019): 6673–6681, doi:10.1016/j.vaccine.2019.09.035.
22 Stephanie A. Irving et al., "Trivalent Inactivated Influenza Vaccine and Spontaneous Abortion," *Obstetrics and Gynecology* 121, no. 1 (2013): 159–165, doi:10.1097/aog.0b013e318279f56f.
23 Gary S. Goldman, "Comparison of VAERS Fetal-Loss Reports during Three Consecutive Influenza Seasons: Was There a Synergistic Fetal Toxicity Associated with the Two-Vaccine 2009/2010 Season?," *Human & Experimental Toxicology* 32, no. 5 (2012) 464–475. https://doi.org/10.1177/0960327112455067.
24 Ibid.
25 Ibid.
26 Ibid.
27 Ibid.
28 Ibid.
29 James G. Donahue et al., "Association of Spontaneous Abortion with Receipt of Inactivated Influenza Vaccine Containing H1N1pdm09 in 2010–11 and 2011–12," *Vaccine* 35, no. 40 (2017): 5314–5322, doi:10.1016/j.vaccine.2017.06.069.
30 Ibid.
31 Ibid.
32 James G. Donahue et al., "Inactivated Influenza Vaccine and Spontaneous Abortion in the Vaccine Safety Datalink in 2012–13, 2013–14, and 2014–

33 15," *Vaccine* 37 (2019): 6673–6681, doi:10.1016/j.vaccine.2019.09.035.
33 Ibid.
34 Ibid.
35 Alberto Donzelli, "Influenza Vaccination of Pregnant Women and Serious Adverse Events in the Offspring," *International Journal of Environmental Research and Public Health* 16, no. 22 (2019): 4347, doi:10.3390/ijerph16224347.
36 Milagritos Tapia et al., "Maternal Immunisation with Trivalent Inactivated Influenza Vaccine for Prevention of Influenza in Infants in Mali: A Prospective, Active-controlled, Observer-blind, Randomised Phase 4 Trial," *The Lancet. Infectious Diseases* 16, no. 9 (2016): 1026–1035. doi:10.1016/S1473-3099(16)30054-8.
37 Alberto Donzelli, "Influenza Vaccination of Pregnant Women and Serious Adverse Events in the Offspring," *International Journal of Environmental Research and Public Health* 16, no. 22 (2019): 4347, doi:10.3390/ijerph16224347.
38 Ibid.
39 Ibid.
40 Milagritos Tapia et al., "Maternal Immunisation with Trivalent Inactivated Influenza Vaccine for Prevention of Influenza in Infants in Mali: A Prospective, Active-controlled, Observer-blind, Randomised Phase 4 Trial," *The Lancet. Infectious Diseases* 16, no. 9 (2016): 1026–1035. doi:10.1016/S1473-3099(16)30054-8.
41 Ibid.
42 Alberto Donzelli, "Influenza Vaccination for All Pregnant Women? So Far the Less Biased Evidence does not Favour It," *Human Vaccines and Immunotherapeutics* 15, no. 9 (2019): 2159–2164, doi:10.1080/21645515.2019.1568161.
43 Ibid.
44 Ibid.
45 Lisa M. Christian et al., "Inflammatory Responses to Trivalent Influenza Virus Vaccine among Pregnant Women," *Vaccine* 29, no. 48, (2011): 8982–8987, doi:10.1016/j.vaccine.2011.09.039.
46 Ibid.
47 Ibid.
48 Ibid.
49 Ibid.
50 Cristopher S. Price et al., "Prenatal and Infant Exposure to Thimerosal

	from Vaccines and Immunoglobulins and Risk of Autism," *Pediatrics* 126, no. 4 (2010): 656–664, doi:10.1542/peds.2010-0309.
51	Ibid.
52	Ibid.
53	US Food and Drug Administration, *Fluvirin®: Package Insert* (Summit, NJ: Seqirus USA Inc., Revised 2017), https://www.fda.gov/files/vaccines%2C%20-blood%20%26%20biologics/published/Package-Insert—Fluvirin.pdf.
54	Cristopher S. Price et al., "Prenatal and Infant Exposure to Thimerosal from Vaccines and Immunoglobulins and Risk of Autism," *Pediatrics* 126, no. 4 (2010): 656–664, doi:10.1542/peds.2010-0309.
55	Cristopher S. Price, Anne Robertson, and Barbara Goodson, "Thimerosal and Autism Technical Report," Abt Associates 1, (2009): https://www.abtassociates.com/insights/publications/report/thimerosal-and-autism-technical-report-volume-1.
56	Ibid.
57	Elyse O. Kharbanda et al., "Evaluation of the Association of Maternal Pertussis Vaccination with Obstetric Events and Birth Outcomes," *JAMA* 312, no. 18 (2014): 1897–1904, doi:10.1001/jama.2014.14825.
58	Ibid.
59	Ibid.
60	Ibid.
61	J.B. Layton et al., "Prenatal Tdap Immunization and Risk of Maternal and Newborn Adverse Events," *Vaccine* 35, no. 33 (2017): 4072–4078, doi:10.1016/j.vaccine.2017.06.071.
62	Ibid.
63	Ibid.
64	Ibid.
65	Ibid.
66	Ibid.
67	Malini DeSilva et al., "Maternal Tdap Vaccination and Risk of Infant Morbidity," *Vaccine* 35, no. 29 (2017): 3655–3660, doi:10.1016/j.vaccine.2017.05.041.
68	Ibid.
69	Pedro Moro et al., "Enhanced Surveillance of Tetanus Toxoid, Reduced Diphtheria Toxoid, and Acellular Pertussis (Tdap) Vaccines in Pregnancy in the Vaccine Adverse Event Reporting System (VAERS), 2011-2015," *Vaccine* 34, no. 20 (2016): 2349–2353, doi:10.1016/

j.vaccine.2016.03.049.
70 Ibid.
71 Ibid.
72 Malini DeSilva et al., "Evaluation of Acute Adverse Events after Covid-19 Vaccination during Pregnancy," *The New England Journal of Medicine* 387, no. 2 (2022): 187–189, doi:10.1056/NEJMc2205276.
73 US Food and Drug Administration, *Comirnaty®: Package Insert* (New York, NY: Pfizer Inc., 2021), https://www.fda.gov/media/154834/download.
74 "Covid-19 Vaccines While Pregnant or Breastfeeding," Centers for Disease Control and Prevention, updated October 20, 2022, https://www.cdc.gov/coronavirus/2019-ncov/vaccines/recommendations/pregnancy.html.
75 Malini DeSilva et al., "Evaluation of Acute Adverse Events after Covid-19 Vaccination during Pregnancy," *The New England Journal of Medicine* 387, no. 2 (2022): 187–189, doi:10.1056/NEJMc2205276.
76 Aharon Dick et al., "Safety of Third SARS-CoV-2 Vaccine (Booster Dose) During Pregnancy," *American Journal of Obstetrics & Gynecology MFM* 4, no. 4 (2022): 100637, doi:10.1016/j.ajogmf.2022.100637.
77 Ibid.
78 Ibid.
79 "Gestational Diabetes," Centers for Disease Control and Prevention, accessed on April 16, 2023, https://www.cdc.gov/diabetes/basics/gestational.html.
80 "VAERS Data," Vaccine Adverse Event Reporting System (VAERS), updated April 7, 2023, https://vaers.hhs.gov/data.html.
81 Ibid.
82 Ibid.
83 Itai Gat et al., "Covid-19 Vaccination BNT162b2 Temporarily Impairs Semen Concentration and Total Motile Count among Semen Donors," *Andrology* 10, no. 6 (2022): 1016–1022, doi:10.1111/andr.13209.
84 Ibid.
85 Ibid.
86 Ibid.
87 Stephanie A. Irving et al., "Trivalent Inactivated Influenza Vaccine and Spontaneous Abortion," *Obstetrics and Gynecology* 121, no. 1 (2013): 159–165, doi:10.1097/aog.0b013e318279f56f.
88 Gary S. Goldman, "Comparison of VAERS Fetal-Loss Reports during Three Consecutive Influenza Seasons: Was There a Synergistic Fetal Toxicity Associated with the Two-Vaccine 2009/2010 Season?," *Human*

& *Experimental Toxicology* 32, no. 5 (2012) 464–475, https://doi.org/10.1177/0960327112455067.

89　James G. Donahue et al., "Inactivated Influenza Vaccine and Spontaneous Abortion in the Vaccine Safety Datalink in 2012–13, 2013–14, and 2014–15," *Vaccine* 37, no. 44 (2019): 6673–6681, doi:10.1016/j.vaccine.2019.09.035.

90　Alberto Donzelli, "Influenza Vaccination of Pregnant Women and Serious Adverse Events in the Offspring," *International Journal of Environmental Research and Public Health* 16, no. 22 (2019): 4347, doi:10.3390/ijerph16224347.

91　Ousseny Zerbo et al., "Association between Influenza Infection and Vaccination During Pregnancy and Risk of Autism Spectrum Disorder," *JAMA Pediatrics* 171, no. 1 (2017): e163609, doi:10.1001/jamapediatrics.2016.3609.

92　Cristopher S. Price et al., "Prenatal and Infant Exposure to Thimerosal from Vaccines and Immunoglobulins and Risk of Autism," *Pediatrics* 126, no. 4 (2010): 656–664, doi:10.1542/peds.2010-0309.

93　Alberto Donzelli, "Influenza Vaccination of Pregnant Women and Serious Adverse Events in the Offspring," *International Journal of Environmental Research and Public Health* 16, no. 22 (2019): 4347, doi:10.3390/ijerph16224347.

94　Lisa M. Christian et al., "Inflammatory Responses to Trivalent Influenza Virus Vaccine among Pregnant Women," *Vaccine* 29, no. 48, (2011): 8982–8987, doi:10.1016/j.vaccine.2011.09.039.

95　J.B. Layton et al., "Prenatal Tdap Immunization and Risk of Maternal and Newborn Adverse Events," *Vaccine* 35, no. 33 (2017): 4072–4078, doi:10.1016/j.vaccine.2017.06.071.

96　Ibid.

97　Malini DeSilva et al., "Evaluation of Acute Adverse Events after Covid-19 Vaccination during Pregnancy," *The New England Journal of Medicine* 387, no. 2 (2022): 187–189, doi:10.1056/NEJMc2205276.

98　Elyse O. Kharbanda et al., "Evaluation of the Association of Maternal Pertussis Vaccination with Obstetric Events and Birth Outcomes," *JAMA* 312, no. 18 (2014): 1897–1904, doi:10.1001/jama.2014.14825.

99　J.B. Layton et al., "Prenatal Tdap Immunization and Risk of Maternal and Newborn Adverse Events," *Vaccine* 35, no. 33 (2017): 4072–4078, doi:10.1016/j.vaccine.2017.06.071.

100　Pedro Moro et al., "Enhanced Surveillance of Tetanus Toxoid, Reduced

Diphtheria Toxoid, and Acellular Pertussis (Tdap) Vaccines in Pregnancy in the Vaccine Adverse Event Reporting System (VAERS), 2011-2015," *Vaccine* 34, no. 20 (2016): 2349–2353, doi:10.1016/j.vaccine.2016.03.049.

101   "VAERS Data," Vaccine Adverse Event Reporting System (VAERS), updated April 7, 2023, https://vaers.hhs.gov/data.html.
102   Aharon Dick et al., "Safety of Third SARS-CoV-2 Vaccine (Booster Dose) during Pregnancy," *American Journal of Obstetrics & Gynecology MFM* 4, no.4 (2022): 100637, doi:10.1016/j.ajogmf.2022.100637.
103   Ibid.
104   "VAERS Data," Vaccine Adverse Event Reporting System (VAERS), updated April 7, 2023, https://vaers.hhs.gov/data.html.
105   Itai Gat et al., "Covid-19 Vaccination BNT162b2 Temporarily Impairs Semen Concentration and Total Motile Count among Semen Donors," *Andrology* 10, no. 6 (2022): 1016–1022, doi:10.1111/andr.13209.
106   Ibid.
107   Malini DeSilva et al., "Evaluation of Acute Adverse Events after Covid-19 Vaccination during Pregnancy," *The New England Journal of Medicine* 387, no. 2 (2022): 187–189, doi:10.1056/NEJMc2205276.

'아동 건강 보호' 직원들의 후기

1   "HRSA Data and Statistics," HRSA, June 1, 2023, https://www.hrsa.gov/sites/default/files/hrsa/vicp/vicp-stats.pdf.
2   "Vaccines," US Food and Drug Administration, Feb 8. 2023, https://www.fda.gov/vaccines-blood-biologics/vaccines.
3   "How Vaccines are Developed and Approved for Use," Centers for Disease Control and Prevention, Mar. 30, 2023, https://www.cdc.gov/vaccines/basics/test-approve.html#approving-vaccine.
4   "Development & Approval Process (CBER)," US Food and Drug Administration, May 4, 2023, https://www.fda.gov/vaccines-blood-biologics/development-approval-process-cber.
5   US Food and Drug Administration, *Lipitor: Package Insert* (New York, NY: Parke-Davis., a division of Pfizer Inc., updated Apr. 2019), https://www.accessdata.fda.gov/drugsatfda_docs/label/2019/020702s073lbl.pdf.
6   US Food and Drug Administration, *Enbrel: Package Insert* (Thousand Oaks, CA: Immunex Corporation, marketed by Pfizer Inc. and Amgen

Inc., updated Sep. 2011), https://www.accessdata.fda.gov/drugsatfda_docs/label/2012/103795s5503lbl.pdf.

7   US Food and Drug Administration, *Stelara: Package Insert* (Horsham, PA: Janssen Biotech, Inc., Bloomington, IN: Baxter Pharmaceutical Solutions, updated Sep. 2019), https://www.accessdata.fda.gov/drugsatfda_docs/label/2016/761044lbl.pdf.

8   US Food and Drug Administration, *Energix-B: Package Insert* (Research Triangle Park, NC: GlaxoSmithKline, 1989), https://www.fda.gov/media/119403/download.

9   US Food and Drug Administration, *Recombivax HB:Package Insert* (Whitehouse Station, NJ: Merck Sharp & Dohme Corp., a subsidiary of Merck & Co., Inc., updated Dec. 2018), https://www.fda.gov/files/vaccines%2C%20blood%20%26%20biologics/published/package-insert-recombivax-hb.pdf.

10   US Food and Drug Administration, *Ipol: Package Insert* (Swiftwater PA: Sanofi Pasteur Inc., updated May 2022), https://www.fda.gov/files/vaccines%2C%20blood%20%26%20biologics/published/Package-Insert-IPOL.pdf.

11   US Food and Drug Administration, *PedvaxHIB: Package Insert* (West Point, PA: Merck & Co., Inc., 1998), https://www.fda.gov/media/80438/download.

12   US Food and Drug Administration, *Hiberix: Package Insert* (Research Triangle Park, NC: GlaxoSmithKline, updated Apr. 2018), https://www.fda.gov/files/vaccines,%20blood%20&%20biologics/published/Package-Insert—HIBERIX.pdf.

13   US Food and Drug Administration, *ActHIB: Package Insert* (Swiftwater PA: Sanofi Pasteur Inc., updated Mar. 2022), https://www.fda.gov/media/74395/download.

14   Ross Lazarus, "Electronic Support for Public Health–Vaccine Adverse Event Reporting System (ESP:VAERS)," *The Agency for Healthcare Research and Quality (AHRQ)*, 2010, https://digital.ahrq.gov/sites/default/files/docs/publication/r18hs017045-lazarus-final-report-2011.pdf.

15   US Congress, House—Energy and Commerce; Ways and Means and Senate—Labor and Human Resources, *National Childhood Vaccine Injury Act of 1986*, H.R.5546, 99th Cong., Part 1., 1986, H.Rept 99-908, https://www.congress.gov/bill/99th-congress/house-bill/5546.

16   "How to Access Data from the Vaccine Safety Datalink," Centers for Disease Control and Prevention, updated Aug. 31, 2020, https://www.

17 cdc.gov/vaccinesafety/ensuringsafety/monitoring/vsd/index.html.
17 "15 U.S. Code § 3710c—Distribution of Royalties Received by Federal Agencies," Cornell Law School, accessed June 23, 2023, https://tinyurl.com/5ym9p4ck.
18 "Conflicts of Interest in Vaccine Policy Making Majority Staff Report," US House of Representatives: Committee on Government Reform, June 15, 2000, https://childrenshealthdefense.org/wp-content/uploads/conflicts-of-interest-government-reform-2000.pdf.
19 Ibid.
20 "CDC's Ethics Program for Special Government Employees on Federal Advisory Committees," Department of Health and Human Services: Office of Inspector General, Dec. 2009, https://oig.hhs.gov/oei/reports/oei-04-07-00260.pdf.
21 "What is Evidence Based Practice?," University of Arkansas for Medical Sciences, Nov. 17, 2022, https://libguides.uams.edu/c.php?g=673659&p=5114477.
22 "Adverse Effects of Pertussis and Rubella Vaccines: A Report of the Committee to Review the Adverse Consequences of Pertussis and Rubella Vaccines," *Institute of Medicine* (1991): 7, doi:10.17226/1815.
23 Kathleen R. Stratton, Cynthia Johnson Howe, and Richard B. Johnston Jr., "Adverse Events Associated With Childhood Vaccines Other Than Pertussis and Rubella Summary of a Report from the Institute of Medicine," *JAMA* 271, no. 20 (1994): 1602–1605, doi:10.1001/jama.1994.03510440062034.
24 Kathleen Stratton et al., "Adverse Effects of Vaccines: Evidence and Causality," *National Academies Press (US)*, (2011): 19, doi: 10.17226/13164.
25 "The Childhood Immunization Schedule and Safety: Stakeholder Concerns, Scientific Evidence, and Future Studies," *National Academies Press (US)*, Mar. 27, 2013, doi:10.17226/13563.
26 Aviva L. Katz et al., "Informed Consent in Decision-Making in Pediatric Practice," *Pediatrics* 138, no. 2 (2016): e20161485, doi:10.1542/peds.2016-1485.
27 "Instructions for Use: Vaccine Information Statement," Centers for Disease Control and Prevention, updated May 12, 2023, https://www.cdc.gov/vaccines/hcp/vis/about/required-use-instructions.pdf.
28 Ross Lazarus, "Electronic Support for Public Health–Vaccine Adverse Event Reporting System (ESP:VAERS)," *The Agency for Healthcare*

Research and Quality (AHRQ), 2010, https://digital.ahrq.gov/sites/default/files/docs/publication/r18hs017045-lazarus-final-report-2011.pdf.
29 Christina D. Bethell et al., "A National and State Profile of Leading Health Problems and Health Care Quality for US Children: Key Insurance Disparities and Across-State Variations," *Academic Pediatrics* 11, no. 3S (2010): S22–S33, doi:10.1016/j.acap.2010.08.011.

부록 A

1 Lena H. Sun, "More Than 350 Organizations Write Trump to Endorse Current Vaccines' Safety," *Washington Post*, Feb. 8, 2017, https://www.washingtonpost.com/news/to-your-health/wp/2017/02/08/more-than-350-organizations-write-trump-to-endorse-current-vaccines-safety.
2 MSNBC, "Bill Gates Dishes About President Donald Trump Meetings In Exclusive Video" YouTube, May 17, 2018, https://www.youtube.com/watch?v=dY7byG1YGwg.

부록 B

1 Robert F. Kennedy Jr. to Dr. Francis Collins (June, 21, 2017), https://childrenshealthdefense.org/email-robert-f-kennedy-jr-dr-francis-collins-nih-director-62117/.
2 Committee on the Assessment of Studies of Health Outcomes Related to the Recommended Childhood Immunization Schedule, Board on Population Health and Public Health Practice and Institute of Medicine, "The Childhood Immunization Schedule and Safety: Stakeholder Concerns, Scientific Evidence, and Future Studies," *National Academies Press (US)*, (2013): 13, doi: 10.17226/13563.
3 Committee on the Assessment of Studies of Health Outcomes Related to the Recommended Childhood Immunization Schedule, Board on Population Health and Public Health Practice and Institute of Medicine, "The Childhood Immunization Schedule and Safety: Stakeholder Concerns, Scientific Evidence, and Future Studies," *National Academies Press (US)*, (2013): 9, doi: 10.17226/13563.
4 Jason M. Glanz et al., "A Population-Based Cohort Study of Undervaccination in 8 Managed-Care Organizations across the United

States," *JAMA Pediatrics* 167, no. 3 (2013): 274–281, doi: 10.1001/jamapediatrics.2013.502.
5   "How to Access Data from the Vaccine Safety Datalink," Centers for Disease Control and Prevention, accessed June 26, 2023, https://www.cdc.gov/vaccinesafety/ensuringsafety/monitoring/vsd/accessing-data.html.
6   "Vaccine Safety Datalink Publications," Centers for Disease Control and Prevention, accessed June 26, 2023, https://www.cdc.gov/vaccinesafety/ensuringsafety/monitoring/vsd/publications.html.
7   Mady Hornig, D. Chian, and W.I. Lipkin, "Neurotoxic Effects of Postnatal Thimerosal Are Mouse Strain Dependent," *Molecular Psychiatry* 9, no. 9 (2004): 833–845, doi:10.1038/sj.mp.4001529.
8   "Autism and Vaccines," Centers for Disease Control and Prevention, accessed on June 26, 2023, https://www.cdc.gov/vaccinesafety/concerns/autism.html.

부록 C

1   Robert F. Kennedy Jr. to Francis Collins (July, 3, 2017), https://childrenshealthdefense.org/letter-robert-f-kennedy-jr-dr-francis-collins-nih-director/.
2   "CDC's Work on Developmental Disabilities," Centers for Disease Control and Prevention, accessed June 26. 2023, https://tinyurl.com/37rd26za.
3   Christina D. Bethell et al., "A National and State Profile of Leading Health Problems and Health Care Quality for US Children: Key Insurance Disparities and Across-State Variations," *Academic Pediatrics* 11, no. 3S (2011): S2–S33, doi: 10.1016/j.acap.2010.08.011.
4   "Welcome to the CHARGE Study Homepage," UC Davis Medical Center, accessed on June 26, 2023, https://beincharge.ucdavis.edu/.
5   "Welcome to the MARBLES Study Homepage," UC Davis Medical Center, accessed on June 26, 2023, https://marbles.ucdavis.edu/.
6   "Welcome to EARLI," The EARLI Study, accessed on Jun. 26, 2023, http://www.earlistudy.org/.
7   "Research on Autism Spectrum Disorder," Centers for Disease Control and Prevention, accessed June 26, 2023, https://www.cdc.gov/ncbddd/autism/seed.html.
8   "National Children's Study (NCS) Archive," US Department of Health

	and Human Services, National Institutes of Health, accessed June 26, 2023, https://www.nichd.nih.gov/research/supported/NCS.
9	"National Children's Study (NCS)—1.12 GB," US Department of Health and Human Services, National Institutes of Health, Data and Specimens Hub, accessed on June 26, 2023, https://dash.nichd.nih.gov/Study/228954.
10	"NICHD Director Announces Departure," US Department of Health and Human Services, National Institutes of Health, accessed June 26, 2023, https://www.nichd.nih.gov/newsroom/resources/spotlight/092309-Director-Announcement.
11	"Statement on the National Children's Study," US Department of Health and Human Services, National Institutes of Health, accessed June 26, 2023, https://www.nih.gov/about-nih/who-we-are/nih-director/statements/statement-national-childrens-study.
12	"Statement on the National Children's Study," US Department of Health and Human Services, National Institutes of Health, accessed June 26, 2023, https://www.nih.gov/about-nih/who-we-are/nih-director/statements/statement-national-childrens-study.
13	"Environmental Influences on Child Health Outcomes (ECHO) Program," US Department of Health and Human Services, National Institutes of Health, accessed June 26, 2023, https://www.nih.gov/echo.
14	"NIH Awards More than $150 million for Research on Environmental Influences on Child Health," US Department of Health and Human Services, National Institutes of Health, accessed June 26, 2023, https://www.nih.gov/news-events/news-releases/nih-awards-more-150-million-research-environmental-influences-child-health.
15	"ECHO: Environmental Influences on Child Health Outcomes, National Institutes of Health, accessed June 26, 2023, https://www.nih.gov/sites/default/files/research-training/initiatives/echo/echo.pdf.

부록 D

1	Francis S. Collins, Lawrence A. Tabak, Carrie D. Wolinetz, Diana W. Bianchi, Linda S. Birnbaum, Anthony S. Fauci, Joshua A. Gordon to Robert F. Kennedy Jr., National Institutes of Health, (Aug. 8, 2017), https://childrenshealthdefense.org/wp-content/uploads/nih-response-dr-collins-to-robert-f-kennedy-jr-8-8-17.pdf.

감사의 말씀

헤더 레이, 마고 데부아, 수 피터스 박사, 스티븐 페트로시노 박사, 니콜라스 코르데이로 NP께 열정과 끈기와 많은 주의를 기울여 원고를 조사하고 자료를 수집하고 인용하고 사실 확인을 해주었다.

과학적 원리, 정확성, 아동 건강에 대한 이들의 헌신에 깊이 감사드린다.

조이 오툴, 앨리슨 루카스, 마르시아 후커가 원고를 읽고 귀중한 제안을 해주었다. 그들의 통찰력과 유용한 조언과 관점에 감사드린다.

특히 이 프로젝트의 마지막 단계에서 격려와 지원과 도움을 준 로라 보노, 재키 하인즈, 리타 슈레플러에게도 큰 감사를 표한다.

또한 이 원고를 출판할 수 있도록 도와주고 이 중요한 정보를 출판할 수 있는 기회를 만들어준 스카이호스 출판사(Skyhorse Publishing)의 토니 라이언스와 그의 팀원들 특히 헥터 카로소에게 감사를 표한다.

역자 후기

의료인들과 일반인들이
꼭 읽어야 할 필독서!

1995년 미국에서 대학을 졸업하고 여름에 한국을 방문한 적이 있었다. 어느 날은 돌을 맞이한 사촌 동생 집을 방문해 친척들과 즐거운 시간을 보내고 숙소인 이모님 댁으로 돌아왔다. 그런데 며칠 후 얼굴 여기저기에 작은 수포가 올라오면서 열이 나기 시작하더니 시간이 지날수록 수포가 온 얼굴, 목, 심지어 귀 안쪽까지 퍼지며 해열제로도 듣지 않는 고열에 거의 일주일 넘게 시달렸다. 결국 동네 의원을 찾아가 의사로부터 수두 진단을 받았는데 어른이 수두에 걸리면 훨씬 심하게 앓는다는 설명을 들었다. 분명히 어릴 때 수두 백신을 맞았는데 어떻게 수두에 걸릴 수 있는지 의문이 들었고, 돌을 맞은 사촌 동생이 수두를 앓고 있었는데 거기서 감염되었다는 사실을 뒤늦게야 알게 되었다. 다행히 시간이 지나 자연스레 회복은 되었지만 수포 딱지가 떨어진 자리는 흉터로 변해 지금도 얼굴 곳곳에 남아 있다. 나처럼 어른이 되어 아동기 전염병에 걸려 고생한 사례를 종종 들었지만 백신의 예방 효과를 전혀 의심하지 않고 지냈다.

미국에서는 각 주마다 카이로프랙틱 면허를 갱신하기 위한 보수 교육을 필수적으로 이수해야 하는데 2003년에 백신의 진실을 주제로 한 강의를 듣고 너무나 큰 충격에 빠졌었다. 팀 오시라는 카이로프랙틱 의사가 열두 시간에 걸쳐 강의를 했는데 여러 가지 객관적인 연구와 자료를 근거로 백신은 예방 효과가 매우 낮을 뿐 아니라 부작용이 상당히 심각하다는 내용이었다. 강의를 듣자마자 두 살까지 모든 예방 접종을 마쳤던 큰애한테 더 이상 예방접종을 하지 않기로 결정했다. 그리고 백신 문제를 다룬 책들과 연구 논문을 찾아보기 시작했다. 공부를 할수록 제약사와 주류 의학계와 보건 당국이 한 몸이 되어 이익을 창출해내는 하나의 상품에 불과한 백신을 어떻게 인류를 전염병에서 구할 마법의 약으로 둔갑시켜 현대 의학의 성공 사례로 삼았는지 그 흑역사를 알게 되었다. 특히 대부분 아동기 전염병은 예방접종이 시작되기 훨씬 전부터 음식, 식수, 상하수도 시설, 공중 위생 등이 개선되면서 소멸했다는 역사적 사실과 백신을 맞지 않은 아이들이 백신을 맞은 아이들보다 건강하다는 연구들을 접할 땐 분노가 일기까지 했다.

이런 내용을 지역 한인 신문 칼럼과 내원하는 환자나 지인들에게 꾸준히 알리다가 결국 팀 오시 박사가 펴낸 백신에 관련된 책을 '백신 그리고 우리가 모르는 이야기'라는 제목으로 번역하여 2006년에 한국에서 출간했고 감사하게도 그해 우수 도서로 선정되었다. 이 책이 한국에서 백신 문제를 심도 있게 다룬 첫 번째 책이었다. 그 후 한국에서 '안전한 예방접종을 위한 모임'이란 비영리 시민단체가 설립되어 개인적으로 해외 자료 번역위원회에서 활동했고, 국내에서 비슷한 책들이 연이어 출간되었지만 백신의 실체를 깨닫는 사람들은 여전히 극소수에 불과하다.

   2020년에 시작된 코로나 팬데믹의 주인공은 새로운 방식으로 개발되어 전 세계인을 대상으로 접종된 코비드 백신이었다. 2020년 말부터 95% 예방 효과가 있다는 제약사의 주장이 주류 언론을 통해 알려지고 보건 당국의 대대적인 홍보 덕분에 전 세계인들이 접종을 받기 시작했는데 시간이 지나고 부스터 접종자가 늘어날수록 백신이 감염, 전염, 입원, 사망을 예방하는 효과는 거의 없을 뿐 아니라 심근염, 자가면역 질환, 암 등 심각한 부작용의 직간접적 원인이라는 연구들이 쏟아져 나왔다. 사실 이런 연구 논문을 일일이 읽지 않더라도 주변에 멀쩡했던 사람들이 백신 접종 후 급사하거나 병에 걸리는 사례들을 자주 접하면서 많은 사람들이 코비드 백신뿐만 아니라 다른 종류의 백신에도 상당한 의문을 품기 시작했다.

   미국에서는 예전부터 백신 접종을 반대하는 사람들을 안티 백서라고 불렀는데, 사실 안티 백서들은 단순히 백신 접종을 반대하는 사람들이 아니라 백신의 효과와 안전성이 충분히 입증될 때까지 함부로 접종을 받아서는 안 되고, 설사 효과와 안전성이 입증되어도 의무적인 접종에 반대하겠다는 사람들이다.

이 책의 저자인 로버트 F. 케네디 주니어도 대표적인 안티 백서로 비난을 받아왔지만 미 보건복지부 장관에 기용되면서 기존의 예방접종 정책을 다시 점검하는 한편, 안전하고 효과적인 백신 연구와 개발의 중요성을 강조하고 있다. 최근에는 아동 31명당 1명씩 급증하는 자폐증의 원인을 밝히기 위해 정부 차원에서 대규모 연구를 실시한다고 발표했는데 환경적 요인으로 독성 물질이 의심을 받았다. 그중 대표적인 성분이 바로 백신이다. 그래서 앞으로 나올 백신은 반드시 대조군 임상시험을 거쳐야 승인을 받을 수 있도록 제도적으로 개편하겠다고 발표했다.

백신 이슈가 불거지면 접종 부작용에 시달렸던 피해 당사자나 가족들은 당연히 보건 당국과 주류 의학계를 불신하며 감정적으로 반응하기 쉽고, 반대로 백신 접종을 지지하는 사람들은 이들에게 안티 백서라는 딱지를 붙여 현대 의학과 과학을 부정하는 음모론자로 쉽게 치부하는데 이 책은 양쪽 모두에게 객관적인 연구 논문과 과학적 사실에 근거한 백신의 진실과 안전한 예방접종 정책과 공중보건을 책임져야 할 보건 당국이 저지른 비합리적인 조치들을 분명하게 보여준다.

이 책이 백신은 이미 증명된 과학이라는 잘못된 도그마에서 벗어나 진료 현장에서 근거 중심 의학을 추구하는 의료인들과 주체적인 의료 소비자로서 자신과 아이들 몸에 주입되는 백신의 실체를 알고 접종 여부를 결정할 신체적 자유를 누리기 원하는 모든 사람들에게 귀한 필독서가 될 것임을 확신한다.

오경석

백신 접종 vs 백신 비접종

초판 1쇄 발행 | 2025년 8월 11일

지은이 | 로버트 F. 케네디 주니어·브라이언 후커
옮긴이 | 오경석
발행인 | 김태진, 승영란
편집주간 | 김태정
마케팅 | 함송이
경영지원 | 이보혜
디자인 | 여상우
출력 | 블루엔
인쇄 | 다라니인쇄
제본 | 경문제책사
펴낸 곳 | 에디터
주소 | 서울특별시 마포구 만리재로 80 예담빌딩 6층
전화 | 02-753-2700, 2778 팩스 | 02-753-2779
출판등록 | 1991년 6월 18일 제1991-000074호

값 19,800원
ISBN 978-89-6744-296-5 03300

이 책은 에디터와 저작권자와의 계약에 따라 발행한 것이므로
본사의 서면 허락 없이는 어떠한 형태나 수단으로도 이 책의 내용을 이용하지 못합니다.

■잘못된 책은 구입하신 곳에서 바꾸어 드립니다.